Philipp Kestel

Assistenzsystem für den wissensbasierten Aufbau konstruktionsbegleitender Finite-Elemente-Analysen

FAU Studien aus dem Maschinenbau

Band 376

Philipp Kestel

Assistenzsystem für den wissensbasierten Aufbau konstruktionsbegleitender Finite-Elemente-Analysen

Dissertation aus dem Lehrstuhl für Konstruktionstechnik (KTmfk)

Prof. Dr.-Ing. Sandro Wartzack

Erlangen
FAU University Press
2021

Bibliografische Information der Deutschen Nationalbibliothek:
Die Deutsche Nationalbibliothek verzeichnet diese Publikation in der Deutschen Nationalbibliografie; detaillierte bibliografische Daten sind im Internet über http://dnb.d-nb.de abrufbar.

Bitte zitieren als
Kestel, Philipp. 2021. *Assistenzsystem für den wissensbasierten Aufbau konstruktionsbegleitender Finite-Elemente-Analysen*. FAU Studien aus dem Maschinenbau Band 376.
Erlangen: FAU University Press. DOI: 10.25593/978-3-96147-458-5

Der vollständige Inhalt des Buchs ist als PDF über den OPUS-Server der Friedrich-Alexander-Universität Erlangen-Nürnberg abrufbar:
https://opus4.kobv.de/opus4-fau/home

Verlag und Auslieferung:
FAU University Press, Universitätsstraße 4, 91054 Erlangen

Druck: docupoint GmbH

Umschlagbild: KESTEL, P.; KÜGLER, P.; ZIRNGIBL, C.; SCHLEICH, B.; WARTZACK, S.: Ontology-based approach for the provision of simulation knowledge acquired by Data and Text Mining processes. Advanced Engineering Informatics. (2019), Bd. 39, S. 292–305.
SPRUEGEL, T. C.; TREMMEL, S.; WARTZACK, S.: Übungsunterlagen der technischen Darstellungslehre. Lehrstuhl für Konstruktionstechnik, FAU-Erlangen-Nürnberg, 2017.
TAN, P.-N.; STEINBACH, M.; KUMAR, V.: Introduction to Data Mining. London: Pearson Education, 2006.

ISBN: 978-3-96147-457-8 (Druckausgabe)
eISBN: 978-3-96147-458-5 (Online-Ausgabe)
ISSN: 2625-9974
DOI: 10.25593/978-3-96147-458-5

Assistenzsystem für den wissensbasierten Aufbau konstruktionsbegleitender Finite-Elemente-Analysen

Der Technischen Fakultät
der Friedrich-Alexander-Universität
Erlangen-Nürnberg

zur
Erlangung des Doktorgrades Dr.-Ing.

vorgelegt von

Dipl.-Ing. Philipp Kestel

aus Kitzingen

Als Dissertation genehmigt
von der Technischen Fakultät
der Friedrich-Alexander-Universität Erlangen-Nürnberg

Tag der mündlichen Prüfung:	29.07.2021
Vorsitzender des Promotionsorgans:	Prof. Dr.-Ing. Knut Graichen
Gutachter:	Prof. Dr.-Ing. Sandro Wartzack Prof. Dr.-Ing. Frank Rieg, Universität Bayreuth

Vorwort

Diese Dissertation entstand während meiner Tätigkeit als wissenschaftlicher Mitarbeiter am Lehrstuhl für Konstruktionstechnik (KTmfk) der Friedrich-Alexander-Universität (FAU) Erlangen-Nürnberg. An dieser Stelle möchte ich mich bei allen bedanken, die meine Arbeit unterstützt und zu deren Erfolg beigetragen haben. Hierbei möchte ich mich insbesondere bei Herrn Prof. Dr.-Ing. Sandro Wartzack für die sehr gute Betreuung meiner Promotion bedanken und für die Möglichkeit mich in die interessanten Themenstellungen einzuarbeiten. Ich habe viel von dir gelernt, Sandro, und ich profitiere neben meiner Promotion auch bei meiner nachfolgenden Tätigkeiten als Konstruktionsingenieur sehr davon.

Außerdem danke ich Herrn Prof. Dr.-Ing. Frank Rieg, ehemaliger Inhaber des Lehrstuhls für Konstruktionslehre und CAD an der Universität Bayreuth, für die Übernahme des Zweitgutachtens, die interessanten Gespräche und die vielen wichtigen Einblicke in die Finite-Elemente-Simulation. Zudem bin ich Herrn Prof. Dr. Lutz Schröder, dem Inhaber des Lehrstuhls für Informatik 8 (Theoretische Informatik) an der FAU Erlangen-Nürnberg, für seine Beteiligung als fachfremden Gutachter sehr dankbar. Des Weiteren möchte ich mich bei Herrn Prof. Dr.-Ing. Jörg Franke für Übernahme des Prüfungsvorsitzes bedanken.

Mein Dank gilt auch der Bayerischen Forschungsstiftung (BFS) für die Förderung des Forschungsverbunds FORPRO^2 (Forschungsverbund zur Effizienzsteigerung der virtuellen Produkt- und Prozessentwicklung), und der Deutschen Forschungsgemeinschaft (DFG) für die Unterstützung des Schwerpunktprogramms 1921 (Intentional Forgetting in Organisationen). Die Ergebnisse dieser Projekte sind wichtige Grundlagen für die vorliegende Dissertation. An dieser Stelle möchte ich auch allen Beteiligten in den Projekten für die hervorangende Zusammenarbeit danken. Besonders möchte ich mich hier bei den Projektpartnern Tobias Sprügel, Dr.-Ing. Sebastian Katona und Dr.-Ing. Daniel Goller in FORPRO^2 sowie Patricia Kügler, Kyra Göbel und Dr. Claudia Schon im DFG-Schwerpunktprogramm 1921 bedanken.

Darüber hinaus danke ich meinen ehemaligen Kolleginnen und Kollegen des KTmfk für die schöne Zeit am Lehrstuhl und außerhalb des Lehrstuhls sowie die sehr gute Zusammenarbeit und Unterstützung. Insbesondere möchte ich mich hier bei Dr.-Ing. Andreas Meinel, Dr.-Ing. Christof Küstner, Matthias Müller, Julia Kröner, Zhao Rong, Tobias Sprügel, Dr.-Ing. Georg Gruber, Dr.-Ing. Thilo Breitsprecher, Dr.-Ing. Benjamin Schleich, Max Marian, Christopher Sauer und Patricia Kügler bedanken. Patricia gilt hier auch ein besonderer Dank für die hervorragende Unterstützung bereits im Rahmen ihrer studentischen Arbeiten und Tätigkeiten, deren Ergebnisse auch ein wichtiger Beitrag für die vorliegende Dissertation sind. Dies gilt auch für die studentischen Arbeiten und Tätigkeiten von Fabian Dworschak, Christoph Zirngibl, Marcel Ziemann, Andreas Brenner, Florian Quin und Sebastian Hierl, denen ich an dieser Stelle meinen Dank aussprechen möchte.

Des Weiteren bedanke ich mich herzlich bei meinen Eltern für ihre großartige Unterstützung und dass ihr an mich geglaubt habt. Schließlich möchte ich mich bei meiner Freundin Jasmin bedanken. Ohne deine ermutigenden Worte, deine Unterstützung und deinen unablässigen Rückhalt wäre ich sicher nicht so gut durch diese Zeit gekommen.

Erlangen, im August 2021 Philipp Kestel

Inhaltsverzeichnis

Formelzeichen- und Abkürzungsverzeichnis . . . . **vii**

Bildverzeichnis . . . . **xiii**

Tabellenverzeichnis . . . . **xvii**

1 Einleitung **1**

1.1 Motivation und Problemstellung 1

1.2 Zielsetzung und Aufbau der Arbeit 2

2 Grundlagen und Stand der Forschung **5**

2.1 Strukturmechanische Finite-Elemente-Analyse 5

2.1.1 Vorgehen 7

2.1.2 Preprocessing 8

2.1.3 Processing 19

2.1.4 Postprocessing und Auswertung 28

2.2 Künstliche Intelligenz 36

2.2.1 Wissensentdeckung in Datenbanken 41

2.2.2 Wissensentdeckung in textuellen Datenbanken . . 58

2.2.3 Manuelle Akquisition von Expertenwissen 65

2.2.4 Grundlegende Wissensrepräsentationsformen . . . 66

2.2.5 Ontologiebasierte Wissensrepräsentation 67

2.2.6 Feature-basierte Wissensverarbeitung 70

2.3 Management der Konstruktions- und Simulationsdaten . . 71

2.3.1 PDM-Systeme 71

2.3.2 SPDM-Systeme 72

2.4 Wissensbasierte Produktentwicklung 73

2.4.1 Einführung 73

2.4.2 Bisherige Anwendung 74

3 Identifikation des Forschungsbedarfs **81**

3.1 Fazit zum Stand der Forschung und Handlungsbedarf . . . 81

3.2 Wissenschaftliche Fragestellungen 82

4 Architektur des Assistenzsystems und Systemanforderungen **85**

4.1 Gesamtaufbau 85

4.2 Wissensakquisitionskomponente 87

4.3 Wissensbasis 88

4.4 Problemlösungskomponente . . . 91
4.5 Erklärungskomponente . . . 91
4.6 Dialogkomponente . . . 92
4.7 CAE-Feature-Bibliothek . . . 92

5 Gesamtprozess der wissensbasierten Finite-Elemente-Analyse 95

5.1 Vorgehensmodell . . . 95
5.2 Text-Mining-Analysen von Berechnungsdokumenten . . . 99
5.2.1 Segmentierung und Textklassifikation . . . 99
5.2.2 Informationextraktion . . . 107
5.3 Analyse von Produktmodellen . . . 117
5.3.1 Simulationsmodelle . . . 117
5.3.2 CAD-Modelle . . . 119
5.4 Einheitliche Repräsentation des Berechnungswissens . . . 120
5.5 Bereitstellung des Berechnungswissens . . . 123
5.5.1 Ontologieabfrage mit SPARQL . . . 123
5.5.2 Zugriff über eine Dialogkomponente . . . 124
5.6 Analyse durch Data-Mining . . . 126
5.7 Einsatz in automatisierten Simulationsprozessen . . . 127

6 Exemplarische Anwendung und Evaluation . . . 131

6.1 Anwendung für die Struktursimulation eines Windwerks . 131
6.1.1 Analyse der Simulationsmodelle . . . 131
6.1.2 Analyse der Simulationsdokumente . . . 135
6.1.3 Extraktion der Ontologie-Strukturen und Metamodelle 138
6.1.4 Ableitung von Metamodellen und Regeln . . . 140
6.1.5 Testabfragen . . . 142
6.2 Automatisierte Simulation von Profilkonstruktionen . . . 144

7 Fazit . . . 149

8 Zusammenfassung und Ausblick . . . 151

9 Summary and Outlook . . . 155

Anhang . . . 159

A Kapitel 2 . . . 161

B Kapitel 5 . . . 183

Literaturverzeichnis . . . 187

Formelzeichen- und Abkürzungsverzeichnis

Symbol	*Einheit*	*Beschreibung*
A		Bruchdehnung
$\mathrm{a_{SK}}$		Auslastungsgrad
$\mathrm{A_B}$	$\mathrm{m^2}$	Balkenquerschnitt
$\mathrm{A_g}$		Gleichmaßdehnung
$\mathrm{A_p}$		Auflagefläche
$\vec{a}(i)$		Stützvektor
α_i		Lagrangefaktor
α_k		Kerbformzahl
α_W		Schweißnahtfaktor
B		Entscheidungsgrenze
b		Verzerrung
C_i		i-ter Cluster
c_i		Schwerpunkt des i-ten Clusters
c		Klassenanzahl
$\cos(\varphi)$		Kosinusähnlichkeit
D		Dokumentenanzahl
$d(x,y)$		Euklidischer Abstand
d_eff	m	effektiver Durchmesser
$df(t)$		Dokumentenfrequenz in allen Dokumenten
δ	m/N	Nachgiebigkeit
E	Pa	Elastizitätsmodul
E		Summe der Fehlerquadrate
ρ_WEZ		Entfestigungsfaktor
ϵ		Dehnung
ϵ_ertr		maximal ertragbaren Werkstoffdehnung
$\mathbf{D}$	kg	Massenmatrix
F_b	N	bekannte Kraft
F_K	N	Kontaktkraft
F_s	N	Schnittkraft

Symbol	***Einheit***	***Beschreibung***
F_{S}	N	Schraubenkraft
F_{SA}	N	Schraubenzusatzkraft
F_{V}	N	Schraubenklemmkraft
F_{L}	N	Knotenlast
f_{σ}		Umrechnungsfaktor
f		Aktivierungsfunktion
g		Formfunktionen
$\mathrm{Gini}(t)$		Gini-Index
g_{w}		Formfunktionen der Durchbiegung
$g_{\varphi 1,2}$		Formkfuntionen der Verdrehung
I	m^4	Flächenträgheitsmoment
$\mathrm{K_p}$		plastischen Formzahl (ohne Kerbe)
$\mathrm{K_{p,b}}$		plastischen Formzahl (Biegung)
$\mathrm{K_{p,zd}}$		plastischen Formzahl (Zug / Druck)
k_{t}		Reduktionskoeffizient
$\mathbf{K}$	Nmm^2	Steifigkeitsmatrix
$\mathrm{K_t}$		technologischen Größenfaktor
$\mathrm{K_A}$		Anisotropiefaktor
$\mathrm{k_B}$	Nmm^2	Elementsteifigkeitsmatrix für Biegebeanspruchung
$\mathrm{k_K}$	Nmm^2	Kontaktsteifigkeit
κ	°	Drehwinkel
$\mathrm{l_K}$	m	Klemmlänge
L	m	Länge der Balkenelemente
$\mathrm{L_p}$	N	vollplastische Traglast
$\mathrm{L_e}$	N	elastische Grenzlast
λ		Optimierungsparameter für Augmented Lagrange
$\mathbf{M}$	kg	Massenmatrix
M	Nm	Biegemomente
N		Anzahl an Trainingsbeispielen

Symbol	***Einheit***	***Beschreibung***
n		Parameteranzahl
n_{pl}		plastischen Stützzahl
ω		Regressionskoeffizienten
$\vec{p}$	N	Gesamtkraftvektor
p_G	Pa	Grenzflächenpressung
Q	N	Querkräfte
$R_{p,max}$	Pa	maximale Streckgrenze
S_{min}		Mindestsicherheitsfaktor
σ	Pa	Spannung
$\sigma_{1,2,3}$	Pa	Hauptspannung
σ_a	Pa	Ausschlagsspannung
σ_b	Pa	Biegespannung
σ_B	Pa	Bauteilfestigkeit gegen Gewaltbruch
σ_F	Pa	Bauteilfestigkeit gegen Fließen
σ_k	Pa	Kerbspannung
σ_m	Pa	Membranspannung
σ_{max}	Pa	Spannungsspitze
σ_n	Pa	Nennspannung
σ_o	Pa	Oberspannung
σ_{SK}	Pa	Bauteilfestigkeit gegen Fließen (Kerbspannung)
σ_u	Pa	Unterspannung
$\sigma_{v,GEH}$	Pa	Mises-Vergleichsspannung
$\sigma_{red,B}$	Pa	reduzierte Vergleichsspannung
t		Verzerrungsfaktor
$tf(d,t)$		Dokumentenfrequenz in einem Dokument
τ	Pa	Schubspannung
$\vec{u}$	m	Gesamtverschiebungsvektor
u_b	m	bekannte Verschiebung
u_s	m	unbekannte Verschiebung
$\vec{w}$		Gewichtungen
x_D	m	Durchdringung

Symbol	Einheit	Beschreibung
$\hat{y}$		vorhergesagte Zielgröße
y		Zielgröße
$\vec{z}$		Testvektor

Abkürzung	*Beschreibung*
APDL	ANSYS Parametric Design Language
CAD	Computer-Aided-Design
CAE	Computer-Aided-Engineering
CFD	Computational Fluid Dynamics
DGL	Differentialgleichungen
FEA	Finite-Elemente-Analyse(n)
FORPRO²	Forschungsverbund für effiziente Produkt- und Prozessentwicklung durch wissensbasierte Simulation
html	Hypertext Markup Language
KBE	Knowledge Based Engineering
KDD	Knowledge Discovery in Databases
KDT	Knowledge Discovery in Textual Datebases
KI	Künstlichen Intelligenz
k-NN	k-Nächste-Nachbarn-Klassifikator
MKS	Mehrkörpersimulationen
ML	Maschinelles Lernen
NER	Named Entity Recognition
PDM	Product Data Management
PLM	Product Lifecycle Management
POS	Part-Of-Speech-Tagging
RDF	Resource Description Framework
RDFS	Resource Description Framework Schema
SPDM	Simulation Process and Data Management
SVM	Support Vector Machines
SWRL	Semantic Web Rule Language
TF-IDF	Termfrequenz und inverse Dokumentenfrequenz

Bildverzeichnis

1 Meilensteine in der Entwicklung der FEM nach [1] 5
2 Grundlegende Schritte der Finite-Elemente-Analyse in Anlehnung an [11,26,P1] 7
3 Spannungs-Dehnungs-Diagramm nach [1,2,29] 9
4 Vereinfachung des Ausrückhebelmodells 11
5 Vernetzung mit Schalenelementen (l.) und mit Volumenelementen (r.) 13
6 Randbedingungen für die Strukturanalyse eines Ausrückhebels nach [26,P1,40] 15
7 Reibkontakt zwischen den Mittelflächen des Ausrückhebels und -lagers 17
8 2D-Finite-Elemente-Analyse des Ausrückhebels mit Ersatzelementen 20
9 Freigeschnittenes Finite-Elemente-Modell des Ausrückhebels 22
10 Hauptachsentransformation 26
11 Resultierende Hauptspannungen am Ausrückhebel 27
12 Spannungsverteilung im Balken- und Volumenmodell in Anlehnung an [29] 28
13 Strukturspannungen und Kerbspannungen am Schweißnahtübergang [P2,48] 29
14 Resultierende Vergleichsspannungen am Ausrückhebel . . 35
15 Geschichte der künstlichen Intelligenz in Anlehnung an [54, 55] 38
16 KDD-Prozess für Simulationsdaten in Anlehnung an [11,27, 84,P3] 42
17 lineare Regression nach [59,105] 43
18 Regressionsmodell zur Vorhersage der Hauptspannung nach [106] 44
19 Einsatz von Entscheidungsbäumen in der Blechmassivumformung in Anlehnung an [95,P4,110] 45
20 Regressionsbaum zur Vorhersage der Flächenpressung nach [111] 47
21 Einfaches künstliches Neuronale Netz nach [59] 48
22 Aktivierungsfunktionen nach [59] 49
23 Trainiertes künstliches Neuronale Netz nach [59] 50
24 Regression durch künstliche Neuronale Netze nach [112] . . 51
25 Klassifikation von Mehrkörpersimulationsergebnissen nach [116] 52
26 k-Nächste Nachbarn nach [59] 53

27 SVM-Verfahren in Anlehnung an [59] 55
28 Schritte des K-Means-Clusterings nach [59] 56
29 Netzunterteilung und Flächenerzeugung durch K-Means-Clustering nach [59] 58
30 KDT-Vorgehensmodell nach [118,119] 59
31 Linguistische Ebenen nach [128,129] 61
32 Integration von Fertigungsabweichungen in die Finite-Elemente-Simulation 77
33 Aufbau des Assistenzsystems in Anlehnung an [P1,35,74,P3] 85
34 Abbildung eines Simulationsprozesses in ANSYS EKM nach [P13] 89
35 Vorgehensmodell zur Akquisition und Bereitstellung des Berechnungswissen in Anlehnung an [P2] 97
36 Klassifikation einer FEA-Richtlinie durch k-NN in Anlehnung an [P1,P11] 105
37 Klassifikation einer FEA-Richtlinie anhand eines Entscheidungsbaums 106
38 Einheitliche Repräsentation der Zusammenhänge 115
39 Extrahierte Zusammenhänge über Kontakte 116
40 Repräsentation von Berechnungswissen für Schraubenverbindungen nach [P2] 121
41 Linke Seite des Eingabefelds zur Abfrage von Modelleigenschaften (oben) und rechte Seite (unten) [P2] 125
42 CAE-Features für Profilkonstruktionen in Anlehnung an [P11] 129
43 Windwerk-Modell nach [P2,252] 132
44 Resultierende Verformungen des vereinfachten Windwerks nach [P2] 133
45 Spannungsverteilung und kritische Bereiche des Windwerks 134
46 Submodell des Windwerks 135
47 Resultierende Ontologie für das Windwerk 139
48 Entscheidungsbäume für Schrauben- und Schweißnahtmodelle nach [P2,48] 141
49 Nennspannungesnachweis der Profilkonstruktion 146
50 Submodell für den Nachweis der Strukturspannungen der Schweißnaht 147
51 Submodell zur Berechnung der Strukturspannungen, Flächenpressungen und Schnittkräfte 148
52 Erweiterte 2D-Finite-Elemente-Analyse des Ausrückhebels 161
53 Implizite Lösung nichtlinearer Gleichungssysteme nach [2,9] 163
54 Wöhlerlinien nach [2,29] 164
55 Smith-Diagramm nach [29,30,259] 166
56 Ermittlung des Spannungsgradienten nach [30] 174

57 Benutzerschnittstelle zur Definition der Vorspannung in SmartAssembly und Creo Parametric in Anlehnung an [P10, P11,S6] 185

Tabellenverzeichnis

1 Eingangsdatensatz gemäß einer booleschen Funktion nach [59] . . . 50
2 Gegenüberstellung der Termfrequenzen in Anlehnung an [140] 65
3 Aufbereitung deutscher Abschnitte über FEA-Modelle für statische Analysen . . . 100
4 Aufbereitung eines deutschen Texts aus dem Bereich Modalanalyse . . . 103
5 Aufbereitung englischer Dokumente aus der statischen Analyse und Modalanalyse . . . 103
6 Vektorraummodell für englische Dokumente aus der statischen Analyse und Modalanalyse . . . 104
7 Extrahierte Zusammenhänge über die Schraubenmodellierung 112
8 Vereinheitlichte Zusammenhänge . . . 113
9 Extrahierte Zusammenhänge über die Ergebnisse und Kontakte 114
10 Analysierte Simulationsberichte nach [P2] . . . 117
11 Analysierte Stücklisten nach [P2] . . . 119
12 Abfrage der Kontakteinstellungen nach [P2] . . . 124
13 Datensatz nach [P2] . . . 126
14 Abfrage der Simulationsergebnisse . . . 143
15 Abfrage der Materialien und Elemente . . . 143
16 Abfrage von Schrauben- und Schweißverbindungen . . . 144
17 Konfusionsmatrix nach [59] . . . 178

1 Einleitung

1.1 Motivation und Problemstellung

Numerische Simulationstechniken, wie die Finite-Elemente-Analyse (FEA), sind in der heutigen Konstruktionspraxis unverzichtbar. Sie kommen immer häufiger zum Einsatz, um die Festigkeit der zunehmend komplexen Produkte abzusichern und zu optimieren [1]. Durch eine möglichst frühe Nutzung der FEA werden hohe Kosten durch die Vermeidung von Konstruktionsfehlern und einen selteneren Einsatz von Prototypen eingespart [1,2]. Ein Einsatzgebiet ist zum Beispiel die Optimierung von Leichtbaustrukturen, die immer mehr an Bedeutung gewinnt [3,4]. Hierzu lassen sich auch die komplexen Eigenschaften von Verbundwerkstoffen [4–6] oder additiv gefertigten Gitterstrukturen [7] berücksichtigen. Außerdem kommen FEA für komplexe Stahlbaukonstruktionen zur Anwendung, wenn detaillierte Analysen der örtlichen Beanspruchungen oder der plastischen Strukturverformungen erforderlich sind und wenn die Verformungen einen großen Einfluss auf die Lasten und Kontakte der Strukturen haben [2,8,9]. In der FEA werden Produkte, deren mechanisches Strukturverhalten durch die verfügbaren mathematischen Gleichungen nicht ausreichend beschrieben sind, aus einer endliche (finiten) Anzahl an diskreten Elementen zusammengesetzt [10,11]. Diese finiten Elemente sind über herkömmliche strukturmechanische Gleichungen definiert [10,11]. Über Gleichgewichtsbedingungen in den Verbindungsknoten dieser Elemente lässt sich daraufhin die resultierende Gesamtbeanspruchung des Produkts ermitteln [10]. Finite-Elemente-Simulationen lassen sich im Produktentwicklungsprozess sehr vielseitig einsetzen. Hierbei ändern sich fortlaufend die Anforderungen und Analyseziele. Während in der Anfangsphase zunächst eine schnelle Abschätzung der Abmessungen und Kräfte in den Einzelkomponenten zu bestimmen sind, dienen in späteren Phasen detaillierte Finite-Elemente-Simulationen zur virtuellen Absicherung des gesamten Produkts [12].

Für den Aufbau effizienter und zuverlässiger Finite-Elemente-Simulationen ist jedoch umfassendes Expertenwissen erforderlich. Dies betrifft insbesondere Simulationsschritte, die sich nicht vollständig durch Algorithmen abbilden lassen und daher nicht durch die Simulationssoftware unterstützt werden [13]. Diese Arbeitsschritte setzen viel Wissen voraus und erhöhen signifikant den Zeit- und Kostenaufwand der Analysen [1,13]. Hierbei entspricht die Simulationserstellung dem zeitaufwendigsten Teil der Analyse und basiert hauptsächlich auf der Erfahrung des Benutzers [14]. Da aus Kapazitätsgründen jedoch nicht für jeden Auslegungsschritt erfahrene Berechnungsingenieure hinzugezogen werden können, kommen die Simulationen nicht früh genug zum Einsatz oder es müssen die entsprechenden Simulationen von Konstruktionsingenieuren erstellt werden. Diese haben häufig wesentlich weniger Erfahrung in der Simulation als Berechnungsingenieure. Die geringere Erfahrung der Simulationsanwender kann daher zu kritischen Modellierungsfehlern und falschen Konstruktionsentscheidungen führen, aus denen sehr kosten- und zeitintensive Iterationen in der Produktentwicklung resultieren.

1.2 Zielsetzung und Aufbau der Arbeit

Das Ziel dieser Arbeit ist daher, ein wissensbasiertes Assistenzsystem zu entwickeln, durch das das notwendige Berechnungswissen zusammengetragen und zielgerichtet für unerfahrene Simulationsanwender bereitgestellt werden kann. Damit soll zum einen die manuelle Erstellung von Finite-Elemente-Simulationen unterstützt werden, indem eine kontextbezogene Bereitstellung des erforderlichen Wissens für FEA-Anwender sichergestellt wird, in Abhängigkeit vom jeweiligen Anwendungsfall und dem aktuell vorliegenden Modellierungsschritt. Zum anderen soll das erhobene Wissen auch für die automatisierte Erstellung von Simulationsmodellen angewendet werden, ausgehend von gegebenen Konstruktionsmodellen und Berechnungsaufgaben. Für den Aufbau der zugrundeliegenden Wissensbasis und die situativen Unterstützungen der Simulationsanwender wird ein neuartiger ontologiebasierter Ansatz vorgestellt. Die Innovation dieses Ansatzes liegt in der Adaption von Methoden aus den Bereichen der Computerlinguistik und des Semantic Web. Diese Methoden dienen dazu, das erforderliche Berechnungswissens aus bestehenden Simulationsmodellen und -dokumenten zu extrahieren und gezielt abzufragen. Die Modelle und Dokumente wurden durch erfahrene Simulationsanwender erstellt und enthalten daher auch deren Know-How. Bei den Dokumenten handelt es sich um textbasierte Berechnungsdokumente, wie Richtlinien, Konferenz- und Zeitschriftenbeiträge. Der Schwerpunkt des Assistenzsystems liegt auf dem Aufbau statischer strukturmechanischer FEA. Der vorgestellte Ansatz ist jedoch auch auf weitere Anwendungsfelder, Simulationsschritte und -verfahren in der Produktentwicklung übertragbar.

Die Dissertation ist wie folgt aufgebaut: Im ersten Kapitel sind die Grundlagen und der Stand der Forschung aus den Bereichen der FEA, Künstlichen Intelligenz (KI) und des Daten- und Wissensmanagement zusammengefasst. Hierzu wird zunächst in Abschnitt 2.1 herausgestellt, welche wissensintensiven Prozesse in der strukturmechanischen Simulation vorliegen und welches spezifische Know-How für diese Prozesse vorausgesetzt wird. Im Rahmen dessen werden auch die Grundlagen der Finite-Elemente-Methode und der strukturmechanischen Auslegung vermittelt. Der nachfolgende Abschnitt 2.2

gibt einen Einblick in die KI-Methoden des Text-Minings, des Data-Minings, der ontologiebasierten Wissensrepräsentation und der featurebasierten Wissensverarbeitung. Diese Methoden werden für die Ziele dieser Arbeit adaptiert und erweitert. Im Anschluss befasst sich Abschnitt 2.3 mit dem Datenmanagement in der Konstruktion und Simulation und wie diese Daten in Simulationsprozessen bereitgestellt und aktuell gehalten werden können. Am Ende dieses Kapitels werden die Ziele und der bisherige Einsatz von wissensbasierten Systemen in der Produktentwicklung vorgestellt, mit Schwerpunkten in der Finite-Elemente-Simulation.

Ausgehend vom Stand der Forschung wird in Kapitel 3 herausgestellt welche Forschungsbereiche bisher unzureichend in der konstruktionsbegleitenden Finite-Elemente-Simulation behandelt werden. Der hieraus abgeleitete Handlungsbedarf führt auch zu den grundlegenden Forschungsfragen, die im Rahmen dieser Arbeit zu beantworten sind. Das nachfolgende Kapitel 4 gibt einen ersten Einblick in das entwickelte Assistenzsystem. Hier ist der Aufbau des Systems dargelegt und zusammengefasst, welche Anforderungen an die Systemkomponenten gestellt werden. Im Anschluss stellt Kapitel 5 das durchgängige Vorgehensmodell zur Unterstützung der strukturmechanischen FEA und die darin eingesetzten Methoden vor. Durch diese Methoden erfolgt die Erhebung, Bereitstellung und Verarbeitung des Simulationswissens und schließlich die Wissensverarbeitung in automatisierten FEA-Prozessen.

In Kapitel 6 wird das Assistenzsystem für einen Anwendungsfall in der Struktursimulation evaluiert. Außerdem wird ein Einblick in die automatisierten Simulationsprozesse gegeben. Abschließend folgt das Fazit bezüglich der in dieser Arbeit erreichten Ziele und gewonnenen Erkenntnisse sowie die Zusammenfassung und der Ausblick auf potenzielle Weiterentwicklungen des Assistenzsystems.

2 Grundlagen und Stand der Forschung

2.1 Strukturmechanische Finite-Elemente-Analyse

Numerische Simulationen finden heute sehr vielseitig in der Elektrotechnik sowie im Maschinen- und Anlagenbau einschließlich der Fertigungstechnik Anwendung [1,2]. Gängige FEA-Systeme sind hier unter anderem ANSYS, ABAQUS, Z88, NASTRAN und in der Konstruktionsumgebung integrierte FEA-Lösungen, wie die CAD-Systeme (Computer-Aided Engineering) Creo, CATIA und SolidWorks [1,15]. Ihren Ursprung hat die Finite-Elemente-Methode (FEM) in der Berechnung von Stabwerken im Bauingenieurwesen [1]. Wie bereits genannt, werden hierzu Modelle aus einer finiten Anzahl an einfachen Elementen zusammengesetzt, um über herkömmliche strukturmechanische Gleichungen komplexe Bauteile zu simulieren [10,11]. Diese Bauteile wären ohne diese Diskretisierungen nicht oder nur schwer analytisch berechenbar [10,11]. Hierzu werden Differentialgleichungen (DGL) aus der Strukturmechanik in lineare Gleichungssysteme überführt und die Gesamtbeanspruchung anhand der Gleichgewichtsbedingungen in den Verbindungsknoten der Elemente berechnet [1,10]. Die Entwicklung der FEM ist in Bild 1 aufgezeigt und wird im Folgenden nach [1] zusammengefasst.

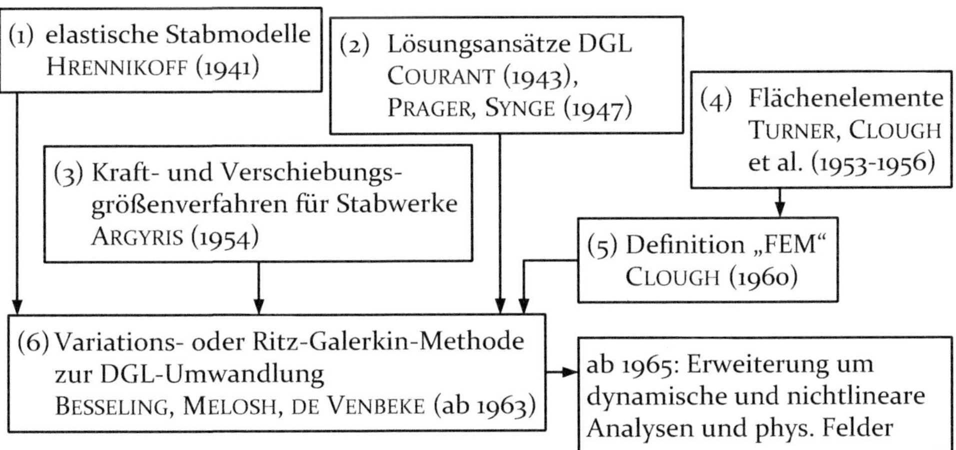

Bild 1: Meilensteine in der Entwicklung der FEM nach [1]

Durch HRENNIKOFF [16] wurden 1941 bereits erste Stabelemente für die effiziente Berechnung von Tragwerken im Bauingenieurwesen erarbeitet. Im Anschluss entwickelten COURANT, PRAGER (1943) und SYNGE (1947) Lösungsansätze für Differenzialgleichungen, die wie in der FEM das Lösungsgebiet diskretisieren [17,18] . Die genannten Beiträge sind oben in Bild 1 dargestellt (Meilensteine (1) und (2)).

Die FEM gewann jedoch insbesondere in den 50er-Jahren mit der Entwicklung von ersten leistungsstarken Digitalrechnern an Bedeutung [1,11]. Die Computerentwicklung begünstigte auch die Analyse von Stabwerken über das Kraftgrößen- oder Verschiebungsgrößenverfahren und den Einsatz der durch ARGYRIS und KELSEY hergeleiteten Matrizen [19]. Hier werden die Gleichungssysteme entweder zur Ermittlung der unbekannten Kräfte (Kraftgrößenverfahren) oder zur Berechnung der Verschiebung (Verschiebungsgrößenverfahren) umgeformt. Außerdem werden erste Flächenelementen durch TURNER, CLOUGH et al. [1,20] in dieser Zeit entwickelt (Meilensteine (3) und (4) in Bild 1). Zudem prägte CLOUGH 1960 maßgeblich den Begriff der „FEM" (5) als die Zusammensetzung eines Kontinuums aus Teilbereichen, den finiten Elementen. Anschließend leisteten BESSELING, MELOSH und DE VENBEKE (1963-1965) wichtige Vorarbeiten in der Aufbereitung strukturmechanischer DGL für Finite-Elemente-Simulationen [21–24]. Durch diese Autoren wurde das Variationsprinzip und Ritz-Galerkin-Verfahren zur Umwandung der DGL in lineare Gleichungssysteme eingeführt (Meilensteine (6) in Bild 1).

Schließlich kamen zu den linearen strukturmechanischen Analysen noch nichtlineare Analysen und weitere gekoppelte physikalische Felder hinzu, wie akustische, thermische, elektrische und magnetische Felder [2]. Hierbei konnten die zuvor beschriebenen linearen Gleichungssysteme und Lösungsverfahren übernommen werden. Für die neuen physikalischen Größen mussten nur die entsprechenden Konstanten des FEM-Gleichungssystems aus anderen DGL hergeleitet werden [10,25]: aus der akustischen Wellengleichung, der Fourier-Wärmeleitungsgleichung und den Maxwellgleichungen für elektromagnetische Felder. Zudem kommen dynamische Simulationen hinzu, wie Analysen im Frequenzbereich (Schwingungsanalysen) und Zeitbereich (transiente Simulationen) sowie Crashsimulationen. Weitere Verfahren ermöglichen auch die Simulation von Fertigungsprozessen, Strömungs- (CFD: Computational Fluid Dynamics - numerische Strömungsmechanik) und Starrkörpersimulationen (MKS: Mehrkörpersimulationen) [2].

Der Schwerpunkt der vorliegenden Dissertation liegt auf der Struktursimulation, bei der es sich um einen der häufigsten Anwendungsbereiche der FEA handelt [10,11]. Im Folgenden werden die Grundlagen hierzu vorgestellt und es wird aufgezeigt welches spezifische Wissen in der Berechnung vorausgesetzt wird, um effiziente und verlässliche Simulationen zu erstellen. Neben den betrachteten Lastfällen und durchzuführenden Festigkeitsnachweisen hängen die geeigneten Simulationseinstellungen auch stark vom betrachteten Bauteil, der Verbindung und dem Werkstoff ab.

2.1.1 Vorgehen

In Bild 2 ist das grundlegende Vorgehen der FEA aufgezeigt. In Anlehnung an VAJNA et al. sind die folgenden Arbeitsschritte in der Simulation durchzuführen [11]. Zunächst wird ein Geometriemodell entsprechend der Analyseziele aufgebaut. Häufig werden diese Modelle durch Konstruktionsingenieure im CAD-System (engl. Computer-Aided-Design) erstellt und von Berechnungsingenieuren für die Simulation vereinfacht. Als Anwendungsbeispiel wird in Bild 2 ein Ausrückhebel aus einer PKW-Kupplung durch Mittelflächen vereinfacht [26].

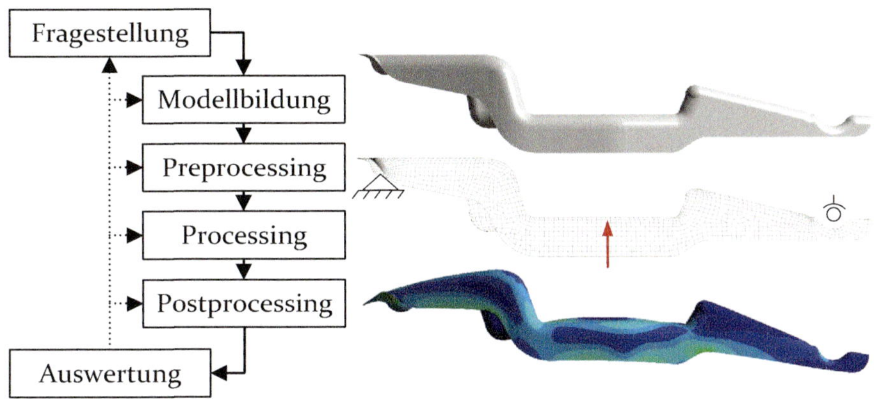

Bild 2: Grundlegende Schritte der Finite-Elemente-Analyse in Anlehnung an [11,26,P1]

Anschließend wird im Preprocessing das Geometriemodell für die Simulation vorbereitet. Dieser Schritt umfasst die Zuweisung der Werkstoffeigenschaften und die Definition der Randbedingungen, wie zum Beispiel Lagerungen und Belastungen. Außerdem müssen im Preprocessing die geeigneten Elementtypen (zum Beispiel Balken, Schalen oder Tetraeder) ausgewählt und das Modell entsprechend der Berechnungsaufgaben mit den Elementen unterteil werden. In Bild 2 wird der Ausrückhebel mit Schalenelementen vernetzt und eine Last zusammen mit zwei Lagerungen (Festlager und zylindrische Lagerung) vorgegeben [26]. Die Randbedingungen bilden die Anbindung des Ausrückhebels an die umliegenden Kupplungskomponenten ab [26]. Außerdem werden Kontaktbedingungen zwischen unterschiedlichen Bauteilnetzen in einer Baugruppe definiert.

Für das Netz, die Randbedingungen und Kontakte wird schließlich ein Gleichungssystem aufgebaut und gelöst (Processing). Durch die Lösung des Gleichungssystems werden zum Beispiel Verformungen und Spannungen für den Ausrückhebel berechnet. Diese Ergebnisse werden im Postprocessing grafisch dargestellt (siehe Falschfarben am Ausrückhebel in Bild 2) oder in

Tabellen ausgegeben. Die Ergebnisauswertung (Interpretation und Bewertung) wird häufig nicht vom Postprozessor des FEA-Systems unterstützt und setzt viel Berechnungserfahrung voraus. Ausgehend von den Ergebnissen wird das Modell gegebenenfalls in einer weiteren Iteration überarbeitet. Diese Iterationsschleifen können auch in Parameterstudien automatisch durchlaufen werden bis die Lösung bestimmte Anforderungen erfüllt. Diese Anforderungen beziehen sich zum Beispiel auf die Vernetzungsqualität und -dichte [2]. Außerdem werden die Simulationsergebnisse häufig anhand von Versuchsreihen oder Vergleichsrechnungen überprüft [27].

2.1.2 Preprocessing

Die Prozessschritte des Preprocessings aus Bild 2 sind in den folgenden Unterabschnitten am Beispiel des Ausrückhebels aus [26] erläutert. Der Schwerpunkt des in dieser Arbeit entwickelten Assistenzsystems liegt in der Unterstützung dieser Modellierungsschritte.

Werkstoffmodellierung

Die Werkstoffeigenschaften definieren die Zusammenhänge zwischen den äußeren Belastungen eines Bauteils, wie zum Beispiel Verformungen und Kräfte, und dem Belastungszustand (Dehnungen oder Spannungsverteilungen) [11]. Hierfür sind in strukturmechanischen Analysen das Elastizitätsmodul, die Querkontraktion und Poissonzahl die wichtigsten Größen [11]. Unter Anwendung des Hooke'schen Gesetzes lässt sich aus dem Elastizitätsmodul E ein lineares Materialmodell aufstellen, in dem die Spannung σ proportional zur Dehnung ϵ ist [2,28]:

$$\sigma = \epsilon \cdot \mathrm{E} \tag{1}$$

Durch die schwarze durchgezogene Kennlinie in Bild 3, ist das Spannungs-Dehnungsdiagramm einer Zugprobe schematisch dargestellt. Der lineare Spannungsverlauf aus Gleichung 1) liegt hier eigentlich nur für den elastischen Bereich unterhalb der Fließgrenze (Streckgrenze) R_p vor [29] und ist bei Be- und Entlastung des Materials identisch [11]. Bei Verwendung eines ausschließlich linearen Materialmodells wird dieser Zusammenhang für den gesamten Belastungsbereich angenommen [2]. Wie in Bild 3 dargestellt, wird also der konstante Anstieg oberhalb der Streckgrenze R_p mit der Geraden (a) fortgeführt.

In der Realität beginnen jedoch duktile Werkstoffe, wie zum Beispiel Baustahl, oberhalb der Streckgrenze zu plastifizieren [2,11,29]: Es kommt zu bleibenden Verformungen und durch das Fließen des Werkstoff bauen sich die resultierenden Spannungen langsamer auf (Verlauf der durchgezogenen schwarzen Linie oberhalb von R_p in Bild 3). Nach Erreichen der Zugfestigkeit R_m und Überschreitens der Gleichmaßdehnung A_g schnürt sich der Werkstoff ein. Die auf den Ausgangsquerschnitt bezogene Spannung aus Bild 3 wird durch die Einschnürung reduziert, da sie nicht die Verkleinerung des Probenquerschnitts berücksichtigt [2,29]. Wird schließlich die Bruchdehnung A überschritten kommt es zum statischen Gewaltbruch [29]. Bei spröden Werkstoffen, wie zum Beispiel Grauguss, kommt es direkt nach dem elastischen Bereich zum Bruch [29].

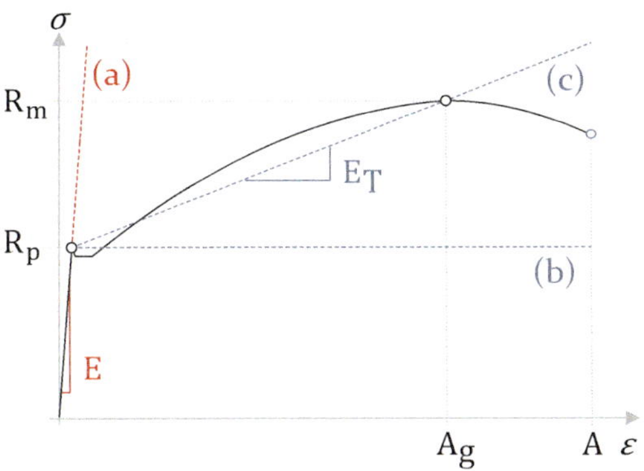

Bild 3: Spannungs-Dehnungs-Diagramm nach [1,2,29]

Um plastische Verformungen in den Simulationen zu berücksichtigen, lassen sich bilinearen Materialmodelle einsetzen [30]: Durch ein elastisch-ideal-plastisches Modell lässt sich das Fließen des Materials vereinfacht simulieren (siehe Gerade (b) in Bild 3 ab der Streckgrenze R_p). Durch die plastische Verformung bilden sich jedoch auch Versetzungen in den Gitterstrukturen des Materials aus, die zu einer Verfestigung und damit zu einer Spannungserhöhung führen [31]. Um diesen Verfestigungseffekt des Materials ebenfalls zu berücksichtigen, muss der Geraden oberhalb der Streckgrenze eine entsprechende Steigung E_T zugewiesen werden (Linie (c) in Bild 3) [30].

In der Richtlinie des Forschungskuratoriums Maschinenbau (FKM) für den Festigkeitsnachweis von Maschinenbauteilen [32] sind Normwerte für die Fließgrenze $R_{p,N}$ angegeben [29,30]. Diese Werte werden für Versuchsproben ermittelten und anhand des technologischen Größenfaktors K_t und Anisotropiefaktors K_A auf die vorhandenen Bauteilabmessungen übertragen [30]: Über den technologischen Größenfaktor werden Einflüsse aus der Fertigung und Wärmebehandlung erfasst [33]. Für die Bestimmung des technologischen Größenfaktors wird ein effektiver Durchmesser d_{eff} für das Bauteil angenommen. Hierzu werden zum Beispiel repräsentative Schnitte durch das Bauteil gelegt. Über den Anisotropiefaktor K_A werden richtungsabhängige Werkstoffeigenschaften berücksichtigt, wie beispielsweise für Walz- und Schmiedeteile. Über diese Faktoren lässt sich die Fließgrenze R_p wie folgt berechnen [30]:

$$R_p = K_t \cdot K_A \cdot R_{p,N} \tag{2}$$

und die Zugfestigkeit R_m lässt sich entsprechend über diese Gleichung und dem Normwert $R_{m,N}$ anstelle von $R_{p,N}$ bestimmen.

Außerdem dienen bei dynamischen Simulationen Kennlinien aus Wöhler-Schwingversuchen für die Absicherung gegen Dauerbruch [2,31]. Durch die dauerhafte Schwingbeanspruchung des Materials breiten sich Mikrorisse im Material aus, die schließlich zur Ermüdung und dem Bruch des Materials führen [29]. Für Schwingfestigkeitsnachweise sind die erforderlichen Wöhler- und Smith-Diagramme im Anhang (Abschnitt A.4) erläutert. Diese Nachweise können auch über die Ergebnisse aus zwei statischen FEA erfolgen, mit Lastvorgaben gemäß den Maxima und Minima der Schwingbelastung [30].

Geometrievereinfachung

Wie bereits genannt, dienen für strukturmechanische FEA häufig Konstruktionsmodelle aus der CAD-Umgebung als Ausgangsgeometrie [11]. Für die Übergabe der CAD-Modelle können zwei grundlegende Varianten unterschieden werden [34–36]: Entweder ist die FEA-Umgebung direkt in das CAD-System integriert oder es erfolgt eine Kopplung der FEA- und CAD-Systeme über eine externe Schnittstelle.

Falls die Finite-Elemente-Berechnung als Modul in das CAD-System integriert ist, kommt es für gewöhnlich zu keinen Fehlern in der Datenübergabe, da hier das interne CAD-Datenformat genutzt wird [36]. Somit können Optimierungen im CAD- und FEA-System über ein gemeinsames parametrisches Modell erfolgen [11]. Auf diese Weise lassen sich in Parameterstudien zahlreiche Modellvarianten erzeugen und testen, wie zum Beispiel für die Optimierung von Geometrieabmessungen bei unterschiedlichen Belastungen [2, 36]. Die integrierten Finite-Elemente-Module bieten jedoch nur eine eingeschränkte Analysemöglichkeiten, wie beispielsweise nur die Berechnung mit linear-elastischem Materialgesetzen [11,36].

Falls zwei unterschiedliche Systeme zur Konstruktion und Simulation zum Einsatz kommen, wird die CAD-Geometrie über neutrale Datenformate wie IGES oder STEP in die Simulationsumgebung übergeben [36]. Bei dieser Übertragung stellen geometrische Inkompatibilitäten (zum Beispiel unsaubere Flächenübergänge) eine Herausforderung dar. Während diese im CAD-System üblicherweise noch zu keinen Problemen führen, wird im FEA-System durch die Inkompatibilitäten womöglich die Vernetzung der Geometrie (Aufteilung der Geometrie in Finite Elemente) behindert [36]. Außerdem kann es bei der Datenübertragung zu Informationsverlusten kommen, die anschließend im FEA-System ergänzt werden müssen [36]. In STEP-Dateien wird zum Beispiel die Modellhistorie nicht mit übergeben [2]. Für die CAD-Geometrie werden also nicht die zugrundeliegenden Konstruktionselemente übertragen, um die Geometrie direkt zu bearbeiten [2]. Für die neue Bearbeitung dieser historienfreien Geometrien stehen FEA-Systeme wie ANSYS Workbench sowie direkte Modellierer wie beispielsweise SpaceClaim zu Verfügung [2]. Außerdem werden Geometrieänderungen, die im FEA-System an der Geometrie vorgenommen werden, nicht zurück in das CAD-System übertragen [36], falls keine geeignete Schnittstelle vorhanden ist. Diese Änderungen müssen dann im CAD-System erneut manuell vorgenommen werden [36], um zum Beispiel die technischen Zeichnungen zu aktualisieren. FEA-Systeme wie ANSYS Workbench binden die CAD-Geometrie daher direkt an die Finite-Elemente-Modelle an [2]. Über diese Schnittstelle wird eine bidirektionale Assoziativität zwischen den Geometrieparameter des CAD- und FEA-Modells sichergestellt [2]: ANSYS greift direkt auf die Geometrieparameter von CAD-Systemen, wie Creo Parametric oder CATIA, zu, um die Geometrie zu modifizieren und erneut in die FEA-Umgebung zu übertragen. Nicht die Geometrie selbst wird also verändert, sondern der Parametersatz, über den das CAD-Modell aktualisiert wird [2].

Ferner müssen Ersatzmodelle genutzt werden, um den Berechnungsaufwand zu reduzieren [1,9]: Dünnwandige Bauteile (typischerweise Blechbauteile) werden über ihre Mittelflächen vereinfacht [2,37] und Schraubenverbindungen oder Wellensysteme gegebenenfalls über Linien [1,9]. Entsprechende Funktionen zur Erstellung von Mittelflächen und -linien stehen sowohl in den CAD-Systemen als auch FEA-Systemen zur Verfügung [2]. In Bild 4 ist die Vereinfachung des Ausrückhebels durch ein Mittelflächenmodell gezeigt.

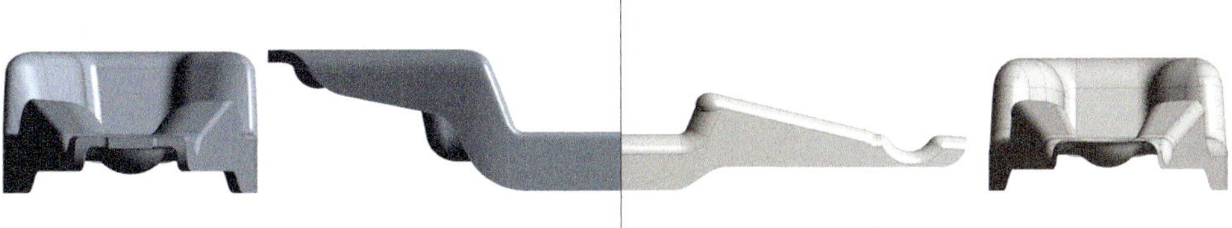

Bild 4: Vereinfachung des Ausrückhebelmodells

Außerdem wird die Berechnungsdauer durch das Weglassen oder Unterdrücken von Modellbereichen reduziert [11]. So lässt sich durch die Ausnutzung von Symmetrien der Berechnungsaufwand erheblich reduzieren [1,2]: Ein bezüglich der Halbebene symmetrisches Bauteil lässt sich doppelt so schnell berechnen, wenn eine Bauteilseite entfernt und die Simulation über entsprechende Symmetriebedingungen erfolgt. Außerdem werden in den Finite-Elemente-Modellen nie alle beteiligten Komponenten und Lasten abgebildet, sondern teils durch entsprechende Randbedingungen ersetzt [2], zum Beispiel indem Loslager durch entsprechende zylindrische Lagerung ersetzt werden [30]. Hierfür kann es erforderlich sein, die entsprechenden Auflageflächen der Bauteile auf die verbliebene Geometrie aufzuprägen, um diese Bereiche für die Definition der Randbedingungen zu wählen [2], beispielsweise indem die Auflageflächen eines Loslagers auf eine Welle aufgeprägt werden. Für den Ausrückhebel in Bild 4 wird in den folgenden Abschnitten gezeigt, wie sich die umliegenden Bauteile des Ausrücklagers und Mitnehmer durch Randbedingungen ersetzen lassen. Ferner sollten Details, wenn möglich, in der Geometrie entfernt werden (Defeaturing), um die Vernetzung zu vereinfachen [2,35]: zu kleine Geometriedetails führe zu sehr feinen rechenintensiven FEA-Netzen und gegebenenfalls zu starken Netzverzerrungen an den Übergangsstellen.

Elementzuweisung und Vernetzung

Für die übertragenen und aufbereiteten Geometrien werden anschließend geeigneten Finite Elemente für deren Vernetzung ausgewählt [1]. Links in Bild 5 ist die Vereinfachung des Ausrückhebels durch Schalenelemente dargestellt (Detailansicht (1)).

In der Detailansicht (1) in Bild 5 ist eines der Schalenelemente separat hervorgehoben: Für die Knoten sind die Verschiebungs- und Verdrehungsfreiheitsgrade in die drei Raumrichtungen dargestellt [11]. Über die Knoten erfolgt die Anbindung an die benachbarten Elemente und die Übertragung der Verformungen unter Einhaltung der Gleichgewichtsbedingungen in den Knoten [10]. Außerdem sind für zwei ausgewählte Zwischenknoten (Knoten 5 und 8) die sogenannten Formfunktionen (g_5 und g_8 Detailansicht (1)) zur Interpolation der Verformungen innerhalb der Elemente dargestellt [10]. Auf die Hintergründe der Formfunktionen in finiten Elementen wird in Abschnitt 2.1.3 näher eingegangen.

Zudem ist rechts in Bild 5 die Vernetzung des ursprünglichen CAD-Modells mit Volumenelementen aufgezeigt (Detailansicht (2)). Nach KLEIN fällt die Rechenzeit für Volumenmodelle etwa 8-mal höher aus als mit äquivalenten Schalenmodellen [1]. Das ist allein schon daran zu erkennen, dass die Elementknotenzahl im Volumenmodell wesentlich höher ist (767.846 Knoten im Volumenmodell gegenüber 11.046 Knoten im Schalenmodell) [2].

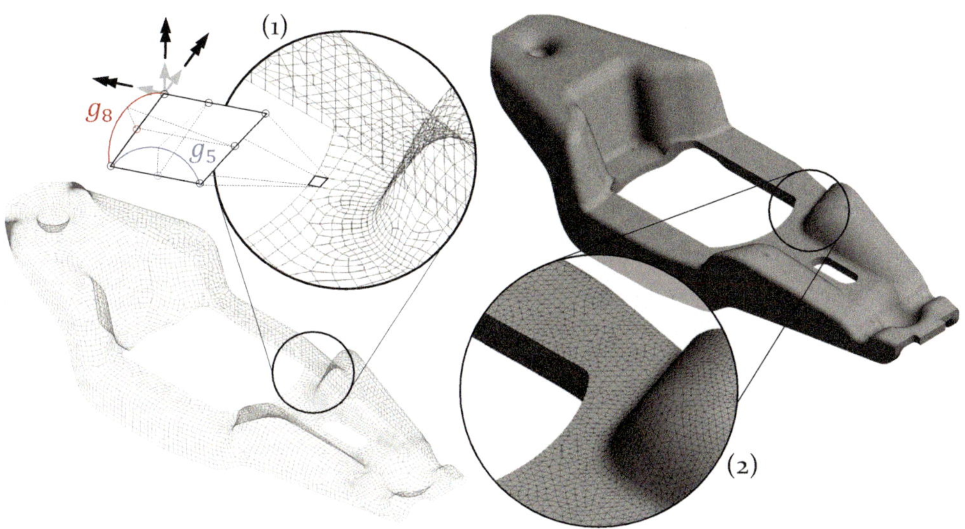

Bild 5: Vernetzung mit Schalenelementen (l.) und mit Volumenelementen (r.)

Wie bereits genannt, lassen sich Schalenelementen jedoch nur für dünnwandige Bauteile anwenden und die Dicke der Mittelflächen sollte abschnittsweise konstant sein [1,11]. Hierbei kann es sich zum Beispiel um Modelle für Stahlbaukonstruktionen aus Normprofilträger handeln, in denen auch die Steifigkeiten der Schweißnähte näherungsweise nachbildbar sind [38]. Schalen kommen bei mehrachsiger, räumlicher Belastung zum Einsatz [1, 11]. Für eine geeignete Diskretisierung der Geometrie können dreieckige oder viereckige Schalenelemente eingesetzt werden [1]: Durch dreieckige Elemente lassen sich komplexe Geometrieverläufe besser abbilden, während viereckige Elemente eine höhere Berechnungsgenauigkeit aufweisen. Anstelle der Schalenelemente können für einfachere Lastfälle auch Scheiben- und Plattenelemente mit weniger Freiheitsgraden genutzt werden [11]: Scheiben übertragen Kräfte nur in Scheibenebenen und durch Platten können Momente und Querkräfte als zusätzliche Freiheitsgrade in der Ebene aufgenommen werden.

Für Profilträger und Schrauben können auch Linien in Form von Balken- oder Stabelementen eingesetzt werden [9,11]: Mit Stabelementen können Kräfte nur in Längsrichtung übertragen werden, während über Balkenelemente auch Biegekräfte, Biegemomente, Querkräfte und Torsionsmomente berechnet werden können. Den Linienelementen werden entsprechende Querschnittswerte und Trägheitsmomente zugewiesen, um die tatsächliche Steifigkeit der Geometrie abzubilden [9,11]. Außerdem sind in vielen FEA-Systemen

Federelemente verfügbar, über die spezifische mechanische Eigenschaften abbildbar sind, wie beispielsweise die Steifigkeiten von Lagern [2,11].

Falls keine der genannten Vereinfachungen der Geometrie und Belastungen anwendbar sind, dienen Volumenelemente für die Vernetzung des Modells [1]. Dies kann auch bedeuten, dass die Geometrie zwar prinzipiell für weniger rechenintensive Elemente geeignet wäre, jedoch der Zeitaufwand für die Modellierung die eingesparte Berechnungszeit übersteigt [2]. So ist in bisherigen CAD- oder FEA-Systemen die Ableitung von Mittelflächenmodellen weiterhin mit manuellen Arbeitsschritten verbunden [2], die mit der Größe des Modells zunehmen. Durch tetraederförmige Volumenelemente lässt sich Geometrie für gewöhnlich am einfachsten modellieren, während über Quaderelemente eine hohe Genauigkeit bereits bei geringen Knotenzahlen erreicht wird [1,2]. Falls die Modellgeometrie auch für Prismaelemente geeignet ist und Spannungsverteilungen detailliert in Tiefenrichtung berechnet werden sollen, lässt sich mit diesen Elementen eine hohe Berechnungsgenauigkeit bei einem geringen Modellierungsaufwand erreichen [1].

Außerdem kann die Simulationsgenauigkeit durch Netzverfeinerungen erhöht werden [1]. Diese Herangehensweise wird als h-Version bezeichnet, wobei das "h" hier dem relativen Durchmesser der finiten Elemente entspricht [1]. Insbesondere in Bereichen mit einer hohen Spannungskonzentration, muss das Netz verfeinert werden, um den Spannungsverlauf ausreichend fein aufzulösen [2]. Das berechnete Ergebnis nähert sich hierbei asymptotisch an das tatsächliche Ergebnis an [2]. Ein anderer Ansatz ist es, die Genauigkeit der mathematischen Funktionen zu erhöhen, die in jedem Element hinterlegt sind [1,10]. Hierzu wird der Polynomgrad der zugrundeliegenden Funktionen erhöht und (bei gleichbleibender Elementanzahl) die berechneten Freiheitsgrade erweitert (p-Version) [1]. In Bild 5 ist der Funktionsverlauf von Polynomfunktionen zweiter Ordnung dargestellt (Detailansicht (2)) [10]. Ferner lässt sich über die sogenannte r-Methode (repositioning - Umstellung) die Genauigkeit verbessern [11]: Hier bleibt die Anzahl an Elementen und Knotenfreiheitsgraden konstant und die vorhandenen Knotenpunkte werden nur gegeneinander verschoben, um in kritischen Bereichen mit hoher Spannungskonzentrationen das Netz zu verfeinern.

Randbedingungen

Vor dem Hintergrund, dass die Finite-Elemente-Methode auf DGL basiert und aus der Lösung der DGL die Verformungen resultieren, werden in der Strukturmechanik zwei grundlegende Randbedingungsarten aus dem Bereich der Differentialrechnung unterschieden [10,11,39]: Die Dirichlet-Randbedingung entspricht der direkten Vorgabe der Lösungswerte, also der Verschiebung oder Fixierung bestimmter Randbereiche. Die Neumann-Randbedingung gibt hingegen Größen über die Ableitung von Lösungswerten vor. Zu den Neumann-Randbedingung zählen also Lasten, die der örtlichen Ableitung der Verschiebung entsprechen, wie Kräfte.

Im Folgenden soll der Einsatz der Randbedingungen nach [2], anhand des Ausrückhebels erläutert werden. Links in Bild 6 ist ein Ausschnitt aus einer PKW-Einscheiben-Trockenkupplung der ZF Friedrichshafen AG (ehemals ZF Sachs) mit den relevanten Komponenten gezeigt. Hierbei muss beachtet werden, dass es sich bei dem in der Baugruppe gezeigten (blau hervorgehobenen) Ausrückhebel um eine andere Version handelt. Zwischen der Kupplungsscheibe und der Anpressplatte wird hier das Motordrehmoment reibschlüssig übertragen [40]. Für das Trennen der Kupplung wird das Ausrücklager durch Nehmerzylinder auf die Membranfederspitzen in der Mitte von Bild 6 gedrückt, wodurch eine Federkraft auf das Lager rückwirkt [40]. Die Feder ist mit der oberen Kupplungsscheibe verbunden, die nach dem Hebelprinzip von der Kupplungsscheibe gezogen wird [40].

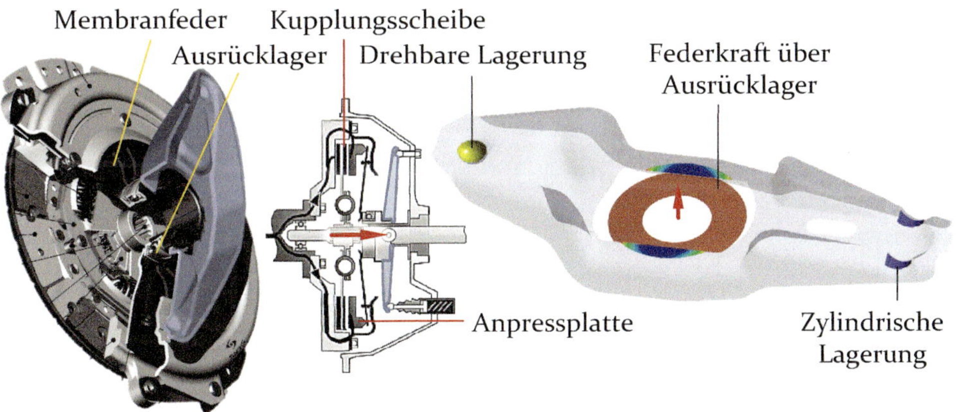

Bild 6: Randbedingungen für die Strukturanalyse eines Ausrückhebels nach [26,P1,40]

Über Lagerungen müssen die sechs Freiheitsgrade der betrachteten Bauteile (Verschiebung entlang der drei Raumrichtungen und Drehung um die drei Rotationsachsen) definiert sein. Andernfalls kommt es in der Simulation zu Starrkörperbewegungen, also zu unrealistischen großen Bauteilverschiebungen und zu keinem Kräftegleichgewicht (Kraftkonvergenz). Da es sich bei den Randbedingungen um einen meist ungenaueren Ersatz der umliegenden Komponenten und Lasten handelt, sollten die Berechnungsergebnisse außerdem erst bei einem Abstand von mindestens zwei Elementreihen ausgewertet werden. Zudem stellt GEBHARDT heraus, dass aus numerischen Gründen nicht versucht werden sollte nur aus äußeren Kräften ein Gleichgewicht in der Simulation herzustellen und dass stattdessen Lagerungen zu nutzen sind. Rechts in Bild 6 wird entsprechend nur die Federkraft aufgebracht und die Halterung beziehungsweise der Mitnehmer an den Enden des Ausrückhebels durch entsprechende drehbare und zylindrische Lagerungen substituiert [26]. Die Federkraft wird nicht direkt auf den Ausrückhebel aufgebracht, sondern über ein Gehäuseteil des Ausrücklagers auf den Ausrückhebel übertragen. Rechts in Bild 6 ist die entsprechende Mittelfläche zur Vereinfachung des Gehäuseteils rot hervorgehoben.

Die drehbare Lagerung wird über externe Verschiebungen abgebildet. Externe Verschiebungen erlauben die Lagerung an beliebigen Punkten im Raum, in diesem Fall um einen Drehpunkt. Für diesen Punkt lassen sich drei translatorische und drei rotatorische Freiheitsgrade festlegen. Für die Lagerung des Ausrückhebels werden hier nur drei rotatorische Freiheitsgrade zugelassen. Außerdem kann die gelagerte Fläche als elastisch nachgiebig (anstelle einer starren Lagerung) definiert werden. Über die zylindrische Lagerung in Bild 6 lassen sich entsprechend die Verschiebungen in radialer, tangentialer und axialer Richtung sperren oder freigeben. Für den Ausrückhebel werden nur die tangentialen Verschiebungen zugelassen. Eine weitere wichtige Lagerung ist die reibungsfreie Lagerung, die eine Verschiebung von ebenen oder gekrümmten Flächen in Normalenrichtung verhindert und als Symmetriebedingung genutzt wird (zum Beispiel bei der Simulation von nur einer Bauteilhälfte). Die Federkraft wird gleichmäßig auf die gewählten Flächen beziehungsweise zugehörigen Knoten verteilt. Die Kräfte dürfen nicht direkt auf einzelne Knoten aufgebracht werden, um unrealistische Spannungssprünge, sogenannte Singularitäten, zu vermeiden.

Eine weitere wichtige Last ist die Schraubenvorspannung. Diese stellt in Simulationsumgebungen wie ANSYS Workbench einen Spezialfall dar. Für das Aufbringen dieser Last wird der Schraubenschaft axial in zwei Teile zerlegt. Die beiden Teile werden zunächst zueinander versetzt und damit eine entsprechende Reaktionskraft in der Schraubenverbindung aufgebaut. Sobald die Reaktionskraft der geforderten Klemmkraft entspricht, wird der Versatz gehalten. Erst danach werden die äußeren Kräfte in einem weiteren Lastschritt auf die verspannten Bauteile aufgebracht. Es sind also mindestens zwei Lastschritte erforderlich, um zunächst die Verbindungspartner vorzuspannen. Es kann jedoch auch erforderlich sein den Versatz der Schraubenschaftteile erneut zu verringern [9]: Im Bereich der Auflageflächen kommt es in der Realität zu plastischen Verformungen [41]. Dieses sogenannte Setzen der Schraubenverbindung führt zu Vorspannkraftverlusten, die zum Rutschen oder Klaffen der Verbindung führen können [41]. Zur Berücksichtigung dieser plastischen Verformungen wird der Versatz der Schraubenschaftteile und damit die Vorspannung reduziert [9]. Hierzu stehen in der VDI-Richtlinie

2230 Blatt 1 entsprechende Setzbeträge in einer Tabelle zur Verfügung [9, 41]. Zudem werden geringere Klemmkräfte von vornherein für die Schrauben vorgegeben, um die Montageunsicherheit beim Anziehen der Schraube zu berücksichtigen [9,41]. Hierzu sind in VDI-Richtlinie 2230 Blatt 1 entsprechende Anziehfaktoren in Abhängigkeit von den Anzieh- und Einstellverfahren aufgelistet [41].

Kontaktdefinition und Kopplung

In Bild 6 ist bereits die Flächenpressung des Ausrücklagers auf den Ausrückhebel als Farbverlauf dargestellt. Für eine genauere Betrachtung dieser Kontaktberechnungen dient Bild 7: Über der Druckverteilung werden oben in Bild 7 auch die Bereiche gekennzeichnet, in denen gleitender oder haftender Kontakt vorliegt oder in denen es zum Abheben der Bauteile kommt ("nah'in Bild 6).

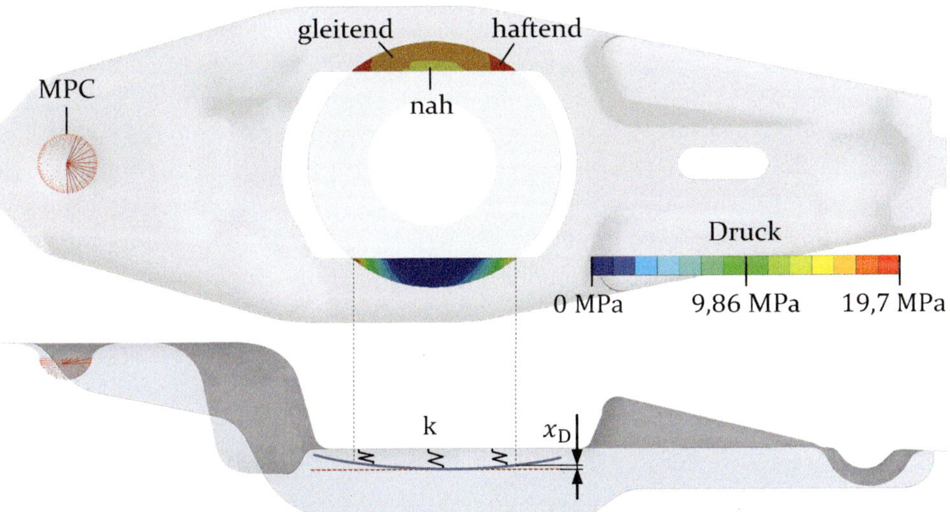

Bild 7: Reibkontakt zwischen den Mittelflächen des Ausrückhebels und -lagers

Um das Kontaktverhalten zu berechnen wird in mehreren Iterationen die Durchdringung der Kontaktpartner bei den gegebenen äußeren Lasten ermittelt und über eine Rückstellfeder (Kontaktsteifigkeit) die Durchdringung minimiert [2]. Für die nichtlineare Berechnung der erforderlichen Kontaktsteifigkeit stehen Methoden wie Pure Penalty oder Augmented Lagrange (für genauere Kontaktberechnungen) zur Verfügung [2]. Unten in Bild 7 ist die Verformung der Mittelfläche schematisch dargestellt. Augmented Lagrange bringt die Kontaktsteifigkeit k_K und die Durchdringung x_D (siehe Bild 7) mit der resultierende Kontaktkraft F_K wie folgt in Zusammenhang [42]:

$$F_K = k_K \cdot x_D + \lambda \tag{3}$$

Über den Parameter λ ist die erweiterte Lagrange-Methode weniger empfindlich gegenüber der Höhe der Kontaktsteifigkeit als die Pure-Penalty-Methode, die nur die vorangehenden Größen aus Gleichung 3 für die Kontaktberechnung nutzt [42]. Außerdem lassen sich Reibwerte für die Kontakte definiert, um neben der Pressung und dem Klaffen der Verbindung auch das Lösen der Verbindung bei zu hohen Querkräften zu simulieren (wie zum Beispiel bei Festigkeitsanalysen von Schraubenverbindungen) [9]. Wird hingegen ein reibungsfreier Kontakt definiert, ist Abheben und Gleiten zwar möglich, aber es erfolgt keine Übertragung von Querkräften [2], unabhängig von der Last. Für vereinfachte Kontaktberechnungen können die Bauteile auch fest verbunden werden. Über eine MPC-Kopplung (Multi-Point-Constraint - Zwangsbedingung zwischen mehreren Netzknoten) lassen sich Bauteile verbinden und in einem linearen Berechnungsschritt die Simulationen lösen, unter Vernachlässigung der Reibung und des Abhebens [2]. Hierfür werden die Knoten über zusätzliche Kopplungselemente mit entsprechenden Zwangsbedingungen verbunden [1,43]. MPC-Kopplungselemente kommen auch für Randbedingungen zum Einsatz, wie zum Beispiel für externe Verschiebungen, bei der die Randknoten mit einem zentralen Knoten gekoppelt werden. In Bild 7 sind für die linke Lagerung einzelne Kopplungselemente als rote Balken dargestellt. Von den anderen Verbindungen sind nur die gelagerten Netzknoten rot hervorgeheben.

Über Kopplungselemente lassen sich auch Netze mit unterschiedlichen Elementtypen koppeln, wie zum Beispiel Balken- mit Volumenelementen [1,43]. Über diese Verbindungen werden ausschließlich Starrkörperbewegungen übertragen und alle weiteren Freiheitsgrade (die zusätzlichen Freiheitsgrade, die das Volumenelement gegenüber dem Schalenelement besitzt) fallen in dieser Übertagung weg [1].

Ein anderer Ansatz ist die Teilmodelltechnik (Submodelling) [11]. Bei dieser Technik wird in einer ersten Berechnung zunächst die Gesamtstruktur einer Baugruppe simuliert und hierbei grobe Netze mit einem möglichst geringen Berechnungsaufwand genutzt [2,11,43]. Hierbei können auch Details, wie zum Beispiel die Geometrie der Schweißnähte, weggelassen werden [2]. Die berechneten Verformungen (Knotenverschiebungen) dienen anschließend als Belastungen für ein zweites Modell (Submodell), das nur einen kleinen, kritischen Teil des Gesamtmodells abbildet [11]. Dieser Modellausschnitt ist wesentlich detaillierter und mit höheren Netzdichten modelliert [2,44].

Hier werden zum Beispiel auch die Schweißnähte über feinvernetzte Ersatzmodelle abgebildet und die resultierenden örtlichen Spannungen in den Nahtübergängen ermittelt [2,45]. Da die Netzknoten des Gesamtmodells eine andere Verteilung aufweisen, müssen die berechneten Verformungen auf das Submodellnetz interpoliert werden [44]. Auf diese Weise können kleine Bereiche mit sehr hoher Genauigkeit und geringer Rechenzeit simuliert werden [2]. Zudem lassen sich diese Ausschnitte optimieren, ohne das Gesamtmodell erneut zu berechnen [2].

2.1.3 Processing

Für die Lösung eines strukturmechanischen Problems wird ein globales Gleichungssystem für die vernetzte Geometrie und die Randbedingungen aufgestellt [1,11,15]:

$$\vec{p} = \mathbf{K} \cdot \vec{u} + \mathbf{D} \cdot \frac{\mathrm{d}\vec{u}}{\mathrm{d}t} + \mathbf{M} \cdot \frac{\mathrm{d}^2\vec{u}}{\mathrm{d}t^2} \tag{4}$$

Darin entspricht $\vec{p}$ dem Gesamtkraftvektor, der die äußeren Kräfte auf die Bauteile enthält, und $\vec{u}$ dem Gesamtverschiebungsvektor für alle Elementknoten des Modells [1,15]. Über die ersten und zweiten Ableitungen des Gesamtverschiebungsvektors ergeben sich somit die Geschwindigkeitsvektoren ($\mathrm{d}\vec{u}/\mathrm{d}t$) und Beschleunigungvektoren ($\mathrm{d}^2\vec{u}/\mathrm{d}t^2$). Zudem dienen in Gleichung 4 die Massenmatrix **M** und die Dämpfungsmatrix **D** für dynamische Berechnungen [1,15]. Hier wird in Modalanalysen sichergestellt, dass die äußeren Kräfte nicht im Bereich der Eigenfrequenzen des beanspruchten Bauteils liegen, um Resonanzeffekte zu vermeiden [2,15]. Neben diesen Betrachtungen im Frequenzbereich lässt sich in transienten Simulationen der instationäre Verlauf der Verschiebungen und Spannungen analysieren [2].

In der vorliegenden Dissertation liegt der Fokus jedoch auf der statischen Analyse, bei der keine dynamischen Effekte in kurzen Zeitschritten betrachtet werden [1]. Wie bereits genannt, lassen sich die statischen Analysen jedoch auch für Dauerfestigkeitsanalysen nutzen [30]. Hier fallen die Matrix- und Dämpfungsmatrizen und zeitlichen Ableitungen der Verschiebungsvektoren weg, sodass die äußeren Kräfte nur noch über die Gesamtsteifigkeitsmatrix **K** mit den Verschiebungen in Zusammenhang gebracht werden [1,15]. Die Gesamtsteifigkeitsmatrix **K** in Gleichung 4 muss hierzu aus den Steifigkeitsmatrizen der finiten Elemente zusammengesetzt werden [1,15]. Die Steifigkeitsmatrizen werden für jedes Element anhand der schwachen Formulierung (Integration der strukturmechanischen DGL) gebildet [1,10,25].

Zur Erläuterung der wesentlichen Berechnungsschritte in der FEA wird der Ausrückhebel durch Balkenelemente mit einem entsprechenden Flächenträgheitsmoment I vereinfacht und die Gesamtsteifigkeitsmatrix (siehe Gleichung 4) aus den Steifigkeitsmatrizen dieser Elemente exemplarisch zusammengestellt. Die numerische Berechnung von Balkenmodellen stellt eine wichtige Grundlage für die vorliegende Arbeit dar. Darüber hinaus würde die Darstellung der Steifigkeitsmatrizen für Schalen- oder Volumenmodelle zu umfangreich ausfallen, während sich die wesentlichen Berechnungsschritte in der FEA anschaulich über Balkenelemente erläutern lassen. Nähere Informationen zu den Steifigkeitsmatrizen von Schalen- oder Volumenelementen finden sich in [1,10,15].

Das äquivalente Flächenträgheitsmoment des Balkenmodells lässt sich in Anlehnung an [29] aus der Durchbiegung f berechnen (Abschnitt A.1 im Anhang), die aus der detaillierteren Simulation des Ausrückhebels resultiert (siehe Schalenmodell in Bild 6). Das Ersatzmodell weist somit die gleichen Steifigkeitseigenschaften wie das Schalenmodell auf. Solange sich die Kraftrichtung nicht ändert und der Einfluss des nichtlinearen Kontakts im Schalenmodell vernachlässigbar ist, können also auch für neue Lastfälle die Ergebnisse des Ersatzmodells genutzt werden. In Bild 8 ist das Balkenmodell schematisch dargestellt. Das Modell besteht aus zwei Balkenelementen der Länge L_1 und L_2 und dem Elastizitätsmodul E des Ausrückhebelwerkstoffs.

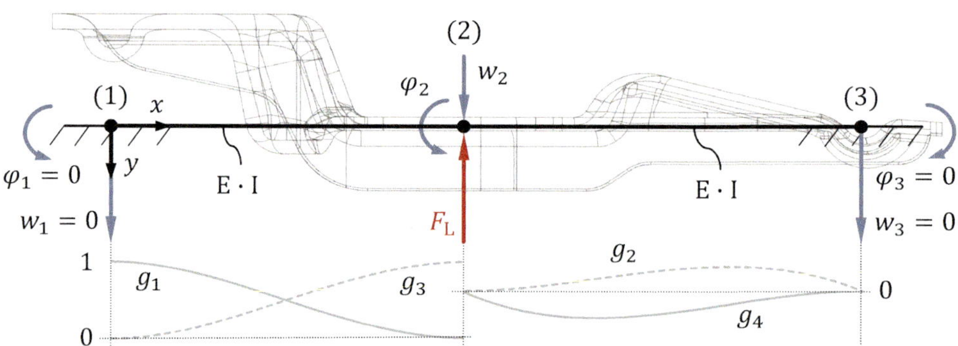

Bild 8: 2D-Finite-Elemente-Analyse des Ausrückhebels mit Ersatzelementen

In den Knoten erfolgt die Berechnung der Durchbiegungen (w_1 bis w_3), Verdrehungen (φ_1 bis φ_3) und Spannungen der Balkenelemente, ausgehend von den äußeren Knotenlasten F_L, Lagerungen (Einspannungen an der linken und rechten Seite des Balkenmodells) und der Gesamtsteifigkeitsmatrix **K** [1,

15]. Für das globale Gleichungssystem des Modells (siehe Gleichung 4) gilt in Anlehnung an [1,15]:

$$\begin{bmatrix} 0 \\ 0 \\ F_{\mathrm{L}} \\ 0 \\ 0 \\ 0 \end{bmatrix} = \mathbf{K} \begin{bmatrix} w_1 = 0 \\ \varphi_1 = 0 \\ w_2 \\ \varphi_2 \\ w_3 = 0 \\ \varphi_3 = 0 \end{bmatrix} \tag{5}$$

Für die Durchbiegungen und die Verdrehungen ist die Nummer des zugehörigen Knotens im Index angegeben. Durch die feste Einspannung an der linken und rechten Seite sind die Durchbiegungen und Verdrehungen für diese Knoten gleich null (siehe rechte Seite von Gleichung 5). Die Gesamtsteifigkeitsmatrix wird aus den Steifigkeitsmatrizen der Balkenelemente zusammengesetzt. In Anlehnung an [1,15], wird in den folgenden Unterabschnitten die Bildung und Zusammensetzung der Elementsteifigkeitsmatrizen und die Lösung des Gesamtgleichungssystems aufgezeigt.

Aufstellung der Elementsteifigkeitsmatrizen

Den Elementsteifigkeitsmatrizen des Balkenmodells (Bild 8) liegt die folgende Gleichung zugrunde. Über diese Gleichung wird die Durchbiegung $w(x)$ zwischen den Knoten für eine beliebige Position x interpoliert:

$$\begin{aligned} w(x) = {} & \overbrace{\left(1 - \frac{3 \cdot x^2}{\mathrm{L}^2} + \frac{2 \cdot x^3}{\mathrm{L}^3}\right)}^{g_1} \cdot w_1 + \overbrace{\left(-\frac{x}{\mathrm{L}} + \frac{2 \cdot x^2}{\mathrm{L}^2} - \frac{x^3}{\mathrm{L}^3}\right)}^{g_2} \cdot \mathrm{L} \cdot \varphi_1 \\ & + \underbrace{\left(\frac{3 \cdot x^2}{\mathrm{L}^2} - \frac{2 \cdot x^3}{\mathrm{L}^3}\right)}_{g_3} \cdot w_2 + \underbrace{\left(\frac{x^2}{\mathrm{L}^2} - \frac{x^3}{\mathrm{L}^3}\right)}_{g_4} \cdot \mathrm{L} \cdot \varphi_2 \end{aligned} \tag{6}$$

Die Interpolation erfolgt in Abhängigkeit von den Knotengrößen (w_1 bis φ_2), über die parabolischen Ansatzfunktionen g_1 bis g_4. Diese sogenannten Formfunktionen der Balkenelemente verlaufen wie in Bild 8 dargestellt. In [1] wird Gleichung 6 aus der vereinfachten DGL für Balkenbiegeschwingung nach EULER-BERNOULLI hergeleitet.

In Bild 9 sind die finiten Elemente an den Verbindungsknoten freigeschnitten, um alle relevanten Größen für die Steifigkeitsmatrizen darzustellen: An den Knoten wirken die Querkräfte Q und Biegemomente M, mit Zahlenindizes entsprechend der Knotennummerierung und den Kennungen a und

b für das linke und rechte Balkenelement. Die gestrichelte Linie stellt den interpolierten Durchbiegungsverlauf für die Elemente dar.

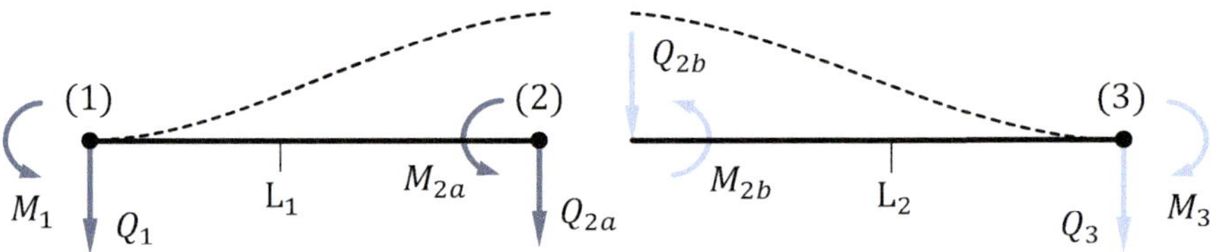

Bild 9: Freigeschnittenes Finite-Elemente-Modell des Ausrückhebels

Durch das Ritz-Galerkin-Verfahren wird die Balken-DGL nach EULER-BERNOULLI über Integrale, die sogenannte schwache Formulierung, angenähert [1,25]. Hierbei wird auch das Lösungsgebiet mit finiten Elementen unterteilt [1,25]. Für den linken Balken und die symmetrische Elementsteifigkeitsmatrix $\mathbf{k}_B$ gilt demnach der folgende Zusammenhang:

$$\begin{bmatrix} Q_1 \\ M_1 \\ Q_{2a} \\ M_{2a} \end{bmatrix} = \underbrace{\begin{bmatrix} k_{11} & k_{12} & k_{13} & k_{14} \\ & k_{22} & k_{23} & k_{24} \\ & & k_{33} & k_{34} \\ & & & k_{44} \end{bmatrix}}_{\mathbf{k}_B} \cdot \begin{bmatrix} w_1 \\ \varphi_1 \\ w_2 \\ \varphi_2 \end{bmatrix} \tag{7}$$

mit den Lasten, Durchbiegungen und Verdrehungen an den Knoten (1) und (2) in Bild 8. Die Koeffizienten der Elementsteifigkeitsmatrix $\mathbf{k}_B$ werden über die zweite Ableitung der Ansatzfunktionen g_1 bis g_4 aus Gleichung 6 berechnet:

$$k_{ij} = \int_0^L E \cdot I \cdot \frac{d^2 g_i}{dx} \cdot \frac{d^2 g_j}{dx}\, dx \qquad i,j = 1 \ \dots \ 4 \tag{8}$$

mit den Elastizitätskoeffizienten E, den Flächenträgheitsmomenten I und der Balkenlänge L. Durch das Einsetzen der Steifigkeitskoeffizienten nimmt Gleichung 7 schließlich die folgende Form an:

$$\begin{bmatrix} Q_1 \\ M_1 \\ Q_{2a} \\ M_{2a} \end{bmatrix} = \underbrace{\frac{E \cdot I}{L_1^3} \cdot \begin{bmatrix} 12 & -6 \cdot L_1 & -12 & -6 \cdot L_1 \\ & 4 \cdot L_1^2 & 6 \cdot L_1 & 2 \cdot L_1^2 \\ & & 12 & 6 \cdot L_1 \\ & & & 4 \cdot L_1^2 \end{bmatrix}}_{\mathbf{k}_B} \cdot \begin{bmatrix} w_1 \\ \varphi_1 \\ w_2 \\ \varphi_2 \end{bmatrix} \tag{9}$$

Die Steifigkeitsmatrix kommt für Biegebelastungen zum Einsatz und basiert auf den parabolischen Formfunktionen aus Gleichung 6. Auf Grundlage des Euler-Bernoulli-Modells beschreiben die Formfunktionen den Durchbiegungsverlauf exakt, solange die Schubverformungen in den Elementen vernachlässigbar sind. Um auch die Schubspannungen, insbesondere in kurzen auf Biegung beanspruchten Balken, zu berücksichtigen, muss mit den schubweichen Elementen nach TIMOSHENKO [46] gerechnet werden [47].

Bildung der Gesamtsteifigkeitsmatrix

Aus den Elementsteifigkeitsmatrizen wird nun die Gesamtsteifigkeitsmatrix des Trägers zusammengestellt. Hier wird der einfachste Fall betrachtet, bei dem die Balkenelemente längs zueinander verlaufen. Sind die Balken hingegen zueinander verdreht, muss zunächst eine Koordinatentransformation durchgeführt werden. Diese ist im Anhang erläutert (Abschnitt A.2). Wie in Bild 8 dargestellt, werden die Balkenelemente an ihren Knoten miteinander verknüpft. Das System besteht daher nur noch aus drei Knoten mit insgesamt sechs Freiheitsgraden. Die Gesamtsteifigkeitsmatrix **K** setzt sich für Knoten (1) bis (3) wie folgt zusammen:

		(1)		(2)		(3)	
		w_1	φ_1	w_2	φ_2	w_3	φ_3
(1)	0	1	0	0	0	0	0
	0	0	1	0	0	0	0
(2)	F_L	0	0	$E \cdot I \cdot \left(\frac{12}{L_1^3} + \frac{12}{L_2^3}\right)$	$E \cdot I \cdot \left(\frac{6}{L_1^2} - \frac{6}{L_2^2}\right)$	0	0
	0	0	0	$E \cdot I \cdot \left(\frac{6}{L_1^2} - \frac{6}{L_2^2}\right)$	$E \cdot I \cdot \left(\frac{4}{L_1} + \frac{4}{L_2}\right)$	0	0
(3)	0	0	0	0	0	1	0
	0	0	0	0	0	0	1

(10)

Die Zeilen listen die unterschiedlichen Knotenlasten und die Spalten die jeweils resultierenden Verformungen auf. Hierbei werden auch die Lagerungen (Verschiebung $w_1 = w_3 = 0$ und die Verdrehung $\varphi_1 = \varphi_3 = 0$ für die Knoten (1) und (3)) und die äußere Last F_L am Knoten (2) berücksichtigt. Die Nummern der zugehörigen Knoten sind für die Knotenlasten in der ersten Spalte aufgetragen. Genauso sind in der obersten Zeile die Knotennummern für die Verformungen angegeben. In der Mitte der Matrix überschneiden sich die Zeilen und Spalten von Knoten (2). Da die zwei Balkenelemente über diesen Knoten miteinander verknüpft sind, werden deren Steifigkeiten in diesen Zellen addiert.

Berechnung der Verformungen

Durch die Umstellung von Gleichung 5 lassen sich schließlich die Verformungen berechnen:

$$\begin{bmatrix} w_1 \\ \varphi_1 \\ w_2 \\ \varphi_2 \\ w_3 \\ \varphi_3 \end{bmatrix} = \mathbf{K}^{-1} \cdot \begin{bmatrix} 0 \\ 0 \\ F_\mathrm{L} \\ 0 \\ 0 \\ 0 \end{bmatrix} = \begin{bmatrix} 0 \\ 0 \\ -0,096\ \mathrm{mm} \\ 2,215e^{-4}\ ^\circ \\ 0 \\ 0 \end{bmatrix} \tag{11}$$

Für die Lösung des Gleichungssystems muss die Gesamtsteifigkeitsmatrix **K** invertiert werden. Das vereinfachte Modell lässt sich in wenigen Schritten berechnen. Die Ergebnisse rechts in Gleichung 11 entsprechen wie erwartet den Verformungen des Schalenmodells aus Bild 6 und stimmen auch bei doppelter oder halber Last gut mit diesen Lösungen überein. Für komplexere Modelle und größere Steifigkeitsmatrizen, wie beispielsweise für die Berechnung von Schalen- und Volumenmodellen, kommen jedoch effizientere numerische Lösungsverfahren zum Einsatz, wie zum Beispiel das Gauß- oder Cholesky-Eliminationsverfahren [1]. Für die Berechnung von sehr großen Strukturen stehen auch speicherschonendere Algorithmen, wie das direkte Frontlösungsverfahren oder das iterative Gauß-Seidel-Verfahren, zur Verfügung [1]. Nähere Informationen zu den genannten Verfahren finden sich in [1,11,15].

In linearen Analysen können die Verschiebungen aus Gleichung 11 nun direkt für die Berechnung der Spannungen im nachfolgenden Unterabschnitt genutzt werden. In linearen Analysen führt eine Verdoppelung der Lasten ($2 \cdot \vec{p}$ in Gleichung 4) auch zu einer proportionalen Erhöhung der Verschiebungen ($2 \cdot \vec{u}$) [1]. Im Anhang (Unterabschnitt A.3) ist zudem die iterative Berechnung von nichtlinearen Analysen dargestellt [1]. Nichtlineare Analysen werden durchgeführt, wenn das Materialverhalten nicht mehr über eine durchgängige Gerade beschrieben werden kann, also wenn zum Beispiel das Fließen des Materials über elastisch-ideal-plastische Modelle zu berücksichtigen ist (siehe "Werkstoffmodellierung" in Unterabschnitt 2.1.2) [1,30]. Zu Nichtlinearität kommt es außerdem, wenn die Kontaktbedingungen veränderlich sind, wie beispielsweise bei klaffenden oder rutschenden Reibkontakten (siehe "Kontaktdefinition und Kopplung" in Unterabschnitt 2.1.2) [2,9]. Zudem können hohe Lasten zu großen Verformungen führen, mit denen sich der Kraftangriff verändert [2].

Berechnung der Spannungen und Kräfte

Anhand der Dehnungen ϵ der Balkenelemente wird schließlich die Spannungsverteilung in den Balkenelementen berechnet. Für die Knotenverschiebung gilt:

$$u = y \cdot w' \tag{12}$$

und zusammen mit Gleichung 6 lässt sich die resultierende Biegespannung über das Hooke'sche Stoffgesetz berechnen [28]:

$$\sigma_b = \mathrm{E} \cdot \epsilon = \mathrm{E} \cdot u'(x) = \mathrm{E} \cdot y \cdot w''(x) \tag{13}$$

Für die Berechnung der höchsten Spannung wird der Abstand zur neutralen Faser y maximiert. Bei einem Kreisquerschnitt entspricht der maximale Abstand dem Balkenradius.

Die Biegespannung wird nach Gleichung 13 also über die zweifache Ableitung der Durchbiegung berechnet. Wird die Durchbiegung also mit Ansatzfunktionen dritter Ordnung interpoliert (s. Bild 8), werden Biegespannungen bei einem linearen Verlauf exakt beschrieben. Andernfalls muss die Ansatzfunktion oder die Anzahl der Balkenelemente erhöht werden [2]. Außerdem kann auch mit den schubweichen Timoshenko-Elementen die Simulation gelöst werden. Mit diesen Elementen wird die Biegespannung direkt aus der ersten Ableitung der Verdrehung berechnet [43,47]. Ansatzfunktion zweiter Ordnung sind demnach also ausreichend, um den Biegespannungsverlauf in den Balken linear zu beschreiben, dabei müssen jedoch auch zusätzliche Gleichungen gelöst werden [43,47].

Bei der Vereinfachung des Ausrückhebels durch Balkenelemente ist zwar die Steifigkeit des Bauteils abgebildet, aber die Geometrie weicht stark von der tatsächlichen Bauteilgeometrie ab. Daher können die resultierenden Spannungen für den Nachweis nicht genutzt werden. In VDI 2230 ist ein Vorgehen beschrieben, das Schrauben als Balkenelemente abbildet. Da auch hier die Ersatzgeometrie von der tatsächlichen abweicht, erfolgt der Festigkeitsnachweis über die Schnittkräfte in den Balkenelementen [9,41]. Für die Berechnung der Schnittkräfte wird die Gesamtsteifigkeitsmatrix bezüglich der bekannten Verschiebungen u_b und unbekannten Verschiebungen u_s partitioniert [1]:

$$\begin{bmatrix} \vec{F}_b \\ \vec{F}_s \end{bmatrix} = \begin{bmatrix} \mathrm{K}_{bb} & \mathrm{K}_{bs} \\ \mathrm{K}_{sb} & \mathrm{K}_{ss} \end{bmatrix} \cdot \begin{bmatrix} \vec{u}_s \\ \vec{u}_b \end{bmatrix} \tag{14}$$

mit den Untermatrizen K_{bb} bis K_{ss}, den bekannten Kräften F_b und unbekannten Kräften F_s. Im vorliegenden Balkenmodell sind zum Beispiel die Durchbiegung $w_1 = 0$ und Verdrehung $\varphi_1 = 0$ von Knoten (1) bekannt (feste

Einspannung) und entsprechend damit der Verschiebung $\vec{u}_{\mathrm{b}}$ in Gleichung 14 [1]. Außerdem entspricht die Last in der Mitte des Balkenmodells F_{L} der bekannten Kraft F_{b} [1]. Wenn für alle bekannten Verschiebungen gilt: $\vec{u}_{\mathrm{b}} = 0$, lassen sich die Schnittkräfte ausgehend von Gleichung 14 über folgenden Zusammenhang ermitteln [1]:

$$\begin{aligned} \vec{F}_{\mathrm{s}} &= \mathrm{K}_{\mathrm{sb}} \cdot u_{\mathrm{s}} = \mathrm{K}_{\mathrm{sb}} \cdot \mathrm{K}_{\mathrm{bb}}{}^{-1} \cdot \vec{F}_{\mathrm{b}} \\ &= (F_1 = -555\ \mathrm{N},\ \ M_1 = 25\ \mathrm{Nm}, F_3 = -445\ \mathrm{N},\ \ M_3 = -22\ \mathrm{Nm}) \end{aligned} \tag{15}$$

mit den resultierenden Kräften F_1 und F_3 und Drehmomenten M_1 und M_3 für Knoten (1)und (3) in den Balkenelementen des Ausrückhebels.

Hauptachsentransformation

Neben den berechneten Nennspannungen in Balkenelementen kommen in Schalen- und Volumenmodellen insbesondere Hauptspannungen für den Festigkeitsnachweis zur Anwendung. Die Ermittlung der Hauptspannungen ist in [30,32] wie folgt beschrieben. Für die Bildung der Hauptspannungen wird das Koordinatensystem, das der Simulation zugrunde liegt, transformiert. Über diese Transformation sollen die Schubspannungskomponenten in den resultierenden Vergleichsspannungen eliminiert werden. Der infinitesimal kleine Quader links in Bild 10 wird aus einem Simulationsmodell herausgeschnitten. Der Quader verläuft parallel zu einem kartesischen Koordinatensystem und die dort wirkenden Spannungen sind auf die Quaderflächen bezogen.

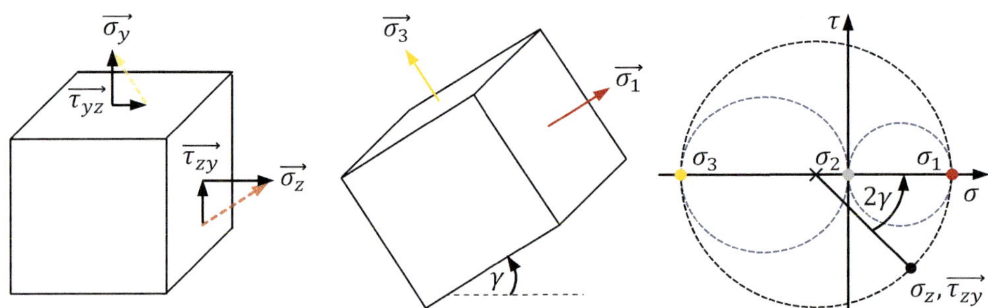

Bild 10: Hauptachsentransformation

Wie links in dem Bild gezeigt wird, lassen sich Spannungsvektoren in senkrecht und parallel zu den Quaderflächen verlaufende Komponenten aufteilen. Die senkrechten Komponenten entsprechen den Normalspannungen (zum Beispiel σ_y und σ_z) und die parallelen den Schubspannungen (zum Beispiel τ_{yz} und τ_{zy}). Durch die Drehung des Quaders lassen sich die Spannungskomponenten gemäß der neuen Ausrichtung der Quaderflächen verändern:

In der Mitte von Bild 10 wird der Quader im Raum so gedreht, dass die Schubspannungen wegfallen und die Spannungen sich nur noch aus den Normalspannungskomponenten zusammensetzen.

Bei den resultierenden Normalspannungen handelt es sich um die Hauptspannungen. Die Nummerierung der Hauptspannungen erfolgt im Allgemeinen anhand der Werte und es gilt: $\sigma_1 \geq \sigma_2 \geq \sigma_3$. In der für die vorliegende Dissertation relevanten FKM-Richtlinie [32] erfolgt die Nummerierung jedoch in Abhängigkeit von der Ausrichtung der Spannungen [30]: σ_1 und σ_2 verlaufen parallel zur Bauteiloberfläche und σ_3 zeigt senkrecht zur Oberfläche. Zunächst wird jedoch die allgemeine Notation der Hauptspannungen gewählt.

In Verbindung mit dem zugehörigen Drehwinkel γ lässt sich die Transformation auch über die Mohrschen Kreise rechts in Bild 10 visualisieren. Die Kreise stellen die möglichen unterschiedlichen Spannungszustände dar, die aus der Drehung des Würfels um die drei Raumachsen resultieren. Hierbei lassen sich über die Koordinatenachsen die Normal- und Schubspannungen ablesen. Die aktuelle Drehung führt dazu, dass alle Spannungen auf der Normalspannungsachse liegen. Da auch eine weitere Hauptspannung ungleich null ist, handelt es sich bei dem dargestellten Fall um einen ebenen Spannungszustand. Dieser zweiachsige Zustand entsteht zum Beispiel bei der Biegung und Torsion einer Welle. Bild 11 zeigt den Transformationsschritt am Beispiel des Ausrückhebels.

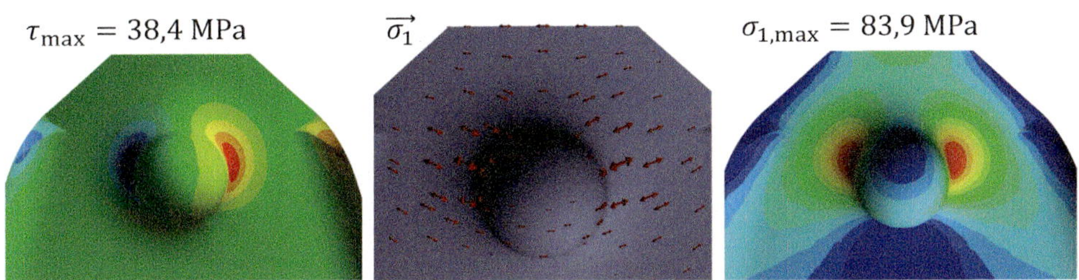

Bild 11: Resultierende Hauptspannungen am Ausrückhebel

In dem Bild sind links sind die vorhanden Schubspannungen im Schalenmodell dargestellt, mit der maximale Schubspannung τ_{max} (rote Bereiche), und daneben die entsprechenden ersten Hauptspannungsvektoren $\vec{\sigma}_1$ und resultierenden -verteilungen mit dem Maximalwert $\sigma_{1,max}$.

2.1.4 Postprocessing und Auswertung

Schließlich werden die berechneten Spannungen für den Nachweis der statischen und der dynamischen Festigkeit der beanspruchten Bauteile eingesetzt [30]. Hierbei muss unterschieden werden, ob der Nachweis mit Nennspannungen, Kerbspannungen oder Strukturspannungen erfolgt [30], denn die kritischen Spannungsverteilungen hängen nicht ausschließlich von den Belastungen ab, sondern insbesondere auch von den Verläufen der Querschnitte [29,38]. In Bild 12 wird dieser Effekt anhand der Balkenelemente mit veränderten Querschnittsflächen gezeigt. Hier entsprechen die beiden Balken einem Querschnittsübergang in einer Welle. Wie bereits genannt, nehmen die Biegespannungen $\sigma_{n,max}$ im vereinfachten Balkenmodell linear mit dem Abstand y zur neutralen Fase zu (links in Bild 12) [1,15]. Dementsprechend werden in dieser Simulation nur die Nennspannungen für einen ungestörten Kraftfluss abgebildet [29]. Rechts in Bild 12 wird hingegen eine erweiterte Simulation mit Volumenelementen durchgeführt.

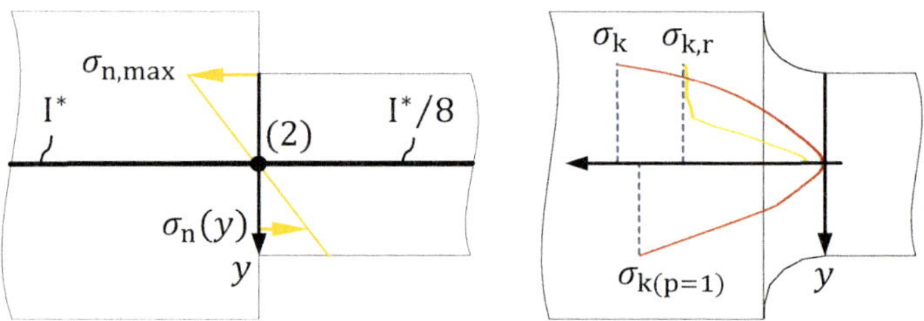

Bild 12: Spannungsverteilung im Balken- und Volumenmodell in Anlehnung an [29]

Der Querschnittsübergang ist hier gemäß der tatsächlichen Wellengeometrie verrundet, um Singularitäten zu vermeiden [2]: Scharfe Kanten führen bei linearen Materialmodellen zu unendlich hohen Spannungen in der Simulation. Diese Spannungssingularitäten lassen sich daran erkennen, dass bei einer Verfeinerung des Netzes, die Spannung immer weiter ansteigt und nicht konvergiert [2]. Durch die Verrundung konvergiert der Spannungsverlauf σ_k rechts in Bild 12. Aufgrund der Verdichtung der Kraftlinien im Kerbbereich fällt der Verlauf jedoch deutlich höher als die Nennspannung aus [29]. σ_k entspricht hier der Vernetzung mit Elementen zweiter Ordnung (quadratische Formfunktion) und $\sigma_{k(p=1)}$ der ungenaueren Modellierung mit linearer Formfunktionen.

Bei duktilen Werkstoffen fallen die Spannungsspitzen jedoch geringer aus, wenn nur ein begrenzter Kerbbereich des Bauteils zu fließen beginnt [29]. Weiter entfernte Bauteilabschnitte stützen in diesem Fall diesen Kerbbereich [29]. Rechts in Bild 12 ist dieser Effekt dargestellt ($\sigma_{k,r}$). Die Bereiche in der

Mitte des Bauteils weisen bei der Biegebeanspruchung wesentlich geringere Spannungen auf und stützen die Randbereiche, in denen die Fließgrenze bereits lokal überschritten wird, ohne das Bauteil zu zerstören [29].

Um die lokalen Spannungsüberhöhungen in Bauteilstrukturen zu berücksichtigen lassen sich auch für spezifische Komponenten und Verbindungen, Strukturspannungsmodelle einsetzen. Diese Modelle stellen eine ressourcensparendere Alternative zu den detaillierten Kerbmodellen unter anderem für Schweißverbindungen dar [8]. Während im Nennspannungsnachweis die Geometrie der Schweißnaht nicht modelliert wird, bildet der Strukturspannungsnachweis die Schweißnaht zum Beispiel über eine Verrundung ab, die den Abmessungen der Schweißnaht entspricht [45]. In Bild 13 ist links das Strukturspannungsmodell dargestellt. Die Spannung nimmt aufgrund der Ersatzgeometrie in Richtung der Schweißnaht zu und erreicht am Nahtübergang den auszuwertenden Wert (Strukturspannung σ_s in Bild 13) [8]. Diese vereinfachte Geometrie besitzt die Abmessungen der Schweißnaht und bildet deren Steifigkeitsverhältnisse ab [8]. Die resultierende Spannungserhöhung fällt aufgrund der Vereinfachung jedoch geringer als die tatsächliche Kerbspannung der Schweißnaht aus [8].

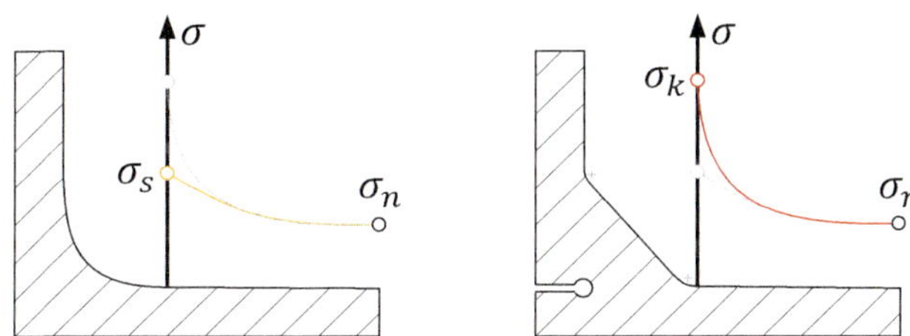

Bild 13: Strukturspannungen und Kerbspannungen am Schweißnahtübergang [P2,48]

Rechts daneben ist in dem Bild ein Kerbspannungsmodell für die Schweißnaht dargestellt, durch das die Geometrie der Schweißnaht genauer abgebildet ist [8]: Zwischen den verschweißten Bauteilen ist hier ein Spalt vorgesehen, der zur Nahtwurzel führt. Die Kanten der Schweißverbindung (Nahtübergänge und Nahtwurzel) sind mit validierten Referenzradien nach [32] verrundet [8].

Gemäß den Schwerpunkten der vorliegenden Dissertation wird zunächst der statische Nennspannungs- und Strukturspannungsnachweis von Schraubenverbindungen nach VDI 2230 [9,41] im folgenden Unterabschnitt zusammengefasst. Anschließend wird ein Einblick in die FKM-Richtlinie gegeben [32], die sich mit dem Festigkeitsnachweis von geschweißten und nichtgeschweißten Bauteilen (ausgenommen Schraubenverbindungen) befasst.

Der Fokus ist hier auf statischen Struktur- und Kerbspannungsnachweisen. Ergänzend ist der Nennspannungsnachweis nach der FKM-Richtlinie im Anhang dargelegt (Abschnitt A.2). Der Nennspannungsnachweis erfolgt darin ähnlich zum Kerbspannungsnachweis. Da die Kerbeffekte jedoch in den Nennspannungen nicht enthalten sind [2], stehen für einfache Bauteilgeometrien entsprechende Kerbformzahlen beziehungsweise Stützzahlen in der Richtlinie zur Verfügung. Darüber hinaus sind die dynamischen Nennspannungsnachweise von Schraubenverbindungen (Abschnitt A.5) und die Struktur- und Kerbspannungsnachweise nach der FKM-Richtlinie im Anhang zu finden (Abschnitt A.8).

Statischer Nenn- und Strukturspannungsnachweis nach VDI 2230

Nach [29] erfolgt der Nachweis der statischen Festigkeit durch den Vergleich der vorhandenen Sicherheiten mit den erforderlichen Mindestsicherheiten. Die vorhandene Sicherheit gegen Fließen S_F oder Gewaltbruch S_B ergibt sich aus dem Verhältnis der Festigkeit des Bauteils und den jeweiligen Beanspruchungen. Bei einer reinen Biegebeanspruchung gilt für die Sicherheit gegen Fließen allgemein:

$$S_{F,b} = \frac{\sigma_F}{\sigma_b} \geq S_{F,min} \tag{16}$$

Für den Nachweis der Sicherheit S_B muss anstelle von σ_F die Bauteilfestigkeit gegen Gewaltbruch σ_B eingesetzt werden. Torsions-, Zug- und Druckspannungen werden analog mit den jeweiligen Festigkeitswerten nach [29] nachgewiesen. Um den Vereinfachungen und Unsicherheiten Rechnung zu tragen, wird allgemein eine erforderliche Mindestsicherheit $S_{F,min}$ von 1,5 gegen Fließen und eine Mindestsicherheit $S_{B,min}$ von 2 gegen Bruch für Walz- und Schmiedestähle empfohlen. Wenn die Wahrscheinlichkeit für das Auftreten der höchsten Spannungen oder die Schadensfolge gering ist, kann die Mindestsicherheit hingegen reduziert werden [29,32].

Der Nachweis von Schrauben im Betrieb stellt einen Sonderfall dar und ist über VDI-Richtlinie 2230 [9,41] wie folgt zusammengefasst. Für die Sicherheit gegen Fließen im Betrieb gilt:

$$S_F = \frac{R_{p,min}}{\sigma_{red,B}} \geq 1 \tag{17}$$

Für die genormte Mindeststreckgrenzen $R_{p,min}$ des Schraubenwerkstoffs liegen Tabellenwerte in [41,49] vor und für den Vergleich mit den vorhandenen

Betriebsspannungen wird die reduzierte Vergleichsspannung $\sigma_{\text{red,B}}$ wie folgt berechnet:

$$\sigma_{\text{red,B}} = \sqrt{\sigma_{\text{z,max}}^2 + 3\,(k_\text{t} \cdot \tau)} \tag{18}$$

Die zweiachsige Beanspruchung der Schraube wird hier gemäß der Gestaltänderungsenergiehypothese [50] in eine einachsige, äquivalente Vergleichspannung $\sigma_{\text{red,B}}$ überführt [29]. Außerdem wird die Spannung über den Reduktionskoeffizient k_t verringert, um den Rückgang der Torsionsspannung τ im Betrieb zu berücksichtigen. In der VDI-Richtlinie wird für den Koeffizienten ein Wert von 0,5 empfohlen. Die Zugspannung $\sigma_{\text{z,max}}$ wird über die Schnittkräfte in der Schraube (Gesamtschraubenkraft F_S) und dem bemessungrelevanten Querschnitt berechnet:

$$\sigma_{\text{z,max}} = \frac{F_\text{S}}{A_\text{S}} = \frac{16}{\pi} \cdot \frac{F_\text{S}}{(d_3 + d_2)^2} \tag{19}$$

Wie in Gleichung 19 gezeigt, entspricht der Spannungsquerschnitt A_S dem Mittelwert aus dem Kerndurchmesser d_3 und dem Flankendurchmesser d_2 des Schraubengewindes. Die Schraubenkraft F_S lässt sich über Balkenmodelle berechnen [9], ähnlich zum Ausrückhebel im vorangehenden Unterabschnitt 2.1.3. Wenn die Querkräfte über die Reibflächen der verspannten Teilen übertragen werden und überwiegend eine axiale Beanspruchung vorliegt, lässt sich ein Balkenquerschnitt A_B mit einer äquivalenter Schraubensteifigkeit über folgenden Term ermitteln [9]:

$$\text{A}_\text{B} = \frac{\text{l}_\text{K}}{\text{E} \cdot \delta} \tag{20}$$

mit der axialen Nachgiebigkeit δ, dem Elastizitätsmodul E und der Klemmlänge l_K. Für die Ermittlung der Nachgiebigkeiten stehen entsprechende Gleichungen in [41] zur Verfügung. Hier wird die Geometrie der Schrauben über Zylinder angenähert [41]. In Abhängigkeit von der Nachgiebigkeit der Balkenelemente teilt sich daraufhin die äußere Belastung der Baugruppe auf die Schraube und die verspannten Bauteile auf [41]. Hier gibt die Schraubenzusatzkraft F_SA die axiale Belastung der Schraube zusätzlich zur Vorspannkraft F_V an und bei Vernachlässigung thermischer Einflüsse gilt [41]:

$$F_\text{SA} = F_\text{S} - F_\text{V} \tag{21}$$

Außerdem lässt sich ein geeignetes Flächenträgheitsmoment bei Biegebeanspruchungen über die Biegenachgiebigkeit β bestimmen:

$$A_B = \frac{l_K}{E \cdot \beta} \tag{22}$$

Für den Nachweis der Flächenpressung werden plastische Verformungen, also das Setzen der Verbindung, bereits beim Anziehen zugelassen. Mit spezifischen Festigkeitswerten lässt sich die Sicherheit wie folgt berechnen [41,51]:

$$\frac{A_p \cdot p_G}{F_S} \geq S_{G,min} \tag{23}$$

mit der Grenzflächenpressung der verschraubten Bauteile p_G aus Tabellen in [41], der Auflagefläche A_p des Schraubenkopfs oder der Mutter, der Schraubenkraft F_S und der Mindestsicherheit $S_{G,min}$.

In VDI 2230 [41] wird der statische und dynamische Nennspannungsnachweis (Abgleich mit der Streckgrenze und der Grenzflächenpressung) mit der Schraubenkraft F_S auch für detailliertere Modelle empfohlen, die die Schraube über Ersatzvolumen modellieren und die Flächenpressungen lokal abbilden. Nach der Richtlinie ist eine Auswertung der lokalen Flächenpressung jedoch nur erforderlich, wenn keine zulässige Grenzflächenpressung vorliegt und wenn ausgeprägte Biegeeffekte zu erwarten sind [41]. Hierzu müssen entsprechend hohe Netzfeinheiten und detaillierte Modelle vorliegen [41]. In [51] werden hingegen höhere Mindestsicherheiten $S_{G,min}$ empfohlen, wenn die lokalen Flächenpressungen nicht ausgewertet werden (1,2 bis 1,5). Für die Analyse von lokalen Flächenpressungen ist hier nur eine Mindestsicherheit zwischen 1,0 und 1,2 in [51] angegeben. In Analogie zu den Schweißverbindungen wird die Schraubenanalyse nach [51] auch als Strukturspannungsnachweis betrachtet, wenn die lokale Steifigkeit im FEA-Modell durch Ersatzvolumen abgebildet ist und die Schraubenkraft einschließlich der Vorspannung aus der Simulation resultiert.

Statischer Kerb- und Strukturspannungsnachweis nach FKM

Der statische Festigkeitsnachweis erfolgt für Kerbspannungs- und Strukturspannungsmodelle nach [30,32] wie folgt. Wie im Nennspannungsnachweis wird die Bauteilfestigkeit gegen Fließen oder Dauerbruch mit den vorhandenen Spannungen verglichen. Für die Bauteilfestigkeit gegen Fließen gilt:

$$\sigma_F = R_p \cdot n_{pl} \cdot \alpha_W \cdot \rho_{WEZ} \tag{24}$$

Hier hängt bei geschweißten Bauteilen der Schweißnahtfaktor α_W von der Nahtform, dem Werkstoff und der Spannungsform ab. In [30,32] stehen entsprechende Kennwerte zur Verfügung. Für Kehlnähte nimmt der Faktor bei der Analyse von Strukturspannungen zum Beispiel einen Wert von 0,6 an, wenn die Bauteile aus Feinkornbaustahl S420 bestehen. Für Nachweis von Kerbspannungen wird der Schweißnahtfaktor jedoch allgemein gleich eins gesetzt, da hier bereits die Kerbeffekte in den Simulationsergebnisse enthalten sind. Über den Entfestigungsfaktor ρ_{WEZ} wird außerdem berücksichtigt, dass der Wärmeeintrag beim Schweißen zu einer Festigkeitsreduktion von Aluminiumbauteilen führen kann. Der Faktor ist daher nur für diesen Werkstoff relevant. Bei nichtgeschweißten Bauteilen gilt grundsätzlich $\alpha_W = \rho_{WEZ} = 1$.

Zudem hängt die Festigkeit σ_F bei geschweißten und nichtgeschweißten Bauteilen von der Fließgrenze R_p und der plastischen Stützzahl n_{pl} ab. Wie bereits beschrieben, müssen hierzu die Normwerte der Versuchsproben $R_{p,N}$ in die Abmessungen des Bauteils umgerechnet werden (siehe "Werkstoffmodellierung" in Unterabschnitt 2.1.2). Hierzu dienen Größenfaktoren und Anisotropiefaktoren aus [30,32]. Die Festigkeit des Bauteils gegen Gewaltbruch σ_B lässt sich ersatzweise über die Zugfestigkeit R_m (anstelle der Fließgrenze R_p) über Gleichung 24 ermitteln.

Die plastische Stützzahl n_{pl} berücksichtigt mögliche Tragreserven im Bauteil, wenn nur ein begrenzter Kerbbereich zu fließen beginnt und durch die benachbarten Querschnittsbereiche gestützt wird. Für die Bestimmung der Stützzahl muss das Bauteilversagen durch vollständige Plastifizierung berücksichtigt werden. Während im Nennspannungsnachweis bereits Tabellenwerte für die plastischen Formzahlen $R_{p,max}$ zur Verfügung stehen, müssen diese Werte in Kerbspannungsmodellen üblicherweise über rechenintensive idealplastische Simulationen ermittelt werden: Anhand der Simulationen wird ermittelt, ab welchen Belastungen alle Bauteilbereiche zu fließen beginnen und die Simulation daher nicht mehr konvergiert: Wenn alle Bauteilbereiche zu fließen beginnen, fällt die Stützwirkung weg und die Verformungen werden nicht mehr begrenzt. Die Last muss hierzu in kleinen Schritten iterativ erhöht werden. Die Belastungsgrenze (vollplastische Traglast L_p), ab der die Simulation nicht mehr gelöst werden kann, wird anschließend für die Berechnung der plastischen Formzahl herangezogen:

$$K_p = \frac{L_p}{L_e} \tag{25}$$

Hierbei wird das Verhältnis zur elastische Grenzlast L_e gebildet, ab der die Fließgrenze R_p nur bereichsweise überschritten wird. Diese Grenzlast lässt sich bereits in der linearen Simulation ermitteln.

Einen Sonderfall stellt der Strukturspannungsnachweis von Schweißverbindungen dar, wenn zum Beispiel eine Schweißnaht vereinfacht durch eine Ausrundung abgebildet wird. In diesem Fall ist die Steifigkeit der Naht näherungsweise im Modell berücksichtigt. Hier kann die plastische Formzahl K_p gegebenenfalls über den folgenden Term berechnet werden [8]:

$$K_p = \frac{\sigma_m \cdot K_{p,zd} + \sigma_b \cdot K_{p,b}}{\sigma_m + \sigma_b} = \frac{\sigma_m + \sigma_b \cdot 1,5}{\sigma_m + \sigma_b} \tag{26}$$

mit den Membranspannungen (Zug- und Druckbeanspruchung) σ_m und Biegespannungen σ_b sowie den zugehörigen plastischen Formzahlen für Zug- beziehungsweise Druckbelastung $K_{p,zd}$ und Biegung $K_{p,b}$ gemäß den Tabellenwerten aus dem Nennspannungsnachweis in [32].

Die plastische Stützzahl entspricht dem Minimum aus der plastischen Formzahl K_p (aus Gleichung 26 oder aus der ideal-plastischen-Simulation) und einem Term, der die maximal ertragbaren Werkstoffdehnung ϵ_{ertr} berücksichtigt:

$$n_{pl} = \min\left(\sqrt{\frac{\epsilon_{ertr} \cdot E}{R_p}}; K_p\right) \tag{27}$$

Für Stahl beträgt die ertragbare Dehnung, bevor es zur Anrissbildung kommt 5 % und für sprödere Werkstoffe wie Grauguss 2 %.

Nach der FKM-Richtlinie erfolgt der Vergleich der vorhandenen Spannungen und der Bauteilfestigkeiten σ_F über einen Auslastungsgrad [32].

$$a_F = \frac{S_{F,min}}{S_F} \tag{28}$$

Der Auslastungsgrad ergibt sich demnach aus der vorhandenen Sicherheit S_F (bei den gegebenen Beanspruchungen) und der Mindestsicherheit $S_{F,min}$. Bei ausreichend sicheren Lastannahmen, normalen Temperaturen und für Walzstahl, gilt eine Mindestsicherheit $S_{F,min}$ von 1,5. Hierbei ist auch das Verhältnis zwischen der Fließgrenze und Zugfestigkeit ausschlaggebend, das für die gegebene Mindestsicherheit keine größeren Werte als 0,75 annehmen darf [32]: $R_p/R_m \leq 0,75$. Für duktile nichtgeschweißte Eisengusswerkstoffe oder geschweißte Aluminiumwerkstoffe sowie für andere Festigkeitsverhältnisse, Lastannahmen und Temperaturen ergeben sich höhere Mindestsicherheitsfaktoren. In diesen Fällen wird Gleichung 28 mit zusätzlichen Vorfaktoren aus [32] erweitert. Wenn nun der Auslastungsgrad a_F des Bauteils kleiner oder gleich Eins ist, ist der Festigkeitsnachweis erbracht:

$$a_F = \frac{\sigma_v \cdot S_{F,min}}{\sigma_F} \leq 1 \tag{29}$$

Die vorhandenen Spannungen im Kerbspannungsmodell sind jedoch mehrachsig, während die Festigkeitswerte einachsig sind. Der Nachweis erfolgt daher über Vergleichsspannungen σ_v. Für spröde Werkstoffe gilt die Normalspannungshypothese nach RANKINE [52] und für duktile Werkstoffe die Gestaltänderungsenergiehypothese nach MISES. Für den Festigkeitsnachweis mit spröden Materialien wird nach der Normalspannungshypothese [52] die höchste Hauptspannung für den Nachweis herangezogen [30,52]:

$$\sigma_{v,NH} = \max\left(|\sigma_1|, |\sigma_2|, |\sigma_3|\right) \tag{30}$$

mit den Hauptspannnungen σ_1 bis σ_3. Für duktile Werkstoffen wird die von-Mises-Vergleichsspannung nach der Gestaltänderungsenergiehypothese [50] wie folgt berechnet [30,32]:

$$\sigma_{v,GEH} = \sqrt{\frac{1}{2} \cdot \left[(\sigma_1 - \sigma_2)^2 + (\sigma_2 - \sigma_3)^2 + (\sigma_3 - \sigma_1)^2\right]} \tag{31}$$

In Bild 14 sind links die Verformungen des Ausrückhebels (1) und rechts die resultierenden von-Mises-Vergleichsspannungen dargestellt (im Detail (2) und in der Gesamtansicht (3)).

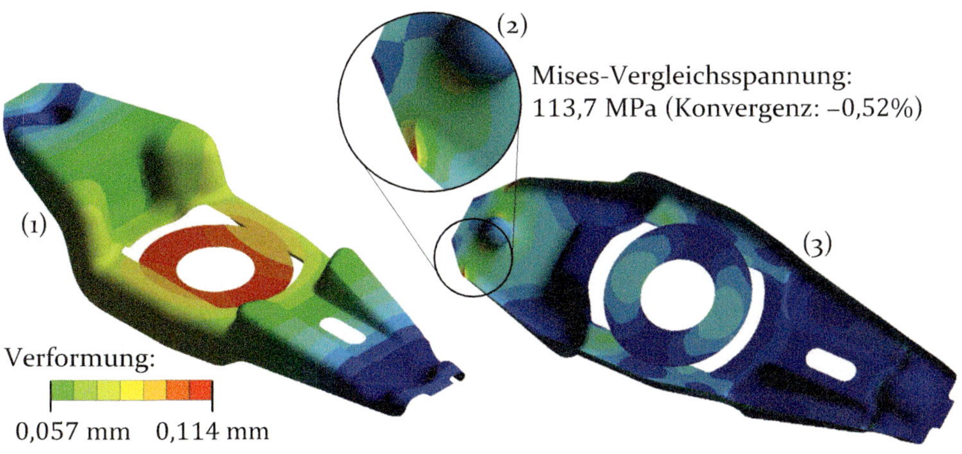

Bild 14: Resultierende Vergleichsspannungen am Ausrückhebel

Für die Detailansicht (2) ist der Maximalwert der Vergleichsspannung zusammen mit dem Konvergenzwert aufgeführt (rechts oben in Bild 14). Der Konvergenzwert gibt hier an, dass eine Erhöhung der Elementanzahl nur eine geringe Änderung der maximalen Spannung zur Folge hat und somit keine weiteren Netzverfeinerungen erforderlich sind. Hierbei werden über die Prozentwerte nur die relativen Änderungen von einer Netzdichte zur nächsten verglichen und eine absolute Aussage über die Genauigkeit lässt sich nicht treffen [2].

2.2 Künstliche Intelligenz

Künstlichen Intelligenz (KI) wird heute sehr weitreichend im Alltag eingesetzt, unter anderem in Suchmaschinen (zum Beispiel Google), digitalen Assistenten (Alexa), Übersetzern (DeepL), Diagnosesystemen (Apple Watch) und Navigationssystemen (Google Maps) [53]. Häufig kommt KI auch in Spielen zum Einsatz [53–55]. Neben aktuellen Computerspielen sind hier besonders die Siege der KI gegen Weltmeister in Schach (1996) und Go (2017) bekannt [54,55]. Darüber hinaus wird die Industrie durch KI unterstützt, wie zum Beispiel durch Industrieroboter, durch die Vorhersage und Vermeidung von Maschinenausfällen im Predictive Maintenance und durch die Automatisierung der Konstruktion und Simulation [35,53,56].

WINSTON definiert Künstliche Intelligenz als "die Untersuchung von Berechnungsverfahren, die es ermöglichen, wahrzunehmen, zu schlussfolgern und zu handeln" [54,57]. Demnach handelt es sich bei künstlicher Intelligenz, um eine wissenschaftliche Disziplin, die das Ziel hat, die menschlichen Wahrnehmungs- und Verstandsleistungen durch künstliche, insbesondere informationstechnische Systeme zur Verfügung zu stellen [54]. Nach GÖRZ lässt sich diese Zielsetzung wie folgt unterteilen [54]: Eine Zielsetzung besteht darin, "intelligente" Systeme zu entwickeln, die diese mentalen Leistungen maschinell bereitstellen. Hierbei wird jedoch nicht der Anspruch erhoben, dass die entwickelten Systeme auf ähnlichen Informationsverarbeitungsprinzipien aufbauen wie das menschliche Gehirn. In diesem Zusammenhang definiert GÖRZ den Begriff der Psychonik in Analogie zur Bionik, die Maschinen und Materialien auf Basis von biologischen Vorbildern entwickelt [54]. Neben dieser ingenieurwissenschaftlichen Anwendung der KI besteht eine andere Zielsetzung darin, die menschlichen Denkprozesse durch Informationsverarbeitungsmodelle tatsächlich zu simulieren [54]. In diesem Bereich der Kognitionswissenschaft werden Theorien der menschlichen Informationsverarbeitung in Modellen aus der Informatik abgebildet [54,58].

Bei künstlichen neuronalen Netzen handelt es sich um eines der bekanntesten KI-Modelle, das Prozesse des menschlichen Gehirns simuliert [59]. Man spricht in diesem Zusammenhang auch von sub-symbolischen Modellen [54, 55,59]: Diese auf Zahlenwerten basierenden Modelle ermöglichen keinen Einblick in die erlernten Lösungswege. Im Gegensatz hierzu werden in nicht-numerischen, symbolischen Modellen die Zusammenhänge explizit und nachvollziehbar repräsentiert, wie zum Beispiel in Form von Prozeduren und Wenn-Dann-Beziehungen, also beispielsweise Programmcode mit If-Then-Else-Anweisungen [55,60].

Die seit Mitte des letzten Jahrhunderts entwickelten Systeme gehören dem Bereich der sogenannten schwachen KI an [53,54]. Die schwache KI befasst sich mit der reinen Informationsverarbeitung und wird in bestimmte Anwendungsbereichen bereits erfolgreich eingesetzt [53,54]. Die Voraussetzungen für eine starke KI sind jedoch noch nicht erfüllt [53,54]: Eine starke KI ist allgemein so intelligent wie der Menschen und weist ein Bewusstsein und Kreativität auf ("Human-level-AI"). Erste Tests, die eine starke KI nachweisen sollen, wurden bereits durch TURING 1950 [61] erarbeitet [54]. In diesem Test stellt ein Proband Fragen an eine KI und einen anderen Probanden. Wenn nach einer gewissen Zeit der Proband nicht erkennt bei welchem Gesprächspartner es sich um die KI handelt, ist der Test bestanden [62]. Der Fokus liegt also auch auf dem Verstehen der natürlichen Sprache und Kommunikation [53,54] anstelle der für den Menschen besonders herausfordernden Aufgaben, wie zum Beispiel mathematische Problemstellungen oder Strategiespiele, wie Schach [53,54]. Die Ansätze wurden unter anderem durch HARNAD [63] erweitert, um neben der Kommunikationsfähigkeit auch die visuelle Wahrnehmung und Interaktion mit der Umgebung in dem Test mit einzubeziehen [53,54,62]. Diese Fähigkeiten spielen in der Robotik eine entscheidende Rolle. Weitere Nachweise der starken KI beziehen sich auf klassische Intelligenztests [53]. Im Folgenden wird nun die Entwicklung der KI nach Bild 15 und in Anlehnung an [54,55] beschrieben.

Neben TURING wurde der Begriff der Künstlichen Intelligenz auch entscheidend durch MCCARTHY auf einer Konferenz am Dartmouth College 1956 geprägt, die als Grundstein der KI-Entwicklung gilt [64]. Nachfolgende soll nun zunächst die Geschichte der symbolische KI betrachtet werden. In Bild 15 entspricht dies den Meilensteinen a) - e). Erste Ansätze der nicht-numerischen Informationsverarbeitung wurden bereits Ende der 50er Jahre erarbeitet (Meilenstein a) in Bild 15), die sich zum Beispiel mit symbolischen mathematischen Operationen, Beweisen von Logiksätzen, Damen- und Schachspielen [65,66] befassten. Ziel war es insbesondere herauszustellen, inwieweit sich die menschliche Informationsverarbeitung maschinell abbilden lässt, gemäß der Zielsetzungen der Kognitionswissenschaft. In Verbindung mit einer starken Förderung der KI-Forschung durch die ARPA (Advanced Research Projects Agency) des amerikanischen Verteidigungsministeriums kamen dann bis Ende der sechziger Jahre vermehrt ingenieurwissenschaftliche Forschungsgruppen hinzu, die sich mit der Sprachverarbeitung, automatischer Problemlösung und visueller Mustererkennung befassten.

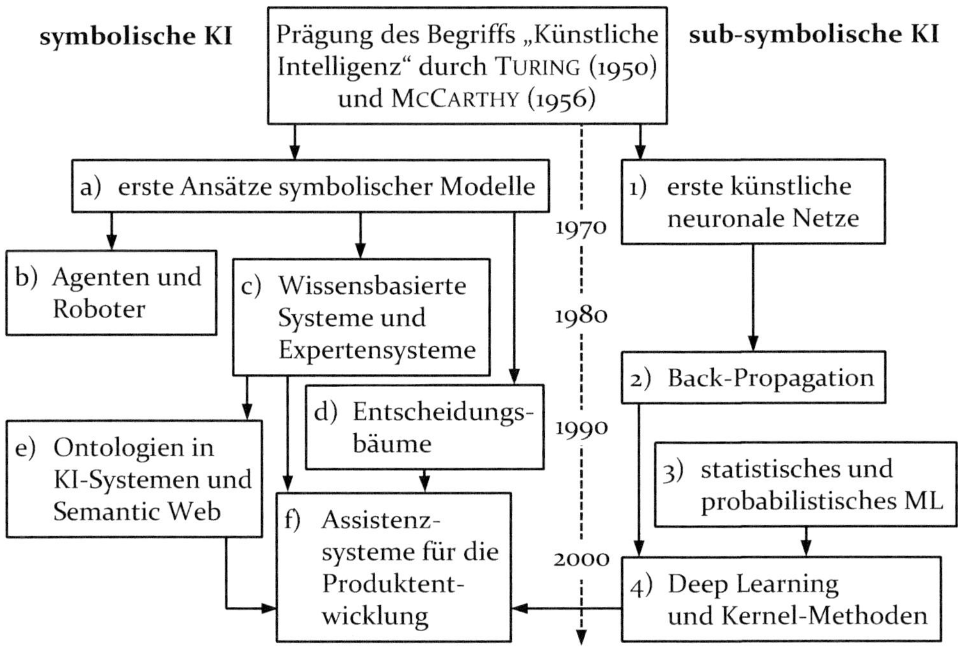

Bild 15: Geschichte der künstlichen Intelligenz in Anlehnung an [54,55]

Außerdem werden in den siebziger Jahren durch NEWELL und SIMON erste Ansätze für intelligente Agentensysteme entwickelt [67]: eigenständige Einheiten, die Sensoren zur Erfassung der Umgebung besitzen und Aktuatoren zu deren Beeinflussung und Kommunikation (Meilenstein b) in Bild 15). Von besonderer Bedeutung ist hierbei, dass Agenten auch anhand von Simulationen die Auswirkungen möglicher Handlungen austesten und daraus lernen. Irreversible Schäden bei realen Aktionen werden damit vermieden. Das Lernen einer KI anhand der Rückmeldung aus der Umgebung (simuliert oder real) wird auch als bestärkendes Lernen bezeichnet. Agenten kommen heute als eigenständige Einheiten in Hardware- und Softwaresystemen zur Anwendung, die stark veränderlichen Einflüssen ausgesetzt sind. Auch in der Robotertechnik kommen Agentensysteme zum Einsatz. Diese Roboter sollen sich durch die Interaktion mit der Umgebung situativ an die vorliegenden Bedingungen anpassen, auch wenn diese zunächst unbekannt sind [68–70]. Auf diese Weise lernen Roboter autonom, wie zum Beispiel bestimmte

Objekte bestmöglich gegriffen werden können. In den 80er Jahren erlangten insbesondere humanoide Roboter in Japan große Aufmerksamkeit.

Neben mathematischen Operationen und den logikorientierten Verfahren wurden auch weitere Formen der Wissensrepräsentation wie semantische Netze und Frames erarbeitet, um Objekte anhand ihrer Eigenschaften zu klassifizieren und ihre Beziehungen maschinenlesbar abzubilden [60,71,72]. Die unterschiedlichen Wissensrepräsentationsformen kommen auch in wissensbasierten Systemen und Expertensystemen zum Einsatz, die zunächst in den siebziger und achtziger Jahren viel Aufmerksamkeit erlangten (Meilenstein c) in Bild 15). Wissensbasierte Systeme sind dadurch gekennzeichnet, dass sie den Nutzer bei bestimmten Aufgabenstellungen durch Problemlösungsmethoden gezielt unterstützen [73,74]. Das für die Lösung des Problems erforderliche Wissen wird hierbei separat in einer Wissensbasis bereitgestellt, die sich unabhängig von den Problemlösungsmethoden pflegen und aktualisieren lässt [73,74]. Einen Sonderfall stellen hierbei die Expertensysteme dar (Meilenstein d) in Bild 15). Nachdem zu Beginn der siebziger Jahre noch versucht wurde allgemeine Problemlösungsmethoden zu entwickeln, wurde schließlich der Fokus auf Systeme gesetzt, die den Nutzer in spezifischen Fachbereichen durch das Wissen und die Schlussfolgerungsfähigkeit von Experten unterstützen [73,74], wie zum Beispiel ein Expertensystem für die Zusammenstellung von Computersystemen [75,76]. In [77–79] wurde auch der Zugriff auf Expertensysteme und Datenbanken über natürliche Sprache behandelt. Bei großen Wissensbasen gestaltete sich eine manuelle Erweiterung schwierig, insbesondere wenn hier Informationen hinzukamen, die den bestehenden Angaben widersprachen. In Verbindung mit den noch stark begrenzten Rechenkapazitäten stagniert daher die Entwicklung der wissensbasierten Systeme vorübergehend ab Mitte der achtziger Jahre.

In dieser Zeit werden erste Klassifikationsbäume entwickelt [80,81], durch die sich Objekte anhand ihrer Merkmale automatisch in Klassen unterteilen lassen [59,82]. Hierbei handelt es sich um eines der wichtigsten Verfahren des maschinellen Lernens (ML) im Data-Mining [82,83]. Allgemein ist das Ziel von Data-Mining, übergeordnete Zusammenhänge in Datenbestände automatisch zu identifizieren und zu extrahieren [59,84]. Ein detaillierter Einblick in Klassifikationsbäume und weitere Verfahren des Data-Minings wird im nachfolgenden Unterabschnitt gegeben.

Ab 1990 kommen in wissensbasierten Systemen Ontologien zur Anwendung, wodurch diese Systeme wieder an Bedeutung gewinnen. Ontologien vereinen und erweitern die Eigenschaften der bestehenden Wissensrepräsentationsformen und ermöglichen die Definition einer maschinenlesbaren, einheitlichen Sprache [85–87]. Auf Grundlage dieser formalen Sprache lassen sich Zusammenhänge zwischen Klassen und Objekten beschreiben [85–89]. Über logische Schlussfolgerungen lassen sich dann auch neue Zusammenhänge durch die KI identifizieren und Widersprüche auflösen [85–89]. Unter Einsatz von Ontologien befassen sich zunächst die Forschungsprojekte CYC [90] und IBM LILOG [91] um 1990 mit der systematischen Entwicklung von umfangreichen wissensbasierten Systemen und der Analyse von Textzusammenhängen [92]. Zusammen mit dem System IBM WATSON, das 2011 in einem Quizspiel gewinnt, dienen diese Arbeiten auch als Grundlagen für das Semantic Web (Meilenstein e) in Bild 15). Dieser Forschungsbereich befasst sich mit der inhaltlichen Analyse von heterogenen Internetseiten über Ontologien [93].

Mit dem Einsatz von CAD-Systemen kommen wissensbasierten Systeme auch als Assistenzsysteme in der Konstruktion und Produktauslegung zum Einsatz (Meilenstein f) in Bild 15) [35,56,94]. In diesen Systemen werden schließlich auch Ontologien und Data-Mining-Methoden aus dem Bereich der symbolischen und sub-symbolischen KI eingesetzt [27,95].

Die Entwicklung der sub-symbolischen KI ist rechts in Bild 15 dargestellt (Meilensteine 1) bis 4)) und soll nachfolgend in Anlehnung an [54,55] betrachtet werden. Erste künstliche neuronale Netze werden durch ROSENBLATT 1956 umgesetzt [96], ausgehend von den theoretischen Grundlagen, die durch HEBB bereits Ende der 50er erarbeitet wurden [97]. Diese Netze kamen für automatische Klassifikationen zum Einsatz (Meilenstein 1) in Bild 15). Insbesondere aufgrund der beschränkten Rechenkapazitäten und Defiziten bei der Lösung einfacher logischer Problemstellungen lag der Fokus der KI-Forschung jedoch zunächst auf symbolischen Ansätzen. Mit der Entwicklung der Back-Propagation-Methode gewannen künstliche neuronale Netze in den achtziger Jahren kurzzeitig wieder an Bedeutung (Meilenstein 2 in Bild 15), insbesondere im Bereich des Data-Minings. Mit der Einführung von statistischen Klassifikationsmethoden (zum Beispiel SVM - Support Vector Machines), und Klassifikationsmethoden aus dem Bereich der Wahrscheinlichkeitsrechnung (Bayessche Netze), geraten künstliche neuronale Netze ab 1995 jedoch erneut in den Hintergrund (Meilenstein 3) in Bild 15).

Zum Durchbruch des künstlichen neuronalen Netzes kam es erst in den 2000er Jahren als große Erfolge durch tiefe neuronale Netze (Deep Learning) und hohe Rechenleistungen unter anderem in der Sprach-, Muster-, und Bilderkennung erzielt wurden (Meilenstein 4) in Bild 15). Neben wissensbasierten Systemen kommen künstliche neuronale Netze heute auch in der Robotik, zur Analyse sehr großer Datenmengen (Big Data) und für Chatbots zum Einsatz [98]. Bei Chatbots handelt es sich um Modelle aus dem Bereich der Mensch-Computer-Interaktion, durch die Gespräche mit menschlichen Nutzern simuliert werden [98,99]. Neben den neuronalen Netzen werden auch statistischen Methoden durch die Kernel-Methode verbessert und vermehrt im Data-Mining eingesetzt.

In der vorliegenden Dissertation kommen sowohl sub-symbolische als auch symbolische KI-Methoden zur Anwendung. Im Folgenden wird ein Einblick in die bisherige Nutzung der Methoden in der Produktentwicklung gegeben, mit dem Schwerpunkt auf der Finite-Elemente-Analyse.

2.2.1 Wissensentdeckung in Datenbanken

Um Simulationsanwendern Wissen zum Beispiel für die Erstellung und Auswertung von Finite-Elemente-Simulationen bereitzustellen, kann auf bestehende und bereits validierte ähnliche Simulationen zurückgegriffen werden. Diese Simulationsdaten geben Aufschluss darüber, welche Einstellungen für bestimmte Analyseziele erforderlich sind oder welche Simulationsergebnisse näherungsweise zu erwarten sind. Die entsprechenden Prozesse der Datenerhebung und -analyse lassen sich durch Data-Mining unterstützen. Hierbei kommen Methoden aus dem Bereich des Maschinellen Lernens, der Mustererkennung und Statistik zum Einsatz, um übergeordneten Zusammenhänge zu identifizieren und zu extrahieren [84]. Der Gesamtprozess, in dem Data-Mining zur Anwendung kommt, wird als Wissensentdeckung in Datenbanken (KDD - engl. Knowledge Discovery in Databases) bezeichnet [84,100,101].

Vorgehen

In Anlehnung an das Vorgehensmodells nach FAYYAD erfolgt die Anwendung von KDD wie folgt [11,84]: Ausgehend von der Zielsetzung und den verfügbaren Datenbanken werden die relevanten Daten in einem Trainingsdatensatz zusammengestellt. Dieser Datensatz muss im nachfolgenden Schritt für die Data-Mining-Analyse aufbereitet werden, indem zum Beispiel Lücken in den Datensätzen geschlossen werden. Bei diesen Lücken kann es sich um Simulationsdurchläufe handeln, deren Lösung nicht konvergiert. Im vorangehenden Abschnitt wurden unzureichende Lagerungen oder der plastische Kollaps als Ursachen für divergierende Lösungen genannt. Außerdem wird die Variablenanzahl durch Dimensionsreduktionsmethoden verringert, so dass nur die relevantesten Parameter in den Datensätzen aufgeführt sind. In Bild 16 ist der KDD-Prozess für einen Anwendungsfall in [27,P3] dargestellt. Aus den genannten Aufbereitungsschritten resultieren die Datensätze unten links: Aus den Simulationen eines Kolbenbolzens für Verbrennungsmotoren werden relevante Simulationsparameter wie die Bolzenlänge l und der Zylinderdruck p in einem Datensatz zusammengetragen. In Verbrennungsmotoren führt die Zündung des Kraftstoffs zu hohen Drücken an den Motorkolben und zu den gewünschten Hubbewegungen die schließlich das Fahrzeug antreiben [102]. Die Kolben sind hierbei über die Bolzen gelagert [102]. In den Datensätzen werden außerdem die resultierenden Biegespannungen an den Bolzen aufgelistet und dienen als Zielgröße für die Data-Mining-Analyse. Ausgehend von den Zielgrößen werden geeignete Data-Mining-Methoden ausgewählt und auf die Datensätze angewendet. In Bild 16 resultieren aus den Data-Mining-Analysen die dargestellten Antwortflächen unten rechts (ergänzt durch Antwortflächen analytischer Vergleichsrechnungen). Diese Funktionenkurven sagen für unterschiedliche Zylinderdrücke und Bolzenlängen die Biegespannungen vorher. Die durch Data-Mining identifizierten Funktionskurven und Zusammenhänge werden als Metamodelle bezeichnet [103]. Im Anschluss erfolgt die Auswertung der Metamodelle (Interpretation und Evaluation). Falls die Anforderungen an die Ergebnisgüte erfüllt sind, erfolgt abschließend die Aufbereitung der Metamodelle in der Wissensbasis und deren Anwendung. In [27,P3] werden die Metamodelle für die Plausibilitätsprüfung von neuen ähnlichen Simulationen genutzt.

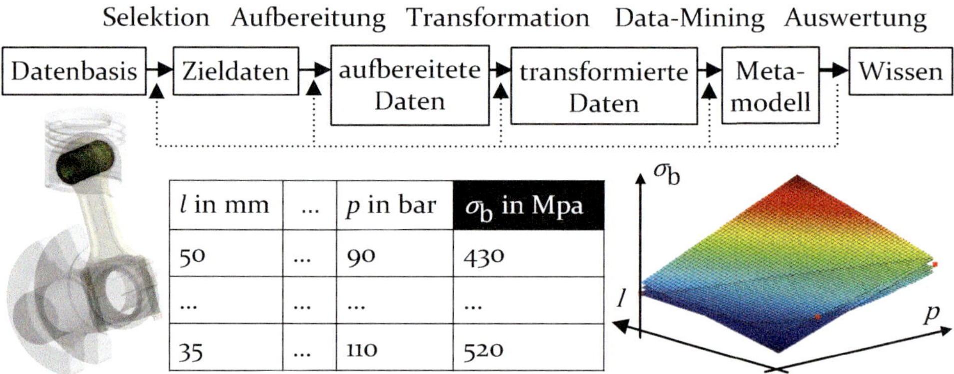

Bild 16: KDD-Prozess für Simulationsdaten in Anlehnung an [11,27,84,P3]

Grundlegend lassen sich die Data-Mining-Verfahren in überwachte und unüberwachte Lernverfahren gliedern. Zu den überwachten Lernverfahren zählen die Verfahren der Regression und Klassifikation. Durch Regression werden zum Beispiel kontinuierliche Funktionskurven aus Punktewolken abgeleitet [59]. Hingegen ist das Ziel der Klassifikation bestehende Datensätze in übergeordnete Klassen zu unterteilen, wie z.B. durch Entscheidungsbäume [59]. Für die Regressions- und Klassifikationsverfahren müssen also bereits erste Werte für die Zielgrößen vorhanden sein (wie zum Beispiel die bekannten Biegespannungen aus den Simulationen in Bild 16), um übergeordnete Zusammenhänge aus diesen abzuleiten und für neue Parameterkombinationen Vorhersagen zu treffen [11,59]. Die für diese Arbeit relevanten Regressions- und Klassifikationsverfahren werden in den folgenden Abschnitten 2.2.1 bis 2.2.1 vorgestellt. Zu diesen gehören die linearen und polynomialen Regressionsfunktionen, Entscheidungsbäume, künstliche neuronale Netze, k-Nearest-Neighbor-Klassifikatoren (k-NN) und SVM. Weitere Verfahren, wie die Naive-Bayes-Klassifikation aus dem Bereich der Wahrscheinlichkeitsrechnung, sind in [59] beschreiben und in [104] kommen Naive Bayes-Klassifikatoren für die Vorhersage geeigneter Netzfeinheiten für Finite-Elemente Modelle zum Einsatz. Aufgrund der geringeren Bedeutung für die vorliegende Arbeit, ist Naive-Bayes im Anhang beschrieben (siehe Abschnitt A.9).

Falls keine Zielgröße in den Datensätzen vorhanden ist, kommen unüberwachte Lernverfahren zum Einsatz [11,59]. Zu diesen Lernverfahren zählt das Clustering. Diese Verfahren werden am Beispiel des k-Means-Clustering in Abschnitt 2.2.1 vorgestellt, das am häufigsten für Clustering genutzt wird [59]. Weitere Methoden des unüberwachten Lernens sind die Visualisierung, Assoziation und Anomalieerkennung [11,59].

Regressionsfunktionen

In der Regression wird eine kontinuierliche Zielfunktion gesucht, die an den Trainingsdatensatz angepasst ist und für alle Eingangswerte x (zum Beispiel Bolzenlänge l und der Zylinderdruck p in Bild 16), entsprechende Ausgabewerte $f(x)$ (resultierende Biegespannungen in Bild 16) über einen linearen oder polynomialen Zusammenhang vorhersagt [59]. Für den linearen Fall gilt [59]:

$$f(x) = \omega_1 \cdot x + \omega_0 \tag{32}$$

mit den Regressionskoeffizienten ω_0 und ω_1. In Bild 17 ist diese Funktion exemplarisch dargestellt. Hier entsprechen y_1 bis y_4 den bekannte Ausgabewerten aus einem Trainingsdatensatz und $f(x_3)$ und $f(x_4)$ den vorhergesagten Funktionswerten [59].

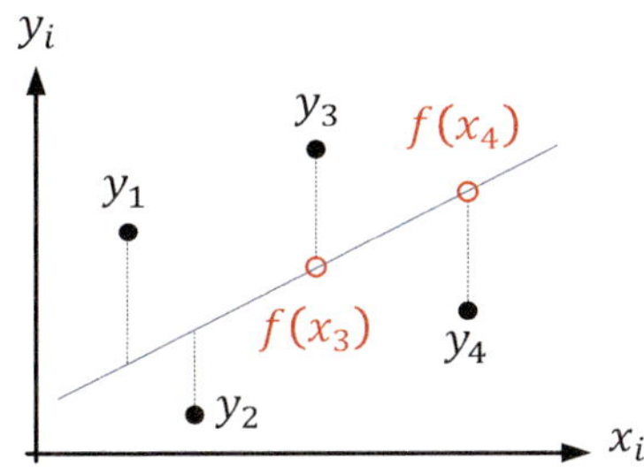

Bild 17: lineare Regression nach [59,105]

Nach der Methode der kleinsten Fehlerquadrate werden die Koeffizienten so gewählt, dass die Summe der Fehlerquadrate, also der Gesamtfehler, minimal ist [59]:

$$E = \sum_{i=1}^{N} (y_i - f(x_i))^2 \tag{33}$$

mit der Anzahl an Trainingsbeispielen N und der Differenz aus den bekannten Ausgabewerten y_i und den berechneten $f(x_i)$ an der Stelle x_i. Ein Anwendungsfall der linearen Regression ist in Bild 18 dargestellt. Hier dienen Finite-Elemente-Simulationen für die Festigkeitsanalyse einer Druckbehälterdeckelplatte [106]. Wie in [106] beschrieben, soll durch die Regressionsanalyse die größte Hauptspannung σ_1 für unterschiedliche Geometrieeinstellungen vorhergesagt werden (siehe Spannungsverteilung links in Bild 18): Im Trainingsdatensatz sind die Plattendicke h und die resultierenden Hauptspannungen gegenübergestellt. Außerdem sind die bekannten Ausgabewerte im Diagramm rechts in Bild 18 aufgetragen (weiße Datenpunkte). Außerdem ist die abgeleitete kontinuierliche Regressionsfunktion dargestellt, die für alle Dickenwerte die resultierenden Spannungen für die Druckbehälterdeckelplatte vorhersagt. Obwohl die Funktion exponentiell verläuft kann eine lineare Regressionsfunktion durch Substitution für die Vorhersage genutzt werden.

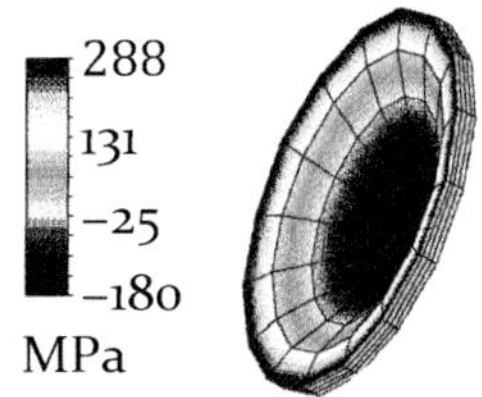

h in mm	σ_1 in MPa
5	1150
10	288
15	128
...	...

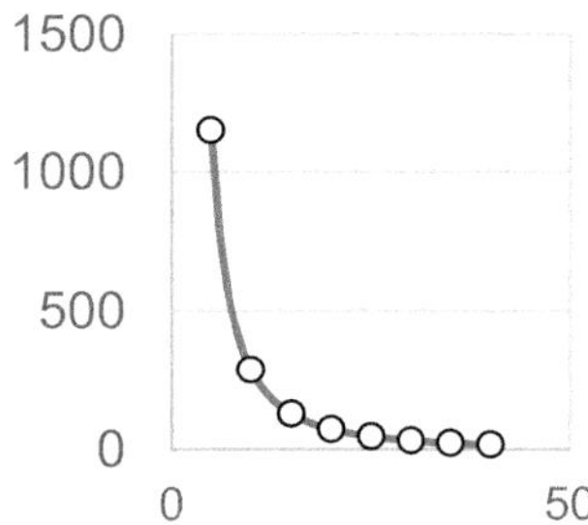

Bild 18: Regressionsmodell zur Vorhersage der Hauptspannung nach [106]

Außerdem kommen Regressionsmodelle für Sensitivitäts- und Robustheitsuntersuchungen in der Konstruktion zum Einsatz [107]. Wie in [107] beschrieben, lässt sich durch Sensitivitätsanalysen der Einfluss bestimmter Geometrieparameter auf die Eigenschaften eines Bauteils untersuchen. Anhand der Regressionsergebnisse können also Entscheidungen darüber getroffen werden, welche Bereiche für die Optimierung des Bauteils relevant sind. Robustheitsuntersuchungen dienen nachfolgend dazu, die Bauteile so zu gestalten, dass sie zum Beispiel möglichst unempfindlich gegenüber fertigungsbedingten Abweichungen sind [108,109].

Entscheidungsbäume

Entscheidungsbäume kommen sowohl in der Regression als auch in der Klassifikation zur Anwendung. In [95,P4] ist der Einsatz von Entscheidungsbäumen für Prozesssimulationen und experimentelle Versuchsreihen beschrieben. Die Simulationen und Versuchsreihen beziehen sich auf die innovative Fertigungstechnologie der Blechmassivumformung. Während für die neue Fertigungstechnologie noch keine ausreichenden Erfahrungen in der Produktentwicklung vorhanden sind, wird das erforderliche Fertigungswissen über Data-Mining aus den stichprobenhaften Versuchs- und Simulationsergebnissen ermittelt. Beispiele für die analysierten Versuchs- und Simulationsdaten sind die resultierenden Stempelkräfte oder plastische Gesamtdehnung bei der Herstellung von Bauteilen mit bestimmten Geometrieparametern [110]. Diese Geometrieparameter beziehen sich zum Beispiel auf die Zahngeometrie eines Synchronrings für Schaltgetriebe. In Bild 19 ist ein Entscheidungsbaum nach [95,P4,110] dargestellt. Als Eingangsparameter dienen die Geometrieparameter Zahnlänge L, -radius R und -winkel A und über den Entscheidungsbaum werden die Klassen $f_1(x)$ bis $f_4(x)$ vorhergesagt. Bei diesen Klassen handelt es sich um unterschiedliche Regressionsfunktionen, mit denen sich die resultierende plastische Gesamtdehnung ermitteln lässt. Diese Funktionen gelten nur für bestimmte Bereiche der Geometrieparameter. Über den Entscheidungsbaum wird also eine Vorauswahl bezüglich der Funktionen getroffen und die geeignetste Funktion wird anschließend für die Auswertung der Geometrieparameter angewendet. Diese Entscheidungsbäume werden Regressionsbäume genannt. Bei den vorhergesagten Klassen kann es sich jedoch auch unmittelbar um die gesuchten Größen handeln [59]. Dann würde zum Beispiel bei der Wahl einer der Klassen direkt entschieden werden, ob das Bauteil herstellbar ist und keine weiteren Regressionsfunktionen angewendet werden.

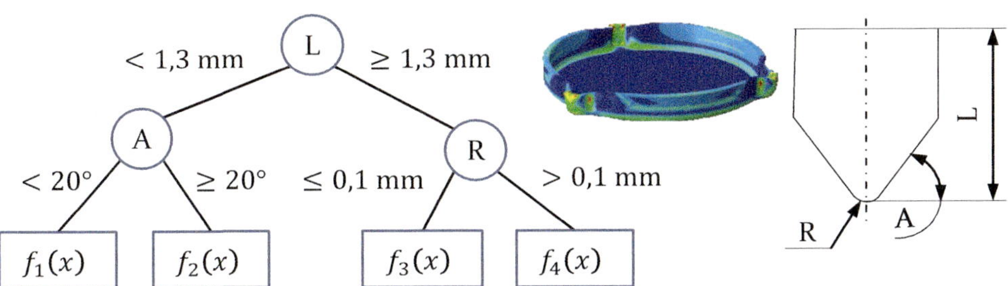

Bild 19: Einsatz von Entscheidungsbäumen in der Blechmassivumformung in Anlehnung an [95,P4,110]

In [59] ist das Vorgehen für die Anwendung und den Aufbau der Entscheidungsbäume beschrieben: Wie in Bild 19 gezeigt, enthält ein Entscheidungsbaum neben den Klassenknoten (Blattknoten) auch Wurzelknoten und Zwischenknoten. Beginnend mit dem Wurzelknoten wird über die Knoten jeweils entschieden, ob der linke oder rechte Zweig weiterverfolgt werden muss. Hierzu werden Testbedingungen an die Eingangsdaten gestellt: Wenn zum Beispiel die Zahnlänge L eines Bauteils kleiner $1,3$ mm ist (siehe Knoten L in Bild 19) wird der linke Ast gewählt und anschließend in Abhängigkeit vom Zahnwinkel A entschieden, ob Klasse $f_1(x)$ oder $f_2(x)$ geeigneter ist [110].

Wegen den vielen Möglichkeiten für den Aufbau der Entscheidungsbäume, ist die Suche nach dem optimalen Baum rechnerisch meist zu aufwendig. Daher wurden effiziente Algorithmen entwickelt, um innerhalb einer angemessenen Zeitspanne einen möglichst genauen, aber nicht optimalen Entscheidungsbaum zu finden. Einer dieser Algorithmen ist der Hunt-Algorithmus, der die Grundlage vieler weiterer Algorithmen bildet, wie zum Beispiel ID3, C4. 5 und CART. Im Hunt-Algorithmus wird ein Entscheidungsbaum rekursiv aufgebaut, indem die Trainingsdatensätze schrittweise in möglichst einheitliche Untermengen unterteilt werden. Die Untermengen enthalten bestenfalls nur Objekte einer Klasse, also zum Beispiel Bauteile, die aufgrund ihrer Geometrie ausschließlich zu einer bestimmten Klasse gehören. In jedem Schritt muss eine Testbedingung ausgewählt werden, über die sich die Datensätze in kleinere Teilmengen zerlegen lassen. Anhand der Testbedingungen werden bestimmte Unterteilungen für die Datensätze vorgeschlagen. Hierbei sind auch Verzweigung mit mehr als zwei Ästen möglich. Diese Testbedingungen werden anhand des Verunreinigungsgrads der Knoten bewertet und ausgewählt. Der Verunreinigungsgrad gibt an, wie viele unterschiedliche Klassen in einem Knoten enthalten sind. Für die Berechnung des Verunreinigungsgrads kommt zum Beispiel der Gini-Index zur Anwendung:

$$\mathrm{Gini}(t) = 1 - \sum_{i=0}^{c-1} [p\,(i,t)]^2 \tag{34}$$

Hier entspricht c der Klassenanzahl. Die Funktion $p\,(i,t)$ gibt an, in welchem Verhältnis ein bestimmter Knoten t unterschiedliche Klassen enthält. Weitere Maße, wie z.B. Entropie oder Klassifikationsfehler sind in [59] beschrieben. Für die Bewertung der Testbedingungen wird der Verunreinigungsgrad des übergeordneten Knotens (Elternknoten) vor der Aufspaltung mit dem Verunreinigungsgrad der untergeordneten Knoten (Kindknoten) nach der Aufspaltung verglichen. Je größer ihre Differenz, desto besser ist die Aufteilung. Für diese Auswertung kommen Kriterien, wie zum Beispiel Gain Δ (engl. Verstärkung) zum Einsatz:

$$\Delta = \text{Gini}\,(v_e) - \sum_{j=1}^{k} \left[\frac{N(v_j)}{N_e} \cdot \text{Gini}(v_j) \right] \tag{35}$$

v_e entspricht den Elternknoten und v_j den Kindknoten: N_e gibt die Anzahl an Datensätzen im Elternknoten an (zum Beispiel die Anzahl an unterschiedlichen Bauteilen in den Trainingsdaten) und $N(v_j)$ die Anzahl an Datensätzen, die im Kindknoten enthalten sind. Außerdem wird die Anzahl an betrachteten Parametern über k berücksichtigt [59].

Ein anderer Anwendungsfall für Entscheidungsbäume ist in [111] beschreiben: Hier kommen Regressionsbäume für die nichtlineare Analyse von Fahrzeugachsen zur Anwendung. Die Baugruppen bestehen aus vorgespannten Wälzlagern und einem Zahnrad (siehe vernetzte Baugruppe links in Bild 20). Über Regressionsbäume wird für beliebige Positionen die Flächenpressung p_f ermittelt. Neben den Koordinaten (x und y) für die Position dienen die Lagervorspannung V, die Radlast L und die Reibungskoeffizienten als Eingangsparameter für die Berechnung der Flächenpressung. In Bild 20 ist die Flächenpressung eines Kugellagers für unterschiedlichen Vorspannungen dargestellt und rechts daneben ein Ausschnitt aus den resultierenden Regressionsbäumen. Außerdem wird rechts im Bild die Flächenpressung über die Regressionsfunktionen bestimmt.

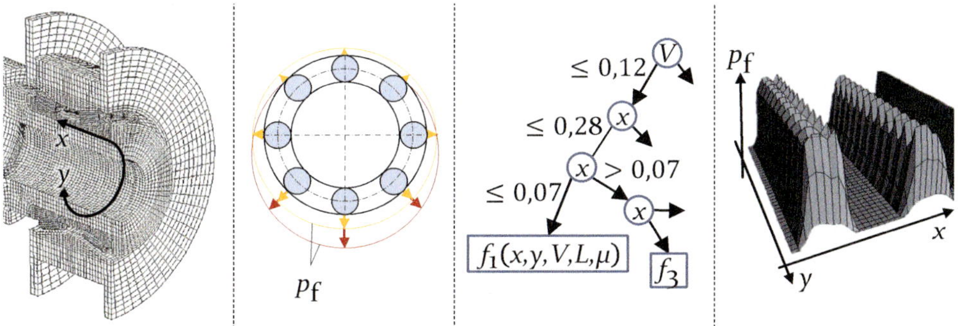

Bild 20: Regressionsbaum zur Vorhersage der Flächenpressung nach [111]

Künstliche Neuronale Netze

Durch künstliche neuronale Netze wird versucht biologische neuronale Systeme zu simulieren [59]: Das menschliche Gehirn besteht hauptsächlich aus Nervenzellen (Neuronen), die über Faserstränge (Axone) mit anderen

Neuronen verbunden sind. Axone werden verwendet, um Nervenimpulse von einem Neuron zum anderen zu übertragen und das menschliche Gehirn lernt, indem es die Stärke der synaptischen Verbindung zwischen Neuronen bei wiederholter gleicher Stimulation verändert. Analog zur Gehirnstruktur besteht ein künstliches neuronales Netz aus Knoten und unterschiedlich gewichteten Verbindungen zwischen den Knoten [59].

Zur Veranschaulichung wird zunächst die Funktionsweise eines einfachen neuronalen Netzes, dem sogenannten Perzeptron, in Anlehnung an [59,82] beschrieben. Wie links in Bild 21 dargestellt, besteht das Perzeptron aus drei Eingangsknoten und einem Ausgabeknoten: über die Eingangsknoten werden die Eingangswerte x_1 bis x_3 vorgegeben und über den Ausgabeknoten die daraus resultierenden Ausgabewerte $\hat{y}$ vorhergesagt.

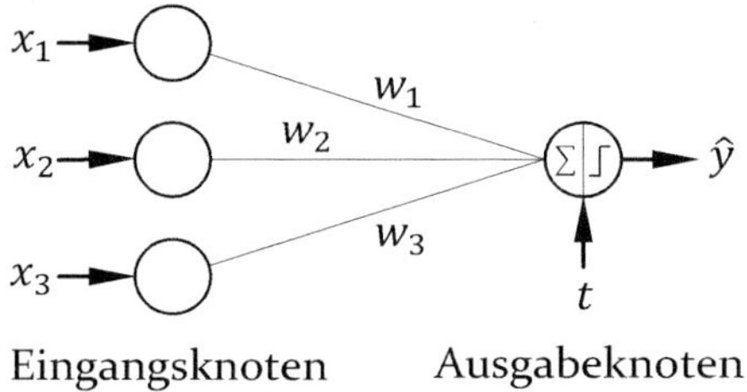

Bild 21: Einfaches künstliches Neuronale Netz nach [59]

Die Verbindungen w_1 bis w_3 werden unterschiedlich gewichtet und repräsentieren damit die unterschiedlich stark ausgeprägten synaptischen Verbindungen zwischen den Neuronen. Durch das Training des neuronalen Netzes werden die Gewichtungen angepasst, um die Zusammenhänge zwischen den Eingangs- und Ausgabewerten im Netz abzubilden. Hierzu erfolgt ein Abgleich der Ausgabewerte $\hat{y}$, die durch das Netz für die gegebenen Eingangswerte x_1 bis x_3 berechnet werden, mit den Zielgrößen y aus den Trainingsdaten. Die Ausgabe des Netzes $\hat{y}$ wird aus der Summe der gewichteten Eingangswerte und dem Verzerrungsfaktor t wie folgt gebildet:

$$\hat{y} = f\left(w_1 \cdot x_1 + w_2 \cdot x_2 + w_3 \cdot x_3 - t\right). \tag{36}$$

Wie in Gleichung 36 gezeigt, geht in diese Berechnung auch die Aktivierungsfunktion f mit ein. Im einfachsten Fall kommt hierfür eine Sign-Funktion sign(x) zum Einsatz. Diese Funktion gibt den Wert 1 aus, wenn der Term $x = (w_1 \cdot x_1 + w_2 \cdot x_2 + w_3 \cdot x_3 - t)$ größer null ist und den Wert -1 wenn der Term kleiner null ist (links in Bild 22). Das Netz kann jedoch auch andere Aktivierungsfunktionen wie zum Beispiel hyperbolische Tangentenfunktionen tanh(x) verwenden (rechts in Bild 22).

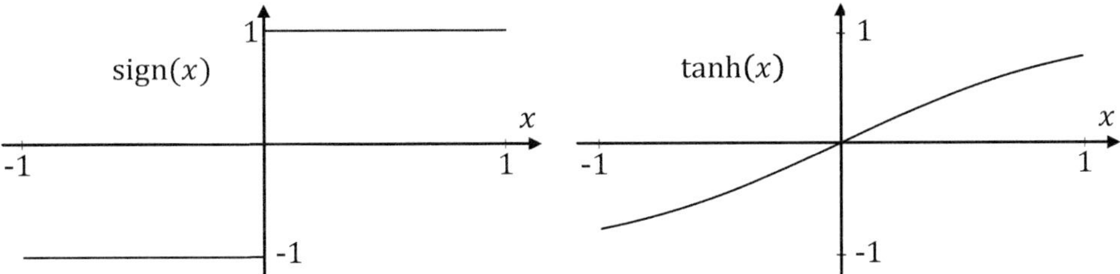

Bild 22: Aktivierungsfunktionen nach [59]

Durch das Training der neuronalen Netze werden allen Knotenverbindungen so gewichtet, dass die Summe der Fehlerquadrate minimal ist:

$$E(\vec{w}) = \frac{1}{2}\sum_{j=1}^{N}\left(y_j - \hat{y}_j\right)^2 \tag{37}$$

Hier entspricht $\hat{y}_j$ der Ausgabe eines Knotens, N der Anzahl an Trainingsbeispielen und y_j den Vergleichswerten aus den Trainingsdatensätzen. Zudem enthält der Vektor $\vec{w}$ die Gewichtungen der Knotenverbindungen, zum Beispiel w_1 bis und w_3. In dem Term erscheinen die Gewichtungen $\vec{w}$ zwar nicht explizit, jedoch hängt die Ausgabe $\hat{y}$ von den Gewichtungen ab. Somit wird auch die Summe der Fehlerquadrate von Gewichtungen bestimmt. Da in künstlichen neuronalen Netzen häufig nicht-lineare Funktionen zur Anwendung kommen, erfolgt die Optimierung der Gewichtungen in Gleichung 37 üblicherweise über effiziente Greedy Algorithmen. Die Algorithmen basieren auf Gradientenverfahren durch die iterativ abgeschätzt wird, wie die Gewichtungen tendenziell erhöht oder verringert werden müssen, um die Summe der Fehlerquadrate $E(\vec{w})$ weiter zu reduzieren. Für die Aktualisierung einer Gewichtung gilt:

$$w_i \leftarrow w_i - \lambda\frac{\partial E(\vec{w})}{\partial w_i} \tag{38}$$

Hier legt die Ableitung von $E(\vec{w})$ fest, wie stark das Gewicht w_i erhöht oder verringert werden muss, um die Summe der Fehlerquadrate $E(\vec{w})$ zu reduzieren. Um eine Überanpassung an den vorliegenden Trainingsdatensatz zu vermeiden, wird über einen Vorfaktor (Lernrate λ) definiert, wie stark diese Änderungen ausfallen können.

Das neuronale Netz wird im Folgenden mit den Eingangs- und Ausgabedaten in Tabelle 1 nach [59] trainiert. Die drei booleschen Eingangswerte x_1 bis x_3 führen hier zu einem Ausgabewert $y = -1$, wenn mindestens zwei Eingangswerte null sind und zu einem Ausgabewert von 1, wenn mindestens zwei Eingangswerte gleich 1 sind:

Tabelle 1: Eingangsdatensatz gemäß einer booleschen Funktion nach [59]

x_1	1	1	1	1	0	0	0	0
x_2	0	0	1	1	0	1	1	0
x_3	0	1	0	1	1	0	1	0
y	-1	1	1	1	-1	-1	1	-1

Mit den im Training angepassten gewichteten Verbindungen und dem Verzerrungsfaktor t nimmt das neuronale Netz aus Bild 21 die folgende Form an (Bild 23).

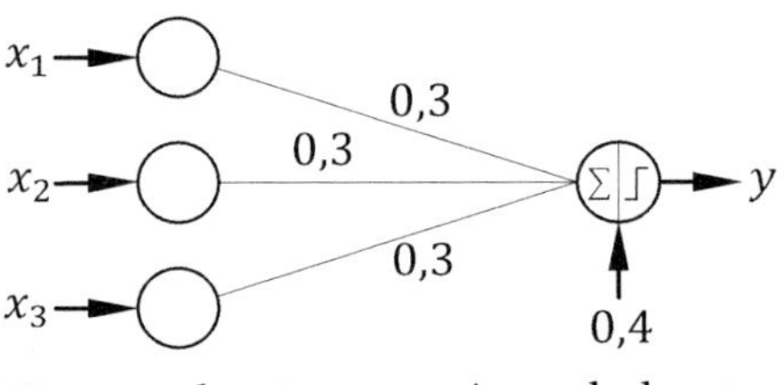

Bild 23: Trainiertes künstliches Neuronale Netz nach [59]

Alle Gewichtungen sind in diesem Fall gleich 0,3 und der Verzerrungsfaktor beträgt 0,4. Durch Einsetzen in Gleichung 36 ergeben sich mit der sign-Aktivierungsfunktion die geforderten Ausgabewerte $\hat{y}$ in Abhängigkeit von den Eingangswerten x_1 bis x_3.

$$\hat{y} = \text{sign}\,(0,3 \cdot x_1 + 0,3 \cdot x_2 + 0,3 \cdot x_3 - 0,4) \tag{39}$$

Wenn zum Beispiel die zweite Spalte aus Tabelle 1 in Gleichung 39 eingesetzt wird ($x_1 = 1$, $x_2 = 0$, $x_3 = 0$) gilt entsprechend $\hat{y} = \text{sign}\,(-0,1)) = -1$ und für die vorletzte Tabellenspalte ($x_1 = 0, x_2 = 1, x_3 = 1$) gilt $\hat{y} = \text{sign}\,(0,2)) = 1$. Die Zusammenhänge sind folglich im Netz abgebildet und das Modell kann nun für neue Datensätze angewendet werden, in denen die Ausgabewerte noch nicht bekannt sind.

In [112] wird der Einsatz der neuronalen Netze für Schalenstrukturen beschrieben. Durch die Netze lassen sich die nichtlinearen Verformungen der Schalen für spezifische Belastungen vorhersagen: Links in Bild 24 sind die resultierenden Verformungen mit Skalierungsfaktor 1 farblich gekennzeichnet.

Die Lasten F_x und F_y der Struktur werden hier konzentriert im Bereich der höchsten Verformung (roter Bereich der maximalen Verformung d_x, max) vorgegeben. Für eine effiziente Berechnung der Verformungen besteht das künstliche neuronale Netz aus drei Schichten: Eingangsschicht, verdeckte Schicht und Ausgangsschicht (siehe rechts in Bild 24). Als Eingangswerte dienen die Lasten in x- und y-Richtung aus vorangehenden Simulationen und als Ausgabewerte die entsprechenden Verschiebungen in x-, y- bzw. z-Richtung.

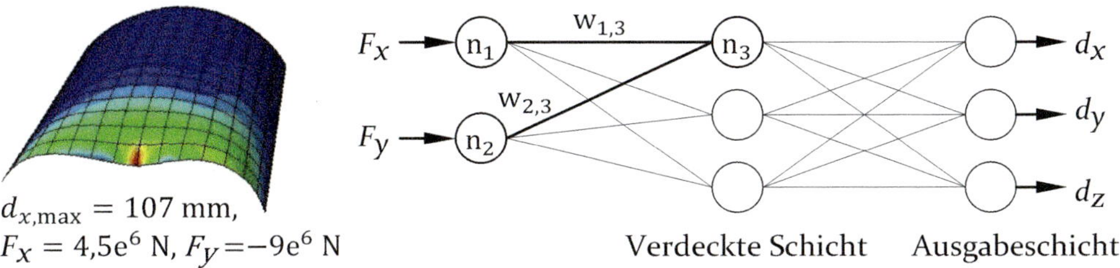

Bild 24: Regression durch künstliche Neuronale Netze nach [112]

Die Verarbeitung der Eingangs- und Ausgabewerte erfolgt nach [59,82] analog zum vereinfachten neuronalen Netz in Bild 21: Über die gewichteten Verbindungen werden die Eingangswerte ($\vec{x} = (F_x, F_y)$) auf die nachfolgenden Knoten übertragen. Dieser Schritt wird exemplarisch für die Eingangsknoten n_1 und n_2 und den Zwischenknoten n_3 in Bild 24 dargestellt. Für die Ausgabe $\hat{y}$ von Knoten n_3 gilt:

$$\hat{y} = f\left(\vec{w} \cdot \vec{x} - t\right) = f\left(w_{1,3} \cdot F_x + w_{2,3} \cdot F_y - t\right). \tag{40}$$

mit den Gewichtungen $w_{1,3}$ und $w_{2,3}$, dem Verzerrungsfaktor t und der Aktivierungsfunktion f. Das Ergebnis der Zwischenknoten dient daraufhin als Eingangswert für die Ausgabeschicht in Bild 24, um hier nach dem gleichen Schema die Verformungen d_x bis d_z zu berechnen. Die Ausgaben sollen damit möglichst den tatsächlichen Verformungen d_x bis d_z der Schalenstruktur aus den Trainingsdaten entsprechen, ohne jedoch das Netz zu stark an die vorliegenden Trainingsdaten anzupassen. Das Training dieses neuronalen Netzes gestaltet sich schwieriger, da dieses Netz aus mehr Schichten besteht als das Perzeptron. Um für die Berechnung der Gewichtungen das Gradientenverfahren anzuwenden (Gleichung 38) muss die Summe der Fehlerquadrate für jeden Knoten bekannt sein. Während in den Ausgabeknoten bereits die Sollwerte für die Berechnung der Fehler bekannt sind (Zielgrößen aus den Trainingsdaten), stehen jedoch zunächst keine Sollwerte für die verdeckte Schicht zur Verfügung. Für die iterative Lösung dieses Problems wurde die Back-Propagation-Methode entwickelt: In jeder Iteration $(k + 1)$ werden die

Gewichtungen aus der vorangehenden Iteration (k) genutzt um die Ausgabewerte ausgehend von der ersten Schicht zu berechnen (vorwärtsgerichtete Berechnung). Die Aktualisierung der Gewichtungen beginnt hingegen nicht in der ersten Zwischenschicht, sondern in der Ausgabeschicht. Die in der Ausgabeschicht ermittelten Fehler können anschließend genutzt werden, um die Fehler in der vorgehenden Schicht zu berechnen (rückwärtsgerichtete Berechnung). Eine detaillierte Beschreibung dieses Verfahren findet sich in [59,82].

Der Anwendungsfall in der Blechmassivumformung aus dem vorangehenden Abschnitt (siehe Bild 19) bezieht sich auf die Gesamtdehnungen in blechmassivumgeformten Bauteilen. In [113,P5] dient die ortsaufgelöste Vorhersage der lokalen Umformgrade als ein erweiterter Anwendungsbereich. Da die damit verbundenen großen Datenmengen, mit den bisher genannten Data-Mining-Verfahren nur eingeschränkt analysierbar sind, kommt für die ortsaufgelösten Analysen Deep Learning zum Einsatz [113,P5]. Im Deep Learning werden für die Bewältigung der großen Datenmengen tiefere künstliche Neuronale Netze eingesetzt, die aus mehreren verdeckten Zwischenschichten bestehen [82,113] und in denen gegebenenfalls nichtlineare Transformationen durchgeführt werden [114,115,P6].

K-NN-Klassifikation

Durch k-Nächste-Nachbarn-Klassifikatoren (K-NN) werden Datensätze als Datenpunkte in einem mehrdimensionalen Raum dargestellt [59]. Die Anzahl der Dimensionen hängt hier von der Anzahl der Eingangsparameter ab [59]. In [116] dient die k-NN-Klassifikation dazu, den Ausfall von Industriekraftwerken frühzeitig zu erkennen: Für diese Vorhersagen wird die Drehzahl einer Kurbelwelle analysiert und als Trainingsdaten dienen die Ergebnisse aus Mehrkörpersimulationen für verschiedene Betriebsbedingungen: Normalbetrieb, Klopfen, Fehlzündungen und Überdruck. Wie links in Bild 25 gezeigt führen diese Betriebsbedingungen zu unterschiedlichen Amplituden im Frequenzspektrum.

Bild 25: Klassifikation von Mehrkörpersimulationsergebnissen nach [116]

Rechts daneben sind in dem Bild die Höchstwerte für 6,25 Hz und die Höchstwerte ohne Schwingung als Punktwolken in einem Diagramm aufgetragen. Jeder Datenpunkt entspricht einem Beispiel aus den Trainingsdatensätzen, also beispielsweise einer Simulation mit einer bestimmten Betriebsbedingung oder einer bestimmten Messprobe.

Durch k-NN-Verfahren erfolgt die Klassifikation nach [59,116] wie folgt: Für die Datenpunkte aus den Trainingsdatensätzen sind die Klassen bereits bekannt (farbliche Kennzeichnung rechts in Bild 26 [59]. Für die Klassifikation weiterer unbekannter Datenpunkte (neue Ergebnisse aus Messungen oder Simulationen) muss ihr Abstand zu k umliegenden klassifizierten Punkten (zu k nächsten Nachbarn) ermittelt werden.

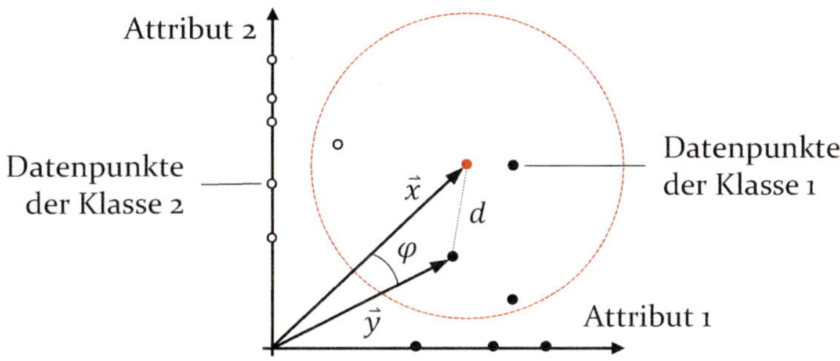

Bild 26: k-Nächste Nachbarn nach [59]

Je geringer der Abstand zu den Punkten einer bestimmten Klasse ist, desto wahrscheinlicher ist es, dass der Datensatz dieser Klasse angehört. Hierzu werden Abstandsmaße, wie zum Beispiel der euklidische Abstand, berechnet. Diese finden auch bei weiteren Data-Mining-Verfahren Anwendung, wie zum Beispiel bei der Anomalieerkennung oder dem Clustering. Für den euklidischen Abstand d zwischen zwei Punkten x und y gilt im ein- oder höherdimensionalen Raum:

$$d(x,y) = \sqrt{\sum_{k=1}^{\mathrm{n}} (x_k - y_k)^2} \tag{41}$$

Hier entspricht n der Anzahl der Dimensionen (Parameteranzahl) und x_k beziehungsweise y_k dem k-ten Eingangsparameter von x und y (Attribute). Anstelle des Abstands, also dem Unterschied zwischen zwei Datenpunkten, werden auch Ähnlichkeitsmaße zur Klassifikation von spärliche Datensätzen genutzt, also für Datensätze, bei denen nur wenige Einträge ungleich null sind:

$$\cos(\varphi) = \frac{\vec{x} \cdot \vec{y}}{||y|| \cdot ||x||} \tag{42}$$

In Bild 26 ist die Berechnung der Kosinusähnlichkeit $\cos(\varphi)$ zwischen dem unbekannten rot gekennzeichneten Datenpunkt und einem klassifizierten Datenpunkt dargestellt. Hier wird zur Veranschaulichung nur die Ähnlichkeit von zwei Attributen ermittelt. Für gewöhnlich müssen jedoch wesentlich mehr Attribute in höherdimensionalen Räumen verglichen werden, die sich nicht mehr darstellen lassen.

Durch die Division des Vektorprodukts $\vec{x} \cdot \vec{y}$ durch die Vektorlängen $||y||$ und $||x||$ berücksichtigt dieses Ähnlichkeitsmaß nicht die Höhe der Attributswerte. Außerdem werden über die Kosinusähnlichkeit Vektoren nicht als ähnlicher betrachtet, wenn beiden Vektoren an einer bestimmten Stelle gleiche Nulleinträge enthalten. Andernfalls würden zwei Datensätze, die sehr viele Nulleinträge enthalten, als sehr ähnlich klassifiziert werden, selbst wenn alle anderen (eigentlich relevanteren Einträge) stark voneinander abweichen. Wie bereits genannt, sind die Ähnlichkeitsmaße daher besonders für spärlichen Datensätze geeignet, bei denen viele Einträge gleich null sind und bei der Unterscheidung der Datensätze nicht beachtet werden dürfen. Neben der Kosinusähnlichkeit kommen außerdem Ähnlichkeitsmaße wie zum Beispiel Jaccard (für binäre Daten) für k-NN zum Einsatz.

Da vorab kein abstrahiertes Modell durch das k-NN-Verfahren erstellt wird und der Vergleich direkt über die Datensätze erfolgt, werden diese Klassifikatoren auch als Lazy Learner (Faule Lerner) bezeichnet. Um die geeignetsten k-Werte für die Klassifikation zu finden wird aus den Trainingsdatensätzen ein Teil als Testdatensätze genutzt. Hierzu kommen Methoden, wie zum Beispiel Kreuzvalidierung zum Einsatz. Die Kreuzvalidierung teilt die Datensätze in mehrere Bereiche auf und wählt in mehreren Durchläufen immer einen anderen Bereich als Testdatensätze aus. Diese Methode kommt auch in anderen Klassifikationsverfahren zur Anwendung. Für die Bewertung der Klassifikationsergebnisse dienen Maße, wie zum Beispiel das Accuracy-Maß. Dieses Maß setzt die Anzahl an korrekt klassifizierten Testbeispielen in ein Verhältnis zu den insgesamt durchgeführten Klassifikationen. Weitere Maße sind zum Beispiel Precision, Recall und T1, die im Anhang, in Abschnitt A.9 erläutert werden.

Support Vector Machines

Die Punktewolken aus Bild 25 werden in [116] auch mit Support Vector Machines (SVM - Stützvektormaschinen) analysiert. Dieses Verfahren zieht anhand von Teilmengen der Trainingsdaten, den sogenannten Stützvektoren, eine Entscheidungsgrenze durch die Diagramme [59]. Die Bildung von zwei möglichen Entscheidungsgrenzen ist in Bild 27 veranschaulicht.

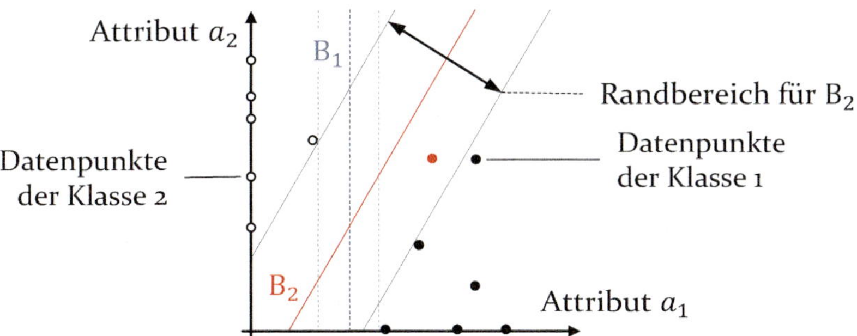

Bild 27: SVM-Verfahren in Anlehnung an [59]

In Bild 27 trennen die linearen Hyperebenen B_1 und B_2 die weißen von den schwarzen Punkten und ordnen sie korrekt den Klassen 1 und 2 zu [59]. Durch den Klassifikator wird die geeignetste Entscheidungsgrenze nach dem folgenden Vorgehen ausgewählt [59,82]: Die Trainingsdaten bilden die Grundlage für die Bestimmung der Entscheidungsgrenzen. Jeder Entscheidungsgrenze werden jeweils zwei Hyperebenen zugewiesen. Diese Ebenen verlaufen immer parallel zur Entscheidungsgrenze und sie werden so lange von der Grenze weg verschoben, bis sie den jeweils nächstgelegenen Datenpunkt berühren. Diese Datenpunkte werden als Stützvektoren bezeichnet. Der Abstand zwischen den beiden Hyperebenen wird als Rand bezeichnet. Der Rand der Grenze B_1 ist wesentlich größer als der von B_2 . Hyperebene mit kleinen Spielräumen sind anfälliger für eine Überanpassung des Modells und neigen dazu, unbekannte abweichende Beispiele schlechter zu klassifizieren. Um möglichst allgemeingültige Lösungen zu finden, werden also Hyperebenen mit maximalen Rändern gesucht. Über diese Hyperebenen lassen sich die Klassen y in Abhängigkeit von i Stützvektoren wie folgt berechnen:

$$y = \operatorname{sign}\left(b + \sum_i \left[\alpha_i \cdot y_i \cdot \vec{a}(i) \cdot \vec{z} \right] \right) = b + \vec{w} \cdot \vec{z}. \tag{43}$$

Der Stützvektor $\vec{a}(i)$ zeigt auf einen Datenpunkt aus dem Trainingsdatensatz, an dem die Hyperebene anliegt und y_i gibt die jeweilige Klasse des Datenpunkts an. Da in Bild 27 zwei Attribute betrachtet werden ($i = 2$), enthält der Vektor zwei Koordinatenwerte. Außerdem entspricht $\vec{z}$ einem Testvektor beziehungsweise Trainingsbeispiel, der über die Hyperebenen der korrekten

Klasse y zugeordnet werden muss. Die sign-Funktion in Gleichung 43 reduziert die Anzahl möglicher Werte auf die Anzahl der Klassen. Wie bereits genannt gibt die sign-Funktion den Wert 1 aus, wenn der Term in der Klammer größer null ist und den Wert -1 wenn der Term kleiner null ist (siehe auch links in Bild 22, im Unterabschnitt Künstliche Neuronale Netze). Die Funktion unterscheidet demnach nur zwischen zwei Klassen. Über die Verzerrung b und den Lagrange-Faktor α_i werden die Hyperebenen bestimmt. Diese Parameter werden während des Trainings optimiert. Gleichung 43 lässt sich hier auch vereinfacht über die zu optimierende Verzerrung b und die Gewichtungen $\vec{w}$ der Hyperebene ausdrücken (siehe rechte Seite von Gleichung 43). Sind diese Größen bestimmt, lässt sich die Gerade der Hyperebene (rote Linie in Bild 27) zum Beispiel wie folgt berechnen:

$$a_2 = -\frac{(b + w_1 \cdot a_1)}{w_2} \tag{44}$$

mit der Verzerrung b, den Attributen a_1 und a_2 (siehe Bild 27) sowie den zugehörigen Gewichtungen w_1 und w_2. Hier wurde bereits die Gleichung umgestellt, um zur Verdeutlichung die Attributwerte a_2 der Geraden in Abhängigkeit von Attributwerten a_1 zu berechnen.

K-Means-Clustering

Der K-Means-Algorithmus gruppiert Datensätze ohne die Verwendung von Trainingsdaten [59]. Das Vorgehen dieses Clustering-Verfahrens wird anhand von Bild 28 erläutert [59]:

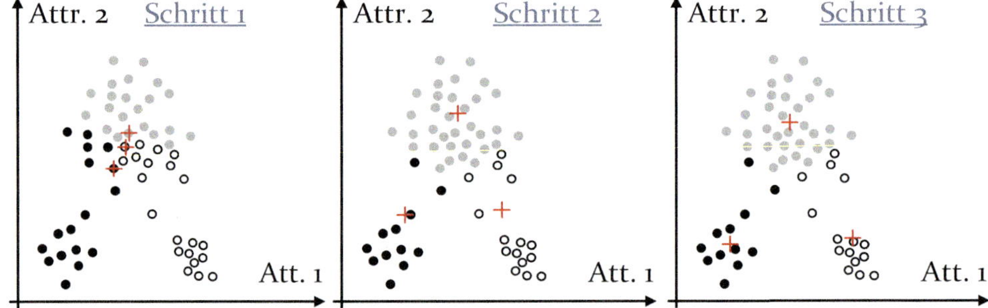

Bild 28: Schritte des K-Means-Clusterings nach [59]

Für die Gruppierung werden zunächst K Anfangsschwerpunkte über Mittelwerte festgelegt, wobei K der gewünschten Cluster-Anzahl entspricht. Jeder Punkt wird anschließend dem nächstgelegenen Schwerpunkt zugeordnet (siehe Schritt 1 in Bild 28). Alle Punkte, die einem Schwerpunkt zugeordnet sind, entsprechen einem Cluster. Der Schwerpunkt jedes Clusters wird dann für die neuen Punktemengen aktualisiert und die Punkte anschließend den verschobenen Schwerpunkten zugewiesen. In dem Bild zeigt Schritt 2 die aktualisierten Schwerpunkte und die bereits neu zugewiesenen Punkte. Diese Zuordnungs- und Aktualisierungsschritte werden so lange wiederholt, bis die Schwerpunkte nicht mehr verschoben werden müssen. Um die Abstände zu dem nächstgelegenen Schwerpunkt zu berechnen, kommen Abstandsmaße wie der euklidische Abstand zum Einsatz. Für die Bewertung der Clustering-Qualität wird die Summe der Fehlerquadrate (E) berechnet. Die Fehler entsprechen zum Beispiel dem euklidischen Abstand d jedes Datenpunktes zum nächstgelegenen Schwerpunkt:

$$E = \sum_{i=1}^{K} \sum_{x \in C_i} d(c_i, x)^2 \qquad (45)$$

Hier entspricht C_i dem i-ten Cluster, c_i dem Schwerpunkt dieses Clusters und x einem Datenpunkt. Durch den Algorithmus wird nach Clustern gesucht, für die diese Summe minimal ist. Für Datensätze, in denen nur wenige Einträgen ungleich null sind, dienen Ähnlichkeitsmaße wie die Kosinusähnlichkeit zur Zuweisung der Punkte.

In [117] wird eine Methode auf Basis von K-Means vorgestellt, durch die sich CAD-Flächen aus Finite-Elemente-Netzen extrahieren lassen. Der Hintergrund hierfür ist, dass die in der FEA verwendeten CAD-Modelle während der Analyse und Optimierung häufig überarbeitet werden müssen. Die Simulationsanwender können jedoch aus rechtlichen Gründen manchmal nur auf das Netzmodell und nicht auf das entsprechende CAD-Modelle zugreifen. Darüber hinaus wird in manchen Fällen das verformte Netz als Ergebnis der FEA erneut als CAD-Flächenform benötigt. Zudem kann es sein, dass die Polygonflächen, die aus Topologieoptimierungen resultieren, als CAD-Flächen benötigt werden.

Für die Flächenerzeugung werden zunächst durch K-Means-Clustering die Netze in unterschiedliche Polygonbereiche unterteilt. Für diese Unterteilung werden die unterschiedlichen Krümmungen der Netze betrachtet. Links in Bild 29 besteht das ursprüngliche Netz einer Fahrzeugverkleidung hauptsächlich aus Viereckselementen und vereinzelten Dreieckselementen. Die resultierenden Bereichsunterteilungen sind in der Mitte von Bild 29 dargestellt. Diese Bereiche werden anschließend in eine CAD-B-Spline-Oberfläche umgewandelt (rechts in Bild 29). [117]

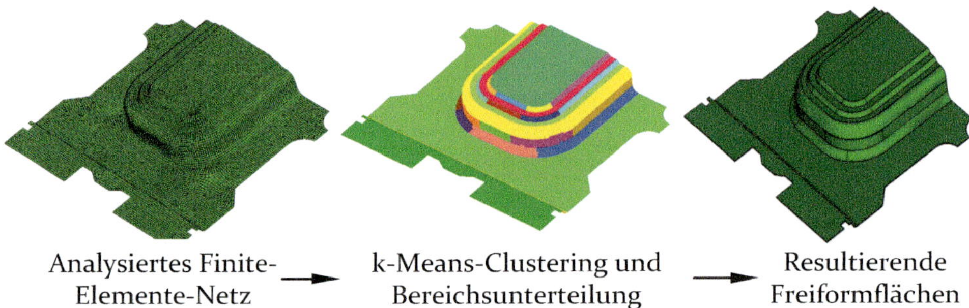

Bild 29: Netzunterteilung und Flächenerzeugung durch K-Means-Clustering nach [59]

2.2.2 Wissensentdeckung in textuellen Datenbanken

Im vorangehenden Abschnitt 16 wurde die Anwendung von Data-Mining auf strukturierte Datenbestände vorgestellt. In diesen Datenbeständen sind relevante Informationen (wie beispielswiese die Geometrieparameter und die resultierenden Bauteilbeanspruchungen in Simulationen) einander gegenübergestellt worden. Häufig liegen Dokumente in der Produktentwicklung und Forschung jedoch in unstrukturierter Form vor. Insbesondere in Richtlinien und Veröffentlichungen, wie in Zeitschriftenartikeln oder Konferenzbeiträgen, liegt essenzielles Knowhow für die Simulation hauptsächlich nur in textbasierter Form vor. Zur Analyse von Textdokumenten und zur automatisierten Extraktion der relevanten Wissensinhalte kommen computerlinguistische und statistische Methoden aus dem Bereich des Text-Minings zur Anwendung [118]. Der dargestellte Stand der Forschung im Bereich des Text-Minings basiert teils auf den studentischen Arbeiten [S1–S4], die sich mit der Unterstützung von Finite-Elemente-Analysen durch Text-Mining befassen.

Vorgehen

Wie in [118,119] beschrieben, erfolgt die Wissensentdeckung in textuellen Datenbanken (Knowledge Discovery in Textual Datebases, KDT) [120,121] in den folgenden grundlegenden Prozessschritten: Ausgehend von den Analysenzielen und Anwendungsdomänen werden zunächst geeignete Dokumente ausgewählt und hinsichtlich ihrer Relevanz bewertet (Schritte 1 und 2 in Bild 30). Nachfolgend müssen die Dokumente für Text-Mining-Analysen aufbereitet werden. Hierzu müssen die Texte durch die sogenannte Tokenisierung in einzelne Sätze oder Wörter (Tokens) unterteilt werden [122,123]. Nachfolgend dienen sprachliche Analysen bezüglich der Semantik (Wortbedeutungen), Syntaktik (grammatikalische Zusammenhänge) und Morphologie (Wortzusammensetzungen) der linguistischen Aufbereitung der Texte

[122,123]. Außerdem werden die Texte durch die technische Aufbereitung in Datenstrukturen überführt, die für die nachfolgenden Text-Mining-Analysen geeignet sind. Hierbei erfolgt auch eine Unterteilung in Trainings- und Testdatensätze [123]. Wie in Bild 30 gezeigt, werden anschließend die eigentlichen Text-Mining-Analysen durchgeführt, um die Texte zu strukturieren und die wichtigsten Zusammenhänge aus den Texten zu extrahieren. Im Zuge dieser Analysen kommen Textklassifikation und Segmentierung mit Verfahren, die aus dem Data-Mining bekannt sind, und Informationsextraktion zur Anwendung. Wie im KDD-Prozess umfassen die letzten beiden Schritte des KDT die Evaluation der Ergebnisse und der Einsatz der Text-Mining-Verfahren.

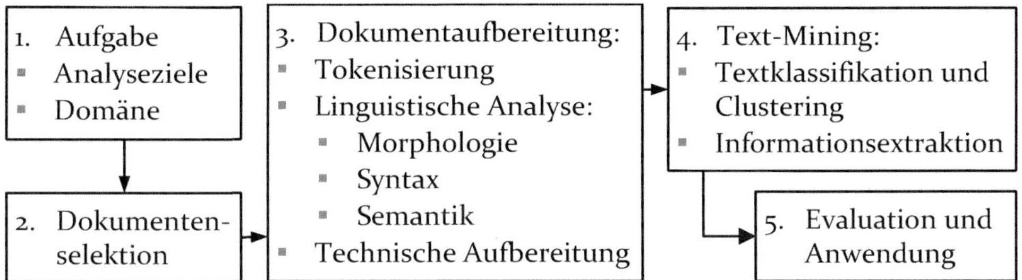

Bild 30: KDT-Vorgehensmodell nach [118,119]

Tokenisierung

Für eine möglichst zuverlässige Unterteilung der Texte in Satztokens werden neben den direkt ersichtlichen Hinweisen, wie beispielsweise den Satzzeichen (die jedoch auch auf Abkürzungen folgen können), weitere Regeln angewendet wie zum Beispiel, dass großgeschriebene Artikel am Satzanfang stehen oder Sätze vor Überschriften und am Ende eines Absatzes enden [123]. In englischen Texten lassen sich Sätze leichter identifizieren, da neben Eigennamen oder Einheiten hier nur am Satzanfang Großbuchstaben verwendet werden [123].

Die Tokenisierung von Wörtern ist einfacher, da hier meist die Leerzeichen für die Unterteilung genutzt werden können [123]. Eine Herausforderung stellen hierbei Trennungen wie "Kerb- und Strukturspannungen" dar, die zunächst als drei separate Begriff betrachtet werden, oder beispielsweise die ungewollte Aufteilung von Eigennamen wie "VDI 2230" [124]. Damit diese Begriffe geeignet zusammengeführt werden, müssen also auch hier zusätzliche Regeln formuliert werden [124].

Morphologische Analyse

Durch morphologische Analysen wird die Zusammensetzung von Wortformen untersucht [123]. Diese Analysen dienen dazu, zusammengesetzte Wörter in Morpheme zu zerlegen (Kompositazerlegung), wie zum Beispiel Kerbspannung zu "kerb" und "spannung", und diese Wörter anschließend auf ihre Stammform oder Grundform zurückzuführen [87,123]. Durch diese Rückführungen sollen Begriffe die inhaltlich die gleiche Bedeutung haben nicht doppelt und getrennt in den resultierenden Datensätzen aufgeführt werden [123]. Bei der Stammformreduktion muss kein korrektes Wort aus der Analyse resultierten und es wird direkt der Wortstamm ausgegeben [123]. Ein Beispiel für diesen Schritt ist die Verkürzung der Begriffe "Abweichung" und "abweicht" zu "abweich". In der englischen Sprache ist der Algorithmus nach PORTER (1980) [125] weit verbreitet [119]. Durch den Porter-Stemmer werden die Wörter sequenziell in fünf Schritten verkürzt, um am Ende die Stammform zu erhalten [126]. Hierbei kommen in jedem Schritt unterschiedliche Regeln zur Anwendung. Im ersten Schritt werden Endungen verkürzt, wie zum Beispiel "SSES" zu "SS" ("stresses" zu "stress" - Spannung) [126]. In den nachfolgenden Schritten wird unter anderem auch die Länge der Wörter beachtet, um nicht versehentlich Teile der Stammform zu entfernen, wie zum Beispiel "replacement" zu "replac" aber nicht "element" zu "ele" [126]. In der deutschen Sprache steht zum Beispiel der Snowball-Algorithmus zur Verfügung [127]. Der Snowball-Stemmer wurde ebenfalls von PORTER und seinem Team für die englische Sprache entwickelt und anschließend für die deutsche Sprache adaptiert [127]. Durch den Stemmer werden deutsche Wörter in drei Schritten verkürzt und in jedem Schritt maximal eine Endung entfernt [123,127]: In den ersten beiden Schritten werden zunächst die Endungen von einfachen syntaktischen Wortvariationen (Flexion), wie zum Beispiel "ern" ("Fehlern" zu "fehl"), entfernt. Im dritten Schritt werden schließlich auch Endungen entfernt, die zu neuen Wortformen führen (Derivation), wie beispielsweise "heit" ("Freiheit" zu "frei") [123,127].

Bei der Grundformreduktion resultiert aus der Analyse eine Wortform, die in der jeweiligen Sprache gültig ist und "Lemma" genannt wird [123]. Hierbei kommen meist Wörterbücher zum Einsatz und bei den Grundformen handelt es sich zum Beispiel um Substantive in Singularform oder Verben in Infinitivform [119]. Ein Beispiel für diese Reduktionsform ist die Umwandlung von "Radien" in "Radius" oder "vernetzt" zu "vernetzen". Hierbei stellen insbesondere die Sonderfälle in der deutschen Sprache eine Herausforderung dar [124]. Im Englischen ist die Stammformreduktion und Grundformreduktion meist einfacher [123].

In Bild 31 ist ein Beispielsatz dargestellt, der in [128] durch Text-Mining-Prozesse linguistisch analysiert wird. Wie unten in dem Bild gezeigt, folgt die Ebene der Morpheme direkt auf die der Zeichen [128]. Bei den Morphemen handelt es sich um die kleinsten Einheiten, die eine Bedeutung tragen [123]. Die exemplarisch dargestellte Stammformreduktion (rot gekennzeichnet) stammt nicht aus [128]. Die höheren Ebenen, die sich aus den Bestandteilen der jeweils linken Ebenen zusammensetzen [128], werden in den folgenden Abschnitten behandelt.

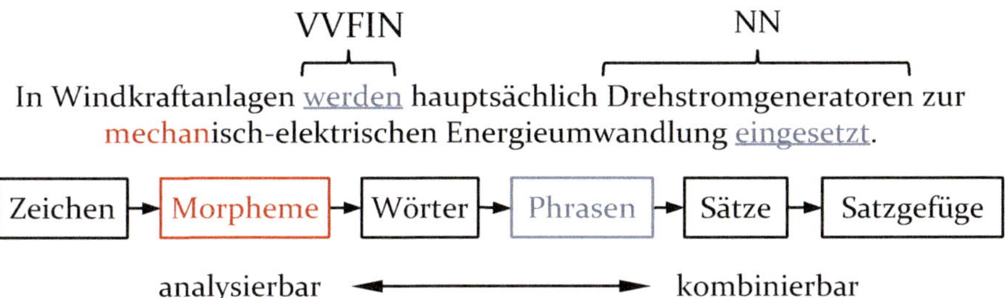

Bild 31: Linguistische Ebenen nach [128,129]

Syntaktische Analyse

Die syntaktische Analyse bestimmt über syntaktische Kategorien für alle Wörter die Wortarten und kennzeichnet diese über sogenannte Tags [123]. Für die deutsche Sprache dienen die Stuttgart-Tübingen-Tagsets [129] und für die englische Sprache die Penn-Treebank-Tagsets [87,130]. Der Prozess der Syntaxzuweisungen wird auch als Part-Of-Speech-Tagging (POS-Tagging) bezeichnet [131]. In Bild 31 sind exemplarisch für zwei Wörter die Wortarten über die entsprechenden POS-Tags nach den Stuttgart-Tübingen-Tagsets angegeben: finites Vollverb ("VVFIN") und Nomen Appellativa ("NN") [129]. Falls es sich nur um ein Hilfsverb handelt, nimmt der Tag stattdessen die Form "*VAFIN*" (auxiliare finites Verb) an und für Eigennamen den Tag "*NE*" [129]. Außerdem werden bei den Verben zum Beispiel auch die Infinitiv- oder Partizipformen in englischen und deutschen Texten durch POS-Tagging unterschieden [129,131].

Ausgehend von diesen Kennzeichnungen lassen sich außerdem die grammatikalischen Bestandteile für jeden Satz ermitteln und die Konstituenten identifizieren [128]. Bei den Konstituenten handelt es sich um komplexere Einheiten als den Morphemen oder Wortformen, die auch als Phrasen bezeichnet werden [87]. In Bild 31 werden zwei Verben über die Verbalphrase "werden … eingesetzt" in Zusammenhang gebracht [87,128]. Im Parsing dienen Baumgraphen für die Aufteilung der Sätze in die Phrasenzusammensetzungen [87,

128]. Weitere hierbei betrachtete Einheiten sind Präpositionalphrasen (zum Beispiel "In Windkraftanlagen") und Nominalphrasen ("Eine Windrichtungsnachführung") [87,128].

Semantische Analyse

Die Semantik befasst sich mit der Bedeutung von Ausdrücken in einem Satz, in Satzgefügen oder sogar im Zusammenhang mit mehreren Sätzen [123]. Außerdem beschäftigt sich die Diskurssemantik mit der Textanalyse im Ganzen [123]. Doch auch in anderen Bereichen wie der CAD-Konstruktion ist die Semantik von großer Relevanz, insbesondere in der wissensbasierten Konstruktion und Entwicklung [11]. Durch die Zuweisung der Semantik zu einer CAD-Geometrie, wie zum Beispiel einer Passbohrung, ist im System bekannt, dass es sich um eine solche Bohrung handelt und es können bereits Toleranz- und Fertigungsinformationen für die Bohrung hinterlegt werden [36,132]. Nach VDI 2209 entspricht die Syntax dann der Struktur der Geometrie [36].

Im Text-Mining kommt insbesondere die Eigennamenerkennung (Englisch Named Entity Recognition - NER) zum Einsatz, die anhand von Listen (sogenannte Gazetteers mit Eigennamen eines bestimmten Typs) erfolgen kann [87,128]: je nach Anwendungsfall zum Beispiel Firmen- und Produktnamen oder Messgrößen. Hierbei müssen jedoch Mehrdeutigkeiten (Ambiguitäten) anhand des Kontextes aufgelöst und synonyme Begriffe berücksichtigt werden [123]. Zumal es für Eigennamen häufig sehr viele Formulierungsmöglichkeiten gibt, werden daher insbesondere bei domänenoffenen Analyseaufgaben auch Klassifikationsverfahren für das NER-Tagging angewendet [87,133].

Eine andere Form der semantischen Annotation ist das Semantic Role Labeling (Vergabe von thematischen Rollen) [128,134]: Ziel ist es Abläufe, Zeitangaben und Einsatzorte, die in den Texten beschrieben sind, zu erfassen und den jeweiligen Textstellen entsprechende semantische Rolle zuzuweisen. In Bild 31 entspricht nach [128] der Term "Drehstromgeneratoren" dem sogenannten Agenten, also der Einheit, welche die spezifische Handlung ausführt, und der Term "in Windkraftanlagen" einem Einsatzort. Anschließend lassen sich diese Kennzeichnungen nutzen, um die Inhalte und Relationen aus dem Text in einer rechnerverarbeitbaren Form abzubilden [128].

Informationsextraktion

Durch Informationsextraktion werden relevante Informationen in Textabschnitten erfasst und strukturiert beziehungsweise irrelevante Informationen ausgeblendet [87,135]. Hierzu werden bestimmte Muster in den Texten gesucht [123,128]. Bei diesen Mustern handelt es sich um bestimmte syntaktische und semantische Strukturen in Texten [123,128]. Für die Extraktion der

Informationen müssen also zunächst syntaktische Analysen (POS-Tagging) und gegebenenfalls auch semantische Analysen (Named-Entity-Tagging) durchgeführt werden. Für die Definition und Suche von wiederkehrenden Mustern in Texten werden zum Beispiel reguläre Ausdrücke genutzt [123,124]. In Anlehnung an [124,133,136,137] soll nun ein solcher regulärer Ausdruck für einen Satzteil aus Bild 31 formuliert und eingesetzt werden. Der Satz aus Bild [128] wird hierzu zunächst syntaktisch analysiert und die jeweiligen POS-Tags an die Terme angehängt. Im Folgenden soll nur ein Ausschnitt betrachtet werden:

DrehstromgeneratorenNN zurAPPRART mechanisch-elektrischenADJA EnergieumwandlungNN eingesetztVVPP

Gemäß den Stuttgart-Tübingen-Tagsets entspricht "NN" einem Nomen, "VVPP" dem Partizip Perfekt eines Verbs, ADJA einem attributiven Adjektiv und "APPRART" einer Präposition (mit Artikel) [129]. Um nun den Zusammenhang zwischen den beiden Nomina am Ende des Satz zu extrahieren, wird das entsprechende Muster durch einen regulären Ausdruck formuliert:

(\S*NN) (zur|zu|für)\S* (\S*ART)?(\S*ADJA)? (\S*NN) (\S*VVPP)

Die regulären Ausdrücken lassen sich übergreifend anwenden, da die Wortarten hauptsächlich nur über die Tags (POS-Tags oder Named-Entitiy-Tags) angegeben sind [87,123,124], wie zum Beispiel "\S*VVPP" anstelle des spezifischen Partizips "eingesetzt" oder "\S*NN" anstelle des Nomens "Drehstromgeneratoren" oder "Energieumwandlung". Damit werden hier beliebige Partizipien und Nomen zugelassen. Der Operator "\S*" erfasst hierbei alle Zeichen, die direkt vor dem POS-Tag stehen, jedoch nur bis zum nächsten Leerzeichen. Vor dem Ausdruck "VVPP" wird beispielsweise das zugehörige Partizip "eingesetzt" erfasst. Die Funktionen der Operatoren in regulären Ausdrücken sind in [136] zusammengefasst. Diese allgemeingültigeren regulären Ausdrücke lassen sich damit auf wesentlich mehr Sätze anwenden, um die Informationen aus diesen zu extrahieren [87,123,124]. Über die Klammern ist dann definiert nach welchem Schema die extrahierten Informationen zum Beispiel in einer Tabelle zusammengestellt werden sollen: Jede Klammer kann zum Beispiel einer Spalte in der Tabelle entsprechen. Zudem werden über den Operatoren "|" alternative Ausdrücke innerhalb einer Klammer zugelassen: Um die regulären Ausdrücke hier auf einen bestimmten Zusammenhang einzuschränken, sind zum Beispiel die möglichen Adjektive zwischen den Nomen explizit vorgegeben. In diesem Fall werden die Adjektive "zur", "zu" und "für" zugelassen. Ein weiterer Operator ("?") ermöglicht die Angabe von optionalen Ausdrücken. In dem Satzteil kann hier beispielweise auch ein Artikel vorkommen "(\S*ART)?". Der Artikel muss aber nicht vorkommen beziehungsweise er kann auch mit dem Adjektiv verbunden sein, wie zum Beispiel "zur" anstelle von "zu der".

Textklassifikation und Segmentierung

Ziel der Textklassifikation ist es ungelesene Dokumente in thematische Kategorien zu unterteilen [138]. Für die Klassifikation von Texten kommen aus dem Data-Mining bekannte Verfahren wie k-Nearest Neighbour, Neuronale Netze und insbesondere Support Vector Machines zur Anwendung [59, 138,139]. Naive Bayes Klassifikatoren zeigten ebenfalls gute Ergebnisse bei der Klassifikation von Texten [59]. Durch Segmentierungsverfahren werden Dokumente hingegen anhand ihrer Ähnlichkeit gruppiert, ohne dass die Gruppen vorher bekannt sind [119]. Für diese Analysen dienen Data-Mining-Verfahren wie K-Means-Clustering [119]. Ziel dieser Verfahren ist es, große Dokumentensammlungen zu strukturieren und zu untersuchen [138]. Für die Analyse und Gruppierung der Textdokumente müssen diese jedoch zunächst in geeignete Datensätze überführt werden [119]. Hierzu werden in den Dokumenten die Häufigkeit der Terme berechnet. Damit soll ermittelt werden, wie wichtig beziehungsweise signifikant die einzelnen Terme für ein bestimmtes Dokument sind [87,119]. Für die Angabe der Häufigkeit dient meist das TF-IDF-Maß (Abkürzungen: Termfrequenz und inverse Dokumentenfrequenz) [119]. Durch dieses Maß wird die Häufigkeit tf eines Terms t in einem Dokument durch die Häufigkeit des Terms in allen Dokumenten $df(t)$ geteilt [87, 138]:

$$\text{TF-IDF}(d,t) = \log\left(tf\left(d,t\right)+1\right)\cdot\log\left(\frac{|D|}{df(t)}\right) \tag{46}$$

mit der gesamten Dokumentenanzahl D. Alternativ kann auch binär angegeben werden, ob ein Term überhaupt vorkommt oder nicht oder die Termfrequenz ohne Dokumentenfrequenz genutzt werden [119]. Im Gegensatz zum TF-IDF-Maß haben diese Verfahren jedoch den Nachteil, dass auch Terme, die häufig in allen Dokumenten vorkommen, aber keine Bedeutung für das Dokument haben, hier hohe Werte erreichen, wie zum Beispiel Artikel oder Konjunktionen [119]. Ergänzend werden solche unbedeutenden Wörter (sogenannte Stoppwörter) durch spezielle Filter entfernt, die nach solchen Ausdrücken suchen [123].

Gemäß SALTON [140] werden die Häufigkeitswerte zusammen mit den zugehörigen Termen und Dokumenten in einer Matrix zusammengeführt [118,119]. In der folgenden Matrix, dem sogenannten Vektorraummodell [140], sind anhand weiterer Dokumentenbeispiele aus [128] die Termfrequenzen für drei Terme angegeben. Um unterschiedliche Wortformen mit gleicher Bedeutung zusammenzuführen, wurden diese Begriffe auf ihre Stammform reduziert.

Tabelle 2: Gegenüberstellung der Termfrequenzen in Anlehnung an [140]

Token	windkraft	mechan	hydraul
Termfrequenz	0,026	0,013	0,019

Bisherige Anwendung

Text-Mining kommt bereits in Suchmaschinen zum Einsatz, um für vorgegebene Suchanfragen geeignete Dokumente abzurufen [126,141]. Außerdem dient Text-Mining der Extraktion und Aufbereitung von relevanten Informationen auf Internetseiten, wie z.B. auf Firmen- oder Institutsseiten [142–144] oder Wikipedia-Einträgen [145]. Zudem lassen sich die Verfahren für intrinsische Plagiatserkennung anwenden: Dieses Detektionsverfahren erkennt sogar Plagiate, wenn die potenziellen Literaturquellen nicht zur Verfügung stehen [146,147]. Hierfür wird der Schreibstil in einem Dokument untersucht und Abweichungen in diesem Stil detektiert [147]. Damit lassen sich Abschnitte in dem Text finden, die von anderen Autoren verfasst sein könnten [147]. Außerdem findet Text-Mining Anwendung in der Medizin- und Genominformatik [148,149].

Im Bereich der Produktentwicklung ist Text-Mining für Patentrecherchen und die Erstellung von Technologiefahrplänen im Einsatz [108,150]. In [151] beziehen sich die analysierten Dokumente auf Ausfallzeiten von Anlagen. Hier dienen die Instandhaltungsaufzeichnungen aus der Produktion dazu, Zuverlässigkeitsmodelle für die Anlagen aufzubauen [151]. Ferner dienen Fachtexte aus dem Bereich der Energietechnik, z.B. über Lithium-Ionen-Akkumulatoren oder Windturbinenkomponenten als Anwendungsfall für Text-Mining-Analysen in [128]. Diese Quelle wurde auch im vorangehenden Unterabschnitt zur Veranschaulichung des Text-Minings genutzt.

2.2.3 Manuelle Akquisition von Expertenwissen

Neben den Data- und Text-Mining-Ergebnissen müssen auch manuell eingegebene Wissensinhalte durch wissensbasierte Systeme verarbeitet werden, zum Beispiel indem durch das System Schlussfolgerungen bezüglich der eingegebenen Wissensinhalte gezogen werden [35,87,88]. Bei der am häufigsten eingesetzten, indirekte Wissensakquisition erfolgt zunächst ein Austausch zwischen dem Fachexperten und einem Wissensingenieur oder es erfolgen Literaturrecherchen durch den Wissensingenieur, der dieses Wissen anschließend auswertet und strukturiert [60]. Hierbei werden unterschiedliche Verfahren durch den Wissensingenieur eingesetzt, um das Wissen zu erheben und in das System einzugeben [11,60,152]: Da sich insbesondere Erfahrungswissen nur schwer erheben lässt, dienen strukturierte Experteninterviews, Fragebögen und Beobachtungstechniken, wie zum Beispiel lautes Denken [153], der Extraktion der Wissensinhalte [154]. Außerdem müssen diese Wissensinhalte vor der Eingabe der Wissensinhalte in das System bezüglich ihrer Konsistenz und Bedeutung überprüft werden [11]. Hierzu dienen zum Beispiel Ad-hoc-Reviewtechniken, Walkthrough und Inspektion [60,155].

In der direkten Wissensakquisition wird das Wissen hingegen durch den Experten selbst eingegeben und dieser entsprechend über eine Akquisitionskomponente bei der Eingabe unterstützt [60]. Bei der Eingabe muss der Experten zum Beispiel auch die hierzu resultierenden Fragen beantworten und die Eingaben ergänzen [60]. Außerdem müssen die eingegebenen Fakten und Lösungsstrategien durch das System in systeminternen Repräsentationsformen übersetzen werden und die Eingaben sind daher hinsichtlich der Funktionalität der Akquisitionskomponente beschränkt [11]. Die direkte Wissensakquisition ist allgemein besser für die Systemwartung als für die Erweiterung der Wissensbestände geeignet [11].

2.2.4 Grundlegende Wissensrepräsentationsformen

Das Wissen, das durch Text- oder Data-Mining aus Dokumenten erhoben oder in Experteninterviews von erfahrenen Simulationsingenieuren aufgezeichnet wurde, muss schließlich formalisiert werden, um es in einer Wissensbasis bereitzustellen [35,156]. Ziel der Wissensformalisierung ist es, das Wissen in einer strukturierten, maschinenlesbaren Repräsentationsform zu speichern, die von einem Assistenzsystem automatisch verarbeitet werden kann [35]. Grundlegend kommen die folgenden Repräsentationsformen in Wissensbasen zum Einsatz [11,60,72,74]:

Regelbasiert

Durch regelbasierte Repräsentationsformen wird das Wissen als Wenn-Dann-Beziehungen abgebildet, wie zum Beispiel als bedingte Anweisungen: Vorgegebene Prämissen müssen erfüllt sein, um Schlussfolgerungen ziehen zu können. Mit ihrer vertrauten Ausdrucksweise kommen sie häufig zur Wissensdarstellung zum Einsatz. Die Funktionsauswahl des Regressionsbaums in Bild 19 aus [95,P4,110] lässt sich zum Beispiel durch eine Wenn-Dann-Anweisung [111] erläutern:

Wenn ... L $\leq 1,3$mm und A $\leq 20°$, dann $f_1(x)$,

mit der Zahnlänge L und Zahnwinkel A. Allgemein können Entscheidungsbäume also in der Wissensbasis als Regeln beziehungsweise bedingte Anweisungen formalisiert werden.

Constraint-basiert

Im Gegensatz zu den Regeln lassen sich durch constraintbasierte Repräsentationsformen ungerichtete Beziehungen zwischen Variablen abbilden. Hierbei lassen sich Einschränkungen (Constraints) bei Wertzuweisungen berücksichtigen. In der Praxis werden mathematische Gleichungen, wie zum Beispiel Regressionsfunktionen constraintbasiert abgebildet. Auf diese Weise lässt sich beispielsweise die Funktion zur Berechnung der Flächenpressung $f_1(x)$ aus [95,P4,110] (Bild 19) nicht nur über die zuvor dargestellte Regel auswählen, sondern anschließend auch lösen, um die resultierenden plastischen Dehnungen auszugeben.

Objektorientiert

Durch diese Repräsentationsform werden Objekte, sogenannte Instanzen, in Klassen unterteilen. Sie kann als eine Form der objektorientierten Programmierung angesehen werden. Über Klassen werden die möglichen Eigenschaften und Funktionen für alle zugewiesenen Objekte definiert. Außerdem lassen sich Hierarchien abbilden und die definierten Eigenschaften und Funktionen einer Klasse können auf Unterklassen (Subklassen) vererbt werden. Für die Klasse *Blechbauteil* kann zum Beispiel die Eigenschaft *Zahnlänge* definiert werden, um die in [95,P4,110] untersuchten Bauteile mit spezifischen Verzahnungseigenschaften der Klasse zuzuweisen.

Semantische Netze

Semantischen Netzen bestehen aus Knoten und gerichteten Kanten, um Wissen in Netzstrukturen abzubilden. Durch die Knoten lassen sich zum Beispiel Objekte oder Ereignisse abbilden. Über die Kanten werden zudem die Beziehungen zwischen den Knoten abgebildet. Bei diesen Beziehungen kann es sich zum Beispiel um hierarchische Beziehungen handeln, zum Beispiel über die Relation "*ist ein*". Allerdings sind auch weitere Beziehungen abbildbar . So lassen sich zum Beispiel für die Blechbauteile B aus [95,P4,110] auch Relationen zu den resultierenden plastischen Gesamtdehnungen ($f_1(x)$) abbilden: B_1 (L = 1mm; A = 15°) → resultiert in → $f_1(x)$. Hierbei handelt es ich um ein sogenanntes RDF-Tripel (Resource Description Framework - Beschreibungsrahmen für Ressourcen) aus Subjekt, Prädikat und Objekt [54].

2.2.5 Ontologiebasierte Wissensrepräsentation

Ontologien vereinen und erweitern die Eigenschaften der objektorientierten Wissensrepräsentation und der semantischen Netze durch die Kombination von gerichteten RDF-Graphen mit RDFS-Klassenhierarchien und -eigenschaften (RDF Schema) [54]. Neben RDF und RDFS basieren Ontologien auch auf dem OWL-Format (Web Ontology Language), das zusätzliche Repräsentationsmöglichkeiten bietet, wie zum Beispiel die Definition von disjunkten oder äquivalenten Klassen [54]. GRUBER definiert Ontologien als die explizite Beschreibung einer gemeinsamen Konzeptualisierung (Begriffsbildung): Neben der Repräsentation in maschinenlesbarer Form liegt also der Nutzen einer Ontologie darin, dass durch diese ein einheitliches beziehungsweise eindeutiges Verständnis der repräsentierten Wissensdomäne sichergestellt wird [85,P7]. Dies wird durch die formale und einheitliche Definition von Begriffen und Axiomen erreicht [85,86,P7]. Außerdem wird über diese formale Sprache die Konsistenz der repräsentierten Wissensinhalte sichergestellt, auch wenn diese unvollständig sind [86,P7]. Zudem lassen sich durch Inferenzmechanismen neue Beziehungen in einer bestehenden Wissensbasis identifizieren [88], so dass in der Ontologie schließlich mehr Wissen enthalten ist als ursprünglich (explizit) angegeben. Die Überprüfung der Konsistenz und das Ziehen von Schlussfolgerungen (Inferenz [87]) erfolgt durch Reasoner [88,89].

Für die formale Repräsentation von Ontologien dienen OWL-Beschreibungslogiken [157]. Beschreibungslogiken sind in eine T-Box (Terminologie) und eine A-Box (Aussagen zur Abbildung von Faktenwissen - engl. Assertion) unterteilt [54,157]: Die T-Box gliedert allgemeine Begriffe in Klassenhierarchien. Bei den Klassenhierarchien handelt es sich um die eigentliche Ontologie [P7]. In der A-Box sind die zugehörigen Instanzen enthalten, die auch als Individuen bezeichnet werden. Des Weiteren werden in der A-Box die Objekte über Relationen (sogenannte Objekteigenschaften) in Beziehung gebracht. Eine Ontologie über eine Flanschverbindung dient hier als Beispiel [P7]: Die Ontologie enthält die Klasse "*Bauteil*" und deren Subklassen "*Schraube*", "*Mutter*" und "*Flansch*". Der Subklasse "*Schraube*" wird als Attribut (als sogenannte Dateneigenschaft) ihre Gewindegeometrie zugewiesen. Die Instanzen entsprechen den konkreten Objekten in Produktmodellen, wie beispielsweise die Schraubeninstanz, die im CAD-Modell durch ihre Teilekennung "*ISO4762-M20X65*" gekennzeichnet ist. Darüber hinaus wird die Instanz "*ISO4762-M20X65*" mit einer Instanz der Klasse "*Flanschverbindung*" (Instanz "*08.100.0.10*") über folgende Relation verbunden: *ISO4762-M20X65* → enthalten in → *08.100.0.10*.

Wird diese Ontologie mit Simulationsmodellen erweitert, lassen sich die FEA-Modelle den CAD-Komponenten (den Bauteilklassen, Subklassen und ihren Instanzen) zuordnen und es resultiert hieraus eine gemeinsame Plattform, die die unterschiedlichen Sichtweisen aus dem Bereich der Konstruktion und Simulation wiedergibt [P7]. Durch Ontologien lassen sich die semantischen

Zusammenhänge aus Texten verknüpfen, in Klassenhierarchien unterteilen und verarbeiten [128,137]. Hierbei lassen sich auch neue Zusammenhänge oder Klassenzuweisungen durch Inferenz ableiten [88,128,137]. Die Eignung der Ontologien für Textanalysen ist auch daran zu erkennen, dass die meisten Text-Mining-Ergebnisse aus Abschnitt 2.2.2 auch in Ontologien übertragen werden [P7]: Dies bezieht sich auf die von Webseiten extrahierten Informationen in [142–145] und auf die Anwendung von Text Mining in den Bereichen der Medizin- und Genominformatik [148,149] und Energietechnik [128], jedoch auf kein Simulationswissen.

Darüber hinaus spezialisieren sich Firmen wie die OntoChem GmbH auf die Entwicklung von Technologien des Text Minings, der semantische Datenextraktion und der ontologiebasierten Wissensrepräsentation, mit Schwerpunkten in der Bio- und Materialwissenschaften [158]. Ein Beispiel hierfür ist die aktuelle Kooperation mit dem deutschen Pharmaunternehmen Boehringer-Ingelheim, mit dem Ziel Wissen aus den firmeninternen Text- und Datenbankquellen zu wichtigen Informationen zu extrahieren und für den Ontologieaufbau zu nutzen [159]. In Pharmaunternehmen werden moderne Informationsextraktionsverfahren benötigt, um den Informationsüberfluss im Bereich der Biowissenschaft zu bewältigen [159]. Ferner lassen sich durch die Softwareumgebung von ReqMan (emAG) Lastenhefte unabhängig von der Datenstrukturierung und dem Dateiformat automatisiert analysieren und bewerten [160]. Eine weitere Softwareumgebung zur Unterstützung von Textanalysen und Ontologien im Unternehmen ist GraphDB [161]. Darüber hinaus steht durch das Fraunhofer IAIS (Institut für Intelligente Analyse- und Informationssysteme) das KI-System NLU (Natural Language Understanding) für Textanalysen zur Verfügung [162]. Unter Einsatz von Text-Mining-Verfahren, wie regulären Ausdrücken, semantischen und syntaktischen Analysen sowie den Einsatz von Ontologien, werden durch die KI Texte verstanden, klassifiziert und aufbereitet [162]. Als Anwendungsbeispiel werden unter anderem die Verarbeitung von E-Mails, Dokumenten im Vertrags- und Rechnungswesen, Literatur, Medizin- und Wartungsberichte genannt [162].

Staab beschreibt außerdem einen Ansatz für das Management von Dokumenten in der Produktentwicklung [163]. Durch die Anwendung von Ontologien und Metadaten ermöglicht es dieser Ansatz, die vielseitigen Dokumente zu strukturieren und inhaltsbezogen abzurufen. Metadaten beschreiben die Eigenschaften von anderen Daten, zum Beispiel von Dokumenten, um diese Daten effizient zu strukturieren, abzurufen und zu verarbeiten. In [164,165] kommen Ontologien darüber hinaus für die Modellierung und Analyse des Informationsflusses in Produktauslegungsprozessen zur Anwendung: Durch die Ontologien lassen sich die unterschiedlichen Produktrepräsentationen aus vielseitigen Dokumenten und Datenbeständen (wie zum Beispiel Anforderungslisten, CAD-Dateien oder Testberichten) in einem gemeinsamen Produktmodell zusammenzufassen und mit entsprechenden Prozessmodellen verknüpfen, das ebenfalls über Ontologien umgesetzt wird.

2.2.6 Feature-basierte Wissensverarbeitung

Nach VDI 2218 handelt es sich bei einem Feature "um die Aggregation von Geometrieelementen und/oder Semantik" [132]. Form-Features entsprechen eine Gruppierung von geometrischen Elementen, die wiederkehrende Geometrien abbilden sollen und als Einheit mit einer gemeinsamen Kennung erzeugt, gespeichert, geändert und gelöscht werden können [132]. Durch semantische Feature werden Form-Features um zusätzliche andere Eigenschaftsklassen erweitert und die Interpretation der hinterlegten semantischen Informationen kann von der jeweiligen Produktentstehungsphase abhängen [132,166].

Außerdem kommt die Feature-Technologie zur Unterstützung von Berechnungen zum Einsatz [132,167–169]: Zur Überwindung der fehlenden Assoziativität [170] und lückenhaften Kopplung von simulationsrelevanten Informationen zwischen CAD und FEA (siehe Unterabschnitt Geometrievereinfachung) lassen sich durch Features bereits konstruktionsbegleitend die erforderlichen Informationen für die Berechnung hinterlegen. Diese semantischen Informationen können zum Beispiel für das Weglassen irrelevanter und zu komplizierter Geometrien [35,171–173], der Unterstützung der Vernetzung [35,172,174] oder automatischen Generierung von Randbedingungen [175,176] genutzt werden. Außerdem werden auf Grundlage der Feature-Technologie unter anderem durch [35,177–179] gemeinsame Produktmodelle für CAD- und FEA-Systeme entwickelt. Zudem werden in [180] Konstruktionsingenieure bei der Modellierung und Analyse von Profilkonstruktionen mit entsprechenden Balkenstrukturen unterstützt. Ferner automatisieren Erweiterungen für eine alte Version von ANSYS (noch ohne die anschauliche graphische Oberfläche von ANSYS Workbench) und für ANSYS Workbench die FEA-Schraubenerstellung [181,182]. Hierbei kann auch unter anderem ausgewählt werden, ob die Schraubenmodellierung über Volumen- oder Balkenelemente erfolgen soll [181,182]. Durch [181,182] und eine ANSYS-Erweiterung von CADFEM [183] wird zudem auch der Nachweis mit VDI 2230 [9] unterstützt. Des Weiteren wird in [184] eine Erweiterung für ANSYS Workbench vorgestellt, durch die sich die Balken- und Volumenmodelle für Schrauben, Schweißpunkte und Nieten in wenigen Schritten erstellen lassen: Hierbei kann auch Schlupf in Schraubenverbindungen zur Absicherung der Verbindungen gegen Losdrehen abgebildet werden und die Verbindungen lassen sich in Volumen- und Schalenmodellen einfügen. Außerdem unterstützen die Softwarelösung

IDEA StatiCa die Modellierung von Schrauben- und Schweißverbindungen und Profilkonstruktionen, den Nachweis und die Konstruktion [185]. Während die Verbindungen in der Modellierung als Volumenkörper abgebildet werden, erfolgt die FEA-Berechnung vereinfacht über Schalenmodelle und nichtlineare Federn zur Abbildung der Schrauben sowie über analytische Berechnungen [185–187]. Über weitere Lösungen erfolgt zudem die Vereinfachung von Profilkonstruktionen über Stäbe- und Balkenelemente [188].

Neben der Repräsentation des Wissens ist ein weiterer wichtiger Nutzen der Features, die Unterstützung der Wissensverarbeitung [132]: Da in einem Feature der geometrische Aufbau für das System bekannt und über Parameter steuerbar ist, lassen sich gezielt intelligente Modifikationen vornehmen, um bestimmte Anforderungen (zum Beispiel aus der Konstruktion, Simulation oder Fertigung) zu erfüllen. Nach [11,132,189] sind Features daher eine Grundvoraussetzung für eine effiziente wissensbasierte Produktentwicklung.

2.3 Management der Konstruktions- und Simulationsdaten

Zur Unterstützung der Wissensverarbeitung in der Konstruktion und Berechnung, kommen auch PDM-Systemen (Product Data Management - Produktdatenmanagement) oder SPDM-Systemen (Simulation Process and Data Management - Simulationsprozess- und Simulationsdatenmanagement) zur Anwendung, um die hierfür erforderlichen Produktdaten bereitzustellen und aktuell zu halten [60,190,191].

2.3.1 PDM-Systeme

Das Ziel des Product Lifecycle Management (PLM) ist die integrierte Verwaltung von Produktdaten über den gesamten Produktlebenszyklus hinweg [192–194], um den aktuellen Bedarf der Industrie an schnelleren und kostengünstigeren Innovationszyklen zu unterstützen [192,193,195]. Gemäß diesem Konzept erfolgt durch PLM-Systeme das Management und die Integration der Produktdaten ausgehend von der Ideenfindung über die Konstruktion und Produktion bis zum Vertrieb, der Wartung und das Recycling [194]. Bei den PDM-Systemen handelt es sich um eine Kernkomponente der PLM-Systeme, die nur Teilbereiche des Produktlebenszyklus abdecken [11,194]. Die Schwerpunkte von PDM-Systemen liegen in der Produktentwicklung und Produktionssystementwicklung [11].

Durch die datenbankbasierten PDM-Systeme werden Produktdaten und Dokumente (wie zum Beispiel Fertigungszeichnungen, CAD-Modelle oder Berechnungsergebnisse) in Entwicklungsprozessen konsistent und strukturiert gespeichert, verwaltet und nachvollziehbar für die entsprechenden Unternehmensbereiche bereitgestellt [11,190,193]. Für den Einsatz von PDM werden Prozessmodelle (Workflows) definiert, in denen sich die Informationsflüsse zwischen allen beteiligten Mitarbeitern steuern und nachverfolgen lassen [193]. Hierzu werden den Mitarbeitern bestimmte Rollen zugewiesen. Über diese Rollen kann unter anderem festgelegt werden, an welchen Prozessschritten die Mitarbeiter beteiligt sind. Zudem werden die diversen Entwicklungsumgebungen, die in der Entwicklung benötigt werden, in das System integriert [11]. Damit kann zum Beispiel direkt im CAD-System der Zugriff auf die Modelle nach [193] wie folgt verwaltet werden. Wenn der Konstrukteur ein zentral abgelegtes Modell bearbeitet, wird dieses über das CAD-System ausgecheckt. Dadurch wird verhindert, dass andere Nutzer dieses Modell gleichzeitig bearbeiten. Sie erhalten währenddessen nur die Möglichkeit eine Kopie des Modells lokal abzuspeichern und zu bearbeiten. Auch bei weiteren Produktdaten und Dokumenten wird sichergestellt, dass die Nutzer immer zu den aktuellen Versionen Zugang haben und spezifiziert, welche Ordnerstrukturen den Benutzern zur Verfügung stehen [190]. Hierbei erhält nicht jeder Nutzer die gleichen Funktionen zur Verfügung gestellt, sondern in Abhängigkeit von seiner Benutzerrolle oder der Benutzergruppe, der er angehört [193].

2.3.2 SPDM-Systeme

Für das Management von Simulationsprozessen und -daten stehen spezielle SPDM-Lösungen, wie zum Beispiel EKM (Engineering Knowledge Manager) für ANSYS Workbench zu Verfügung [191]. In [196] sind der Einsatz von ANSYS EKM in der Filtersystementwicklung und die Ziele des SPDM-Einsatzes beschrieben: Um eine nahtlose Zusammenarbeit der Simulationsteams zu ermöglichen müssen große Datenbestände (zum Beispiel CAD-Modelle, FEA-Netze und Simulationsergebnisse) strukturiert verarbeitet und über einen Server an verschiedenen Standorten synchronisiert werden. Wie in PDM-Systemen werden hierzu Workflows angelegt, über die sich alle Simulationsbereiche steuern und weitere unterstützende Softwareanwendungen (zum Beispiel zur Optimierung) integrieren lassen. Außerdem erhält das Projektmanagement bei der Abwicklung der Simulationsprozesse immer den Überblick über die Ressourcenausnutzung und die Erfüllung der Qualitätsanforderungen. Hierzu wird jeder Schritt in Simulationsprozessen, wie beispielsweise Geometrievereinfachung, Vernetzung, Vorgabe der Randbedingungen, Durchführung der Simulationen und Post-Processing beziehungsweise Berichterstellung als Knoten abgebildet und für jeden Knoten entsprechende Aufgaben und Qualitätschecklisten definiert.

Der Zugriff auf die Dateien und Knoten lässt sich über Benutzerrollen einschränken. Außerdem ist über diese Rollen vorgegeben, welche Änderungen die jeweiligen Nutzer an den Prozessen und Dateisystemen vornehmen können: Ein Nutzer ohne erweiterte Zugriffsrechte stellt nur die Daten bereit, die in den Knoten abgefragt werden und führt die Aufgaben aus, die in den jeweiligen Prozessschritten gestellt werden. Anwender mit Administratorrechten für EKM können hingegen die Prozesse modifizieren, neue Prozesse hinzufügen oder die Eingangs- und Ausgangsdaten für Prozessschritt (Knoten) bestimmen. Nutzer mit Superuser-Rechten können außerdem neue Dateiklassen definieren.

2.4 Wissensbasierte Produktentwicklung

In den vorangehenden Abschnitten wurden die Grundlagen für wissensbasierte Systeme vorgestellt. Im Folgenden soll ein Einblick in diese Systeme und in deren Nutzung für die wissensbasierte Produktentwicklung gegeben werden [60,156]. In der wissensbasierten Produktentwicklung (KBE - Knowledge Based Engineering) dienen wissensverarbeitende Systeme zur Automatisierung von Standard- und Routinetätigkeiten, wie zum Beispiel bei der Auslegung von wiederkehrenden Bauteilen [60,156]. Nach einer kurzen Einführung von KBE wird der bisherige Einsatz von KBE-Systemen für Finite-Elemente-Simulationen vorgestellt.

2.4.1 Einführung

In der wissensbasierten Produktentwicklung kommen auch Wissensakquisitionsmethoden und -repräsentationsmethoden aus dem Bereich der KI zur Anwendung (siehe Abschnitt 2.2). Ziel ist es, das Know-How von Experten zu akquirieren oder das in Richtlinien und Normen enthaltene Wissen zu formalisieren und strukturiert für Konstruktions- und Berechnungsingenieure in einer Wissensbasis bereitzustellen [60]. Hierbei soll das Wissen auch in automatisierten Prozessen zur Anwendung kommen [60]. Für den Einsatz von KBE sind außerdem die Baugruppen und Bauteile zu standardisieren, um deren Wiederverwendbarkeit zu erhöhen. Zudem sollten auch die Prozesse und Datenstrukturen vereinheitlicht und in PDM-Systeme oder SPDM-Systemen zusammengeführt werden [60]. Vorausgesetzt die Wissensbasis wird konsequent gewartet und aktualisiert, lässt sich so auch die Qualität deutlich erhöhen, indem abgesicherte Baugruppen und -teile wiederverwendet werden und sichergestellt ist, dass das Expertenwissen und die Richtlinien genutzt werden [60].

2.4.2 Bisherige Anwendung

In bestehenden wissensbasierten Systemen wurden bereits Ontologien eingesetzt, um Wissen für Finite-Elemente-Analysen bereitzustellen. In [13,197] wird ein Assistenzsystem eingeführt, das entwicklungsbegleitende Simulationen fallabhängig unterstützt. Hierzu werden Lösungen aus vorangehenden ähnlichen Simulationen in Ontologien abgebildet und gezielt über eine entsprechende Benutzerschnittstelle abgerufen. Der Schwerpunkt liegt hierbei auf der Kontaktmechanik und als Fallbeispiele dienen technische Systeme, wie Stiftverbindungen und Verbindungsstangen für Pumpen [197]. Da der Fokus auf Kontaktmechanismen liegt, sind diese Ontologien auf das entsprechende Berechnungswissen begrenzt. In [13] wird auch erläutert, dass Ontologien die Grundlage für die Beschreibung von Fallbeispielen in der Simulation bilden. Demnach könnten Ontologien als Wissensbasis für Systeme verwendet werden, die eine automatisierte Fallformulierung aus textbasierten und grafischen Beschreibungen über Simulationsproblemstellung und -lösungen ermöglichen [13]. Ein Prozess zur automatischen Extraktion der Ontologien aus Simulationsmodellen oder -dokumenten wird jedoch nicht dargestellt. Zudem kommen in [12] verallgemeinerte Ontologien für die FEA einer Fahrtreppen-Antriebseinheit zum Einsatz. Für den automatischen Aufbau der Ontologien aus FEA-Modellen oder Textdokumenten werden jedoch auch hier keine Methoden aufgezeigt.

In [198] erfolgt die Automatisierung des Simulationsaufbaus auf Grundlage von Ontologien aus den Bereichen der Konstruktion und Simulation. In den Ontologien aus dem Bereich der Konstruktion werden der Aufbau der Bauteile und Auslegungsaufgaben definiert. Diese Ontologien werden automatisch aus CAD-Modellen erstellt, die zuvor mit semantischen Annotationen gekennzeichnet wurden. Der Nutzer kennzeichnet hierzu z. B. relevante Bauteilbereich und Lasten in Windturbinen. Über Ontologien aus dem Bereich der FEA werden anschließend Methoden bereitgestellt, um die gestellten Auslegungsaufgaben zu lösen. Das Wissen in diesen Ontologien wird nicht automatisch aus Simulationsmodellen extrahiert. Außerdem bezieht sich dieses Wissen auf Bauteilsimulationen und auf die gezielte Bereitstellung von FEA-Simulationsskripten in automatisierten Simulationen. Modellierungsschritte auf Baugruppenebene (wie z.B. für Kontakte) werden nicht unterstützt und der Fokus liegt nicht auf der manuellen Erstellung von Simulationen.

Darüber hinaus bilden Vorarbeiten in [P5,P7,P8] eine wichtige Grundlage für das aktuelle Assistenzsystem. In diesen Arbeiten werden innovative Methoden aus dem Bereich des Intentional Forgetting (IF) entwickelt. IF stellt Mechanismen und Operatoren für Vergessensmechanismen in Daten- und

Wissensbasen bereit [P8]. Durch IF wird also sichergestellt, dass ausschließlich relevantes Wissen für Konstruktionsingenieure in bestimmten Produktentwicklungsschritten abgefragt wird [P8]. Ziel ist es, durch die Wiederverwendung und Adaption von Produktmodellen Zeit und Kosten einzusparen [P8]. Hierzu werden die Produktmodelle und das zugehörige Know-How aus vorangehenden Entwicklungen in Ontologien zusammengetragen [P8]. In [P7] ist die automatisierte Übertragung von CAD-Daten in eine Ontologiestruktur dargelegt. Die Aufbereitung der CAD-Daten erfolgt über Operationen aus dem Bereich der Informationsextraktion (siehe Abschnitt 2.2.2) und als Datenquelle dienen Referenz- und Stücklisten [P8]. Der Schwerpunkt dieser Veröffentlichungen liegt auf Konstruktions- und Anforderungsmodellen. In [P5] dienen erste FEA-Ontologien schließlich der Erweiterung des Anwendungsfelds. Der Aufbau der Ontologien erfolgt jedoch auf Grundlage von Experteninterviews und nicht automatisch. Außerdem werden nur Ausschnitte aus übergeordneten Ontologiestrukturen für FEA-Wissen vorgestellt. Für spezifisches Berechnungswissen, wie z.B. erforderliche Vereinfachungen, Rand- oder Kontaktbedingungen (siehe Abschnitt 2.1.2) erfolgt in [P5] noch keine Verfeinerung und Anwendung der Ontologien.

Weitere Assistenzsysteme unterstützen den FEA-Aufbau und die Auswertung. Diese Assistenzsysteme nutzen keine Ontologien zur Wissensrepräsentation und akquirieren das erforderliche Wissen nicht automatisch aus Textdokumenten. Zu diesen zählen unter anderem [172,179,199,200]. Einen Sonderfall stellen die FEA-Assistenzsysteme von WOYAND [201] und BINDE [202–204] dar: Auch hier werden die Wissensbasen nicht automatisch aus Textdokumenten aufgebaut. Aber in den Beiträgen von BINDE wird die Wissensbasis automatisiert anhand der Simulationsmodelle erweitert, die auch Balkenelemente für Schrauben enthalten. Die Wissensbasis besteht aus einfachen Graphenstrukturen anstelle von Ontologien und besitzt daher nicht die Funktionalität von Ontologien, wie beispielsweise deren Beschreibungslogik und Inferenzmechanismen. Die übergeordneten Strukturen stellen dennoch eine wichtige Grundlage für die Ontologie der aktuellen Dissertation dar. WOYAND setzt Topic Maps in seiner Wissensbasis ein. Bei den Topic Maps handelt es sich um Graphenstrukturen [205], die auch Relationen und Klassen-Objekt-Beziehungen abbilden. Jedoch auch in diesen Modellen finden sich nicht die Inferenzmechanismen und Beschreibungslogik von Ontologien nach dem OWL-Standard wieder. Ein weiteres FEA-Assistenzsysteme, in dem die Wissensverarbeitung über vergleichbare Graphenstrukturen erfolgt, ist in [206] beschrieben.

In [95,P4] wird ein Assistenzsystem für die Konstruktion von blechmassiv umgeformten Bauteilen vorgestellt. Neben der fertigungsgerechten Konstruktion der Bauteile unterstützt dieses Assistenzsystem auch die Bewertung ihrer

Herstellbarkeit [95,P4]. Die Blechmassivumformung vereint die Vorteile der ursprünglich eigenständigen Blechumformung und Massivumformung, um die jeweiligen Einschränkungen dieser beiden Fertigungstechnologien zu überwinden [95,207]. In [P4] dient z.B. die Herstellung eines Synchronrings durch die Kombination von Tiefziehen und Strangpressen als ein Beispiel. In dem Assistenzsystem dienen experimentelle Untersuchungen und FEA-Fertigungssimulationen als Datenquellen für Data-Mining-Analysen und dem Aufbau der Wissensbasis [P4], wie bereits in Abschnitt 2.2.1 dargelegt. Der Schwerpunkt liegt also auf konstruktionsrelevantem Fertigungswissen und nicht auf Berechnungswissen für Produktsimulationen. Auf Grundlage des Konstruktionssystems mfk am Lehrstuhl für Konstruktionstechnik der Friedrich-Alexander-Universität Erlangen-Nürnberg unterstützt das Assistenzsystem sowohl die Synthese (Festlegung der Bauteilmerkmale) als auch die Analyse (Ermittlung der Bauteileigenschaften und der Herstellbarkeit) der blechmassiv umgeformten Bauteile [35,94,95].

Ein weiteres Assistenzsystem für FEA ist in [P9,208] beschrieben und wurde im vorangehenden Abschnitt 2.3.2 auch bereits eingeführt. Wie bereits genannt, werden durch dieses Assistenzsystem fertigungsbedingte Abweichungen in der Simulation berücksichtigt, zum Beispiel die Faltenbildung durch Tiefziehen [209] und die Rückfederung der Biegeteile [210]. In Bild 32 ist links der Vergleich der Idealgeometrie mit den Scandaten (Farbskala entspricht den Abweichungen) dargestellt. Die resultierenden unterschiedlichen Hauptspannungen für die Bauteilgeometrie ohne und mit Faltenwurf sind unten abgebildet. Für die Integration der Abweichungen werden die Finite-Elemente-Netze über 3D-Realbauteilscans und speziell entwickelten Algorithmen an die reale Geometrie mit Fertigungsabweichungen angenähert. Aus den Scans wird ein Polygonmodell aufgebaut und schließlich in Flächen umgewandelt. Hierzu müssen die Abweichungen an jedem Oberflächenknoten mit den gescannten Geometriedaten verglichen werden. Die Knotenabweichungen werden als Verschiebungen in einem Berechnungsschritt aufgebracht und das verformte Netz für nachfolgende Festigkeitsanalysen genutzt. Bild 32 (rechts oben) verdeutlicht, warum die Abweichungen als Netzverformungen vorzugeben sind: Bei einer direkten Netzanpassung können nur entsprechende Elemente weggelassen werden, um die Abweichungen abzubilden. Über entsprechenden Vorlastschritte und die daraus resultierenden Verformungen werden die Abweichungen hingegen wesentlich genauer abgebildet. Falls ausreichend Parameter im Modell vorliegen, lässt sich jedoch auch die Parametrik nutzen, um die reale Geometrie in die Simulation zu integrieren. Außerdem können Bauteilausschnitte, für die Abweichungen vorliegen, durch die Realgeometrie ersetzt werden. Wenn möglich werden mehrere Bauteile digitalisiert, um die Streuung der Fertigungsabweichungen zu berücksichtigen. Falls noch keine realen Bauteile vorliegen, müssen hingegen Fertigungssimulationen genutzt werden. Wie im vorangehenden Abschnitt beschrieben, wird der Produktentwickler bei der Entscheidung, welche auftretenden Abweichungen als kritisch zu sehen sind, durch eine Wissensbasis unterstützt.

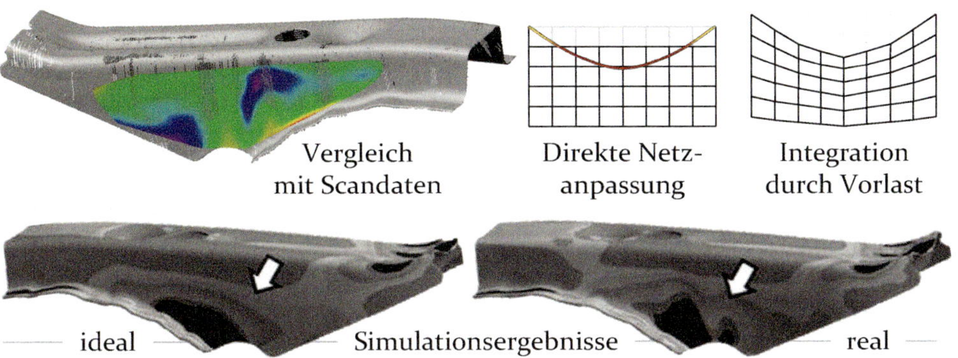

Bild 32: Integration von Fertigungsabweichungen in die Finite-Elemente-Simulation

Wie bereits in den Abschnitten 2.2.1 und 2.3.2 dargestellt, unterstützt das in [27,P6] beschriebene Assistenzsystem die Plausibilitätsprüfung und Auswertung der Simulationsergebnisse: Hierzu werden die Ergebnisse und Simulationseinstellungen aus vorangehenden Simulationen über Data-Mining-Prozesse analysiert. Die Ergebnisse nachfolgender Simulationen werden anschließend auf Plausibilität überprüft, indem die neuen Ergebnisse mit den durch Data-Mining vorhergesagten Werten verglichen werden. Alternativ werden analytische Gleichungen für die Plausibilitätsprüfung genutzt. Außerdem dienen neuronale Netze und sphärische Detektorflächen für eine Identifikation der Bauteile, wenn die entsprechenden semantischen Informationen im Modell nicht vorliegen, also die Übertragung der Informationen von CAD zu FEA verloren ging und auch keine Features für die Modellierung genutzt wurden (Abschnitt 2.2.6) [P3,211]. Ein weiterer Einsatz der neuronalen Netze und sphärischen Detektorflächen ist in [212] beschrieben: hier werden die Simulationsergebnisse gemeinsam mit Randbedingungen auf die Detektorflächen projiziert. Damit lassen sich die Ergebnisse aus validierten und neuen Simulationen, in Abhängigkeit von den örtlich aufgelösten Randbedingungen vergleichen und für Plausibilitätsprüfungen zu nutzen.

Darüber hinaus werden in [35] wichtige Grundlagen für die Entwicklung von Assistenzsystemen erarbeitet. Hier wird durch WARTZACK das Konzept für ein Assistenzsystem im Bereich des Predictive Engineering eingeführt. Im Predictive Engineering (Vorausschauende Entwicklung) wird die Strategie verfolgt, möglichst früh in der Konstruktion die Eigenschaften eines Produktes virtuell abzusichern, noch bevor erste reale Prototypen verfügbar sind [35, 213]. Der Grund hierfür ist, dass hier bereits ein großer Teil der Produktkosten festgelegt wird [35,214]. Außerdem haben die hier gefällten konstruktiven Entscheidungen auch großen Einfluss auf nachfolgende Bereiche, wie die Fertigung, Montage, den Gebrauch und das Recycling des Produktes. Werden diese Einflüsse in der Konstruktion nicht berücksichtigt, führt dies zu einer verspäteten und teuren Fertigung und zu Produkten, die nicht ausreichend an die Kundenanforderungen angepasst sind [35]. Das in [35] beschriebene Assistenzsystem unterstützt daher diese konstruktiven Entscheidungen und assistiert den Konstrukteur bei der Analyse von alternativen Produktkonzepten. Hierbei werden die Kundenanforderungen, äußeren Einflüsse (zum Beispiel Gesetze) und vielseitige Kriterien aus nachfolgenden betrieblichen Bereichen berücksichtigt [35]. Zu den letztgenannten Kriterien gehören unter anderem Kosten-, Recycling-, Beanspruchungs-, Montage- und Fertigungsgerechtigkeit in Abhängigkeit von der Baustruktur. Im Folgenden werden insbesondere die Komponenten zur Untersuchung der Beanspruchungsgerechtigkeit und Unterstützung von FEA-Analysen nach [35] näher vorgestellt.

Die Synthese der Berechnungsgeometrie und die Zusammenstellung der Baugruppen erfolgt auch hier im CAD-System, unter Einsatz einer Feature-Bibliothek. Zu den unterstützten Verbindungen zählen unter anderem Schrauben-, Schweiß- und Nietverbindungen sowie Gestaltelemente, wie Bohrungen und Gussaugen. Zudem stehen auch Funktionen zur Ergänzung von semantischen Informationen im CAD-System zur Verfügung. Zu diesen Informationen gehören unter anderem Verbindungsinformationen, Werkstoffeigenschaften und Randbedingungen. Sie dienen als Grundlage für die multikriteriellen Analysen, wie zum Beispiel für die mechanische Analysen und die Bewertung der Fertigungs- und Montagegerechtigkeit der Bauteile.

Für mechanische Analysen werden die CAD- und FEA-Systeme über ein gemeinsames Produktmodell gekoppelt und die hierzu erforderlichen Produktdaten in einer objektorientierten Datenbank verwaltet. Auf die Produktdaten kann auch unabhängig vom CAD-System über das Intranet zugegriffen werden. Für diese Produktmodelle stehen auch konzeptionelle Entwürfe in Form von Klassenhierarchien, Relationen und Funktionen html-basiert (Hypertext Markup Language) im Webbrowser zur Verfügung. Für die Erstellung der konzeptionellen Entwürfe dient das Modellentwurfswerkzeug CoOM (Cooperative Object Modelling). Durch diesen Modellierer lassen sich auch automatisiert die erforderlichen Klassen zur Implementierung des Produktmodells in eine andere Programmiersprache wie C++ exportieren. Zudem kann die Korrektheit und Vollständigkeit der Modelle überprüft werden. Hierzu werden Szenariotechniken angewandt, bei denen ein reales Beispiel in CoOM nachgestellt und mit den Produktmodell verglichen wird.

Die konzeptionellen Entwürfe sind auch eine wichtige Grundlage für die aktuelle Dissertation, da in [35] Klassenhierarchien für die Definition von Baugruppen, Verbindungen und Randbedingungen angegeben sind. Ähnlich wie in Ontologien werden hier auch Relationen zwischen den Randbedingungen und allgemeinen Einstellmöglichkeiten aufgezeigt, wie zum Beispiel: *"Randbedingung"* → *"definiert auf"* → *"Geometrieelement"*. Für die Ziele der aktuellen Dissertation können diese Klassenhierarchien und Relationen erweitert und in Ontologien überführt werden.

Die Problemlösung erfolgt in dem in [35] beschriebenen Assistenzsystem regelbasiert und nicht über fallbasierte oder ontolgiebasierte Ansätze. Hierbei werden unter anderem Regeln für die Analyse der Fertigungs- oder Montagegerechtigkeit verarbeitet. Des Weiteren wird für mechanische Analysen das Entfernen von irrelevanten Geometriedetails unterstützt, um die Vernetzung der FEA-Modelle zu vereinfachen. Bereiche, die einen kritischen Schwellwert unterschreiten, werden im CAD-Modell hervorgehoben und nach Rückmeldung vom Nutzer gegebenenfalls entfernt. Darüber hinaus wird zum Beispiel die Netzadaption oder automatisierte Erstellung von FEA-Schweißpunktmodellen auf Grundlage der Koordinaten aus dem CAD-System unterstützt [215,216]. Zudem werden separate FEA-Netze von einzelnen Bauteilen in einem gemeinsamen Baugruppenmodell zusammengeführt und an den Schweißpunkt verknüpft.

Im Anschluss an die multikriteriellen Analysen werden die Analyseergebnisse über ein Hypermedia-Informationssystem im Webbrowser bereitgestellt. Hier sind die Form, die Art und der Ablageort der Ergebnisprotokolle html-basiert aufgeführt. Des Weiteren ist in diesem Informationssystem nicht-formales Wissen strukturiert zusammengestellt und über Links verknüpft. Hierbei handelt es sich zum Beispiel um zusätzliches Gestaltungswissen, einschließlich zusätzlicher Medien wie Audiodateien oder Videos.

3 Identifikation des Forschungsbedarfs

3.1 Fazit zum Stand der Forschung und Handlungsbedarf

Aus dem Stand der Forschung geht hervor, dass bereits in vielen Bereichen Finite-Elemente-Simulationen durch featurebasierte Ansätze automatisiert werden. Nach [11,132,189] sind Features auch eine Grundvoraussetzung für eine effiziente wissensbasierte Produktentwicklung. Wie in [13] dargelegt, stellen jedoch insbesondere diejenigen wissensintensiven Simulationsschritte eine Herausforderung dar, die sich nicht vollständig in Algorithmen abbilden lassen und daher nicht durch Simulationssoftware unterstützt werden. Im Stand der Forschung ist ersichtlich, dass bereits erste Ansätze zur Unterstützung dieser wissensintensiven Prozesse in der Simulation zur Verfügung stehen. Diese Ansätze beziehen sich jedoch bisher nur auf die automatische Erstellung von Ontologien aus CAD-Modellen und Textdokumenten, wenn sich diese Datenbestände nicht auf Simulationslösungen beziehen. Darüber hinaus stehen für erste Bereiche in der Simulation manuell erstellte Ontologiestrukturen zur Verfügung. Jedoch fehlt weiterhin eine ganzheitliche Ontologiestruktur, die den Einsatz von Simulationen in der Konstruktion durchgängig unterstützt. Außerdem stehen noch keine geeigneten Verfahren zur Verfügung, um das für die FEA-Erstellung erforderliche Wissen automatisch aus textbasierten Simulationsdokumenten zu extrahieren und in Ontologien zu überführen.

Da jedoch gerade Veröffentlichungen und Richtlinien über neue oder genauere Simulationsmethoden wichtiges Know-How für die FEA enthalten und eine manuelle Erstellung der Ontologien bei den gegebenen Dokumentenmengen sehr zeitintensiv und fehleranfällig ist, ist die Einführung von entsprechenden Text-Mining-Verfahren ein essenzieller Schritt für den Aufbau einer umfassenden Wissensbasis. Richtlinien, Konferenz- und Zeitschriftenbeiträge sind jedoch häufig sehr unspezifisch bezüglich der tatsächlich vorzunehmenden Simulationseinstellungen in einem bestimmten FEA-System. Dies kann auch Absicht sein, um eine möglichst allgemeingültige Anleitung für den Leser zu geben oder um die Übertragbarkeit der eingeführten Simulationsmethoden herauszustellen. Daher müssen auch die Datenbestände aus Simulation- und CAD-Modellen in der Ontologie zusammengeführt werden, um den Nutzer auch bei der Umsetzung der Simulationen im FEA-System zu unterstützen.

Die Umsetzung von speziellen Simulationseinstellungen kann sehr komplex sein, sobald keine konservativen Annahmen getroffen werden und eine möglichst hohe Auslastung der Bauteilstruktur gefordert ist. Ein Beispiel hierfür ist die Ausnutzung plastischer Tragreserven in Abschnitt 2.1.4. Auch für die

Verringerung der Berechnungszeit sind häufig sehr komplexe Aufbereitungsschritte und Simulationseinstellungen erforderlich, wie zum Beispiel für den Einsatz von Ersatzmodellen. Oft werden hierzu auch Programmierkenntnisse vorausgesetzt, wenn über Simulationsskripte die benötigten Funktionen im FEA-System hinzugefügt werden oder die Modellierungsschritte händisch zu aufwendig wären.

3.2 Wissenschaftliche Fragestellungen

Ziel dieser Arbeit ist es daher, das Konzept für ein Assistenzsystem zu entwickeln, das für Finite-Elemente-Analysen das erforderliche Wissen aus Berechnungsdokumenten und -modellen erhebt und zielgerichtet in einer Ontologie-Wissensbasis für konstruktionsbegleitende Simulationen bereitstellt. Das bereitzustellende Wissen bezieht sich auf den anforderungsgerechten Aufbau von effizienten Simulationen und die hierzu erforderlichen systemspezifischen Simulationseinstellungen. Bei den Dokumenten handelt es sich um textbasierte Dokumente, wie Richtlinien, Konferenzbeiträge- und Zeitschriftenartikel und der Fokus liegt auf dem Aufbau statischer strukturmechanischer FEA. Aus diesen Zielen und dem Stand der Forschung leiten sich die folgende Forschungsfragen ab:

Wie kann das Assistenzsystem dazu befähigt werden, unstrukturierte Texte aus dem Bereich der Simulation zu verstehen und zu verarbeiten?

Die Art und Weise, wie die Inhalte in den Dokumenten beschrieben und gegliedert sind, variiert stark und hängt von der Themenstellung in den Dokumenten und den Autoren ab. Es müssen daher Wege gefunden werden, auch aus diesen unstrukturierten Beschreibungen die relevanten Informationen zu extrahieren und einheitlich in der Wissensbasis bereitzustellen.

Wie muss die Wissensbasis strukturiert sein, um alle relevanten Wissensinhalte für den Aufbau von Finite-Elemente-Simulationen zusammenzutragen?

Um eine weitreichende Unterstützung des Simulationsanwenders sicherzustellen, werden sehr unterschiedliche Wissensbereiche, mit unterschiedlichen Detailgraden in der Ontologie abgebildet. Für diese Bereiche müssen ganzheitliche Klassenstrukturen und Bezeichnungssysteme gefunden werden, durch die sich alle erforderlichen Simulationsregeln und -methoden widerspruchsfrei und konsistent abbilden lassen.

Wie lässt sich das Berechnungswissen für den Aufbau von Simulationen aus umfangreichen Wissensbeständen gezielt abrufen und anwenden?

Die Regeln und Methoden für den Aufbau und die Auswertung von Simulationen hängen häufig stark von den jeweils betrachteten Bauteilen, Verbindungen, Berechnungszielen und Lastfällen ab. Je mehr Anwendungsfälle durch die Wissensbasis also abgedeckt werden, desto komplexer wird die Suche nach den geeigneten Lösungen. Neben der Vorstrukturierung und dem gezielten Abruf der Wissensinhalte stellt auch deren Anbindung an die automatisierten Simulationsprozesse eine Herausforderung dar.

4 Architektur des Assistenzsystems und Systemanforderungen

4.1 Gesamtaufbau

Zunächst wird eine Übersicht über den Aufbau des entwickelten FEA-Assistenzsystems und die zugrundeliegenden Vorarbeiten gegeben. Der Aufbau des Assistenzsystems ist in Bild 33 dargestellt. Gemäß [35,74,156,217] enthält es eine Wissensakquisitionskomponente und eine Wissensbasis für die Erhebung, Formalisierung und Bereitstellung des Simulationswissens sowie eine Problemlösungs-, Erklärungs- und Dialogkomponente.

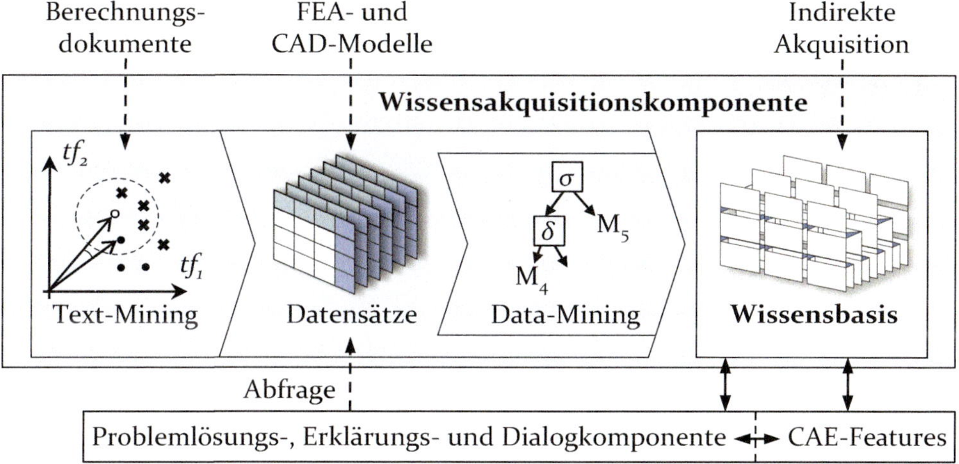

Bild 33: Aufbau des Assistenzsystems in Anlehnung an [P1,35,74,P3]

Durch die Wissensakquisitionskomponente wird allgemein die Übertragung des Expertenwissens in die Wissensbasis unterstützt [11,60,74]. Hierzu kommen im FEA-Assistenzsystem Text-Mining-Prozesse zur Anwendung. Durch diese Prozesse lassen sich die Inhalte aus Berechnungsdokumenten strukturieren und in einer maschinenlesbaren Form in die Ontologie-Wissensbasis überführen (ausgehend von den Berechnungsberichten in Bild 33: *Text-Mining → Datensätze → Wissensbasis*). Anhand der Ontologie werden die aus den Dokumenten extrahierten Informationen in Zusammenhang gebracht und vereinheitlicht. Wie in Bild 33 gezeigt, lassen sich außerdem die Datenbestände aus Berechnungsmodellen (FEA- und CAD-Daten) in geeigneter Form in die Wissensbasis übertragen. Anschließend kann das aus den Berechnungsdokumenten und -modellen akquirierte Berechnungswissen für gegebene

Berechnungsaufgaben, zielgerichtet abgerufen werden. Wie in Bild 33 dargestellt, resultieren aus diesen Abfragen auch Datensätze, die gegebenenfalls für nachfolgende Data-Mining-Analysen eingesetzt werden können. Damit ist es möglich, durch Data-Mining neue übergeordnete Zusammenhänge zu identifizieren und zum Beispiel in Form von Regeln in der Wissensbasis zu speichern. Ferner muss auch eine manuelle Aktualisierung und Wartung der Wissensbasis über eine entsprechende Benutzerschnittstelle durch einen geschulten Anwender möglich sein (indirekte Wissensakquisition in Bild 33). Außerdem kommen für wiederkehrenden Modelle CAE-Features (Computer-Aided-Engineering) zum Einsatz. Durch diese Feature-Bibliothek werden die FEA- und CAD-Systeme gekoppelt und automatisiert geeignete Simulationsmodelle für eine Berechnungsaufgabe erstellt. Hierbei stellt der Simulationsanwender in wenigen Schritten die CAD-Modelle zusammen und bestimmt bereits im CAD-System das gewünschte Berechnungsergebnis und die Randbedingungen.

Ein erstes Konzept für das FEA-Assistenzsystem ist in [P1] beschrieben. Neben den in Kapitel 2 dargelegten Grundlagen baut das Assistenzsystem außerdem auf den Vorarbeiten in [P3,P10–P12] und den studentischen Arbeiten [S5–S7] auf. Diese Arbeiten befassen sich bereits mit der wissensbasierten Unterstützung und der Automatisierung von Finite-Elemente-Analysen unter Einsatz von Text- und Data-Mining. Zudem sind weitere Vorarbeiten in [P13–P15] beschrieben mit dem Fokus auf der Wissensbasis des Assistenzsystems. Darüber hinaus befassen sich die Beiträge in [P16] und in den studentischen Arbeiten [S1–S4] intensiver mit den Data- und Text-Mining-Prozessen. In den genannten Beiträgen war der Promovend wesentlich an der Entwicklung und Umsetzung der Komponenten im Bereich des FEA-Preprocessing beteiligt. Neben den wichtigen Beiträgen der Coautoren und studentischen Arbeiten unterstützte B&W-Software die Konzeption und Umsetzung der CAD-Lösungen. Im Rahmen der bisher genannten Veröffentlichungen kamen jedoch noch keine Ontologien für die Umsetzung des FEA-Assistenzsystems zur Anwendung. Außerdem sind hier bisher nur einfachere Informationsextraktionsprozesse und erste exemplarische Anwendungen des k-NN-Textklassifikators dargelegt. Dieser Zwischenstand des FEA-Assistenzsystems wurde auch in Berichten zum Forschungsprojekts FORPRO[2] [P17–P20] und im Lehrbuch CAx für Ingenieure [11] dokumentiert.

Im Zuge des Schwerpunktprogramms 1921 werden schließlich erste Ontologien in [P5,P7,P8,S8] automatisiert aus CAD-Daten aufgebaut. Wie in Kapitel 2 dargelegt, liegt der Fokus dieser Ontologien jedoch noch auf Konstruktions- und Anforderungsmodellen und sie kommen nicht für Finite-Elemente-Simulationen beziehungsweise das FEA-Assistenzsystem zur Anwendung. Hier war der Promovend maßgeblich an der Entwicklung des Gesamtkonzepts und der Implementierung der Wissensakquisitionsprozesse beteiligt. Zudem unterstützte der Promovend die Entwicklung des Konzepts in [P5]. Hier wurden erste Ontologiestrukturen für Wissen aus dem Bereich FEA vorgestellt. Die hier aufgezeigten übergeordneten FEA-Ontologiestrukturen werden jedoch noch manuell durch Experteninterviews aufgebaut und kommen noch nicht im FEA-Assistenzsystem zum Einsatz. Außerdem sind sie noch nicht vollständig und enthalten kein spezifisches Berechnungswissen oder erweiterte Strukturen für konkrete Anwendungsfälle. Erst in [P2] werden detaillierten Ontologien im FEA-Assistenzsystem eingesetzt. Auch hier war der Promovend maßgeblich an der Entwicklung und Implementierung der Wissensakquisitionsmethoden und Ontologien beteiligt. In [P2] sind jedoch noch keine Ansätze für eine gezielte Anwendung von Inferenzmechanismen dargestellt und die Wissensbasis ist noch an keine automatisierten Simulationsprozesse angebunden.

Die genannten Vorarbeiten werden in der Dissertation aufgegriffen und um die folgenden Methoden erweitert. Anhand von Inferenzmechanismen lassen sich nun durch das Assistenzsystem neue, weitreichende Zusammenhänge in den Ontologien ableiten und eine einheitliche Wissensbasis sicherstellen. Hierbei werden die in [P2,88,P21] beschriebenen Inferenzmechanismen für die spezifischen Anforderungen des FEA-Assistenzsystems adaptiert. Außerdem müssen die Ontologiestrukturen und die Wissensakquisitionsprozesse des Assistenzsystems für deren Einsatz erweitert werden. Des Weiteren werden im Zuge der Dissertation umfassende Studien über die automatisierte Klassifikation von Berechnungsdokumenten durchgeführt und die Wissensakquisitionskomponente entsprechend erweitert. Darüber hinaus wird eine Schnittstelle entwickelt, über die sich die automatisierten Prozesse für den Simulationsaufbau an die Ontologie-Wissensbasis anbinden lassen. Im Folgenden werden die Komponenten des Assistenzsystems näher vorgestellt und aufgezeigt, wie durch diese Komponenten die Anforderungen an das Assistenzsystem erfüllt werden.

4.2 Wissensakquisitionskomponente

Über die Wissensakquisitionskomponente wird die automatisierte und manuelle Übertragung des Simulationswissens in die Wissensbasis unterstützt. Hierbei soll das Wissen sowohl aus den Berechnungsdaten in Simulations- und CAD-Modellen als auch aus den unstrukturierten Texten in Richtlinien, Zeitschriftenartikeln und Konferenzbeiträgen erhoben werden. Durch eine weitere Schnittstelle sollen sich die Wissensbestände durch einen Anwender manuell ergänzen und erweitern lassen. Dieser Anwender muss mit dem System vertraut sein und führt Literaturrecherchen durch oder befindet sich im Austausch mit Berechnungsexperten. Er übernimmt damit die Funktion eines Wissensingenieurs, wie in Abschnitt 2.2.3 beschrieben [11,60].

Für die Umsetzung dieser Akquisitionsprozesse dienen die in Abschnitt 2.2.2 erläuterten Text-Mining-Verfahren. Durch die Adaption und Erweiterung dieser Methoden lassen aus den unstrukturierten Berechnungsdokumenten die relevanten Inhalte extrahieren und strukturieren. Für die Vorauswahl der Dokumente dienen Textklassifikationsprozesse. Hierbei kommen vielseitige Klassifikationsverfahren wie Support-Vector-Machines, künstliche neuronale Netz oder Naive Bayes zum Einsatz. Für die Auswahl des bestgeeigneten Klassifikationsverfahrens dienen die Ergebnisgüten im Training, in Anlehnung an [95]. Außerdem kommen für die Extraktion und Strukturierung der relevanten Informationen syntaktische Analysen, reguläre Ausdrücke und spezielle Verarbeitungsregeln zum Einsatz. Zudem werden Skripte auf Basis der Mapping-Sprache M^2 (Mapping Master [218]) erstellt, um die durch Text-Mining extrahierten Informationen und die Datenbestände aus FEA- und CAD-Modellen in die Ontologie-Wissensbasis zu übertragen. Darüber hinaus lassen sich anhand von KDD-Prozessen übergeordnete Regeln in den nun strukturierten und vereinheitlichten Datenbeständen aus Berichten und Modellen identifizieren (siehe auch Unterabschnitt 2.2.1). Die KDD-Prozesse werden in der Analyseumgebungen von RapidMiner implementiert.

4.3 Wissensbasis

In der Wissensbasis des FEA-Assistenzsystems kommen Ontologien zum Einsatz. Wie in den nachfolgenden Abschnitten gezeigt, eignet sich diese Wissensrepräsentationsform besonders für die Abbildung und Verarbeitung der natürlichsprachlichen Zusammenhänge aus den Berechnungsdokumenten und den umfangreichen Berechnungsdaten aus FEA- und CAD-Modellen. In einer vorangehenden Version des FEA-Assistenzsystems kam jedoch zunächst ein anderes System für die Umsetzung der Wissensbasis zum Einsatz. Für einen Vergleich der Systeme soll daher zunächst ein kurzer Einblick in den alten Stand der Wissensbasis gegeben werden.

Im Rahmen des Forschungsprojekts FORPRO^2 (Effizienzsteigerung in der virtuellen Produkt- und Prozessentwicklung) wurde eine Studie über den Einsatz des SPDM-Systems ANSYS EKM für die wissensbasierte FEA-Unterstützung durchgeführt und in [P13,P14,P19,P20] zusammengefasst: Neben dem FEA-Assistenzsystem wurde in dem Projekt ein weiteres Assistenzsystem entwickelt, durch das sich Fertigungsabweichungen in Finite-Elemente-Simulationen integrieren lassen. Falls die Fertigungsabweichungen also ungünstig im Bauteil liegen, lassen sich über dieses System die Einflüsse auf die Bauteilfestigkeit in der Simulation berücksichtigen. Außerdem kam in dem Projekt ein Assistenzsystem zur Plausibilitätsprüfung der Simulationsergebnisse zum Einsatz. Der Simulationsprozess, der durch die drei Assistenzsysteme unterstützt werden soll, wurde in ANSYS EKM als Workflow modelliert und ist in Bild 34 dargestellt.

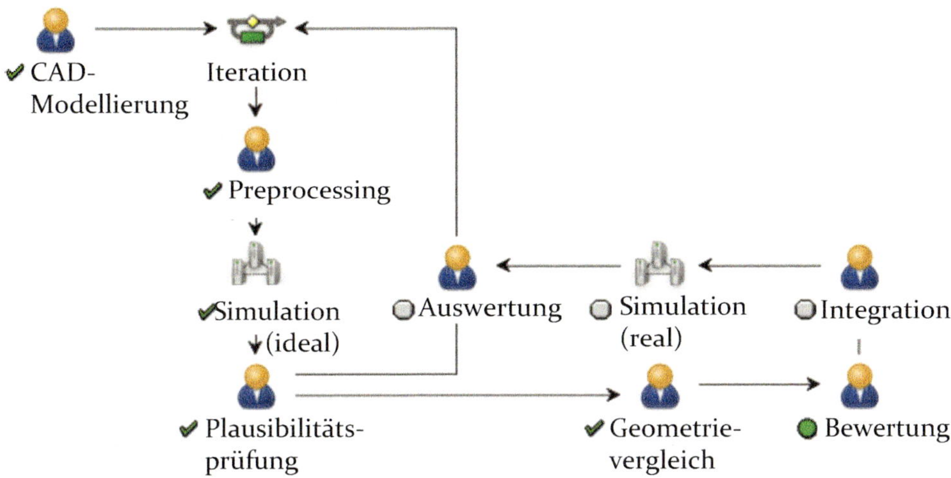

Bild 34: Abbildung eines Simulationsprozesses in ANSYS EKM nach [P13]

Hier bildet jeder Knoten einen Prozessschritt ab und für jeden Knoten werden spezifische Eingangs- und Ausgangsdaten definiert. Die Daten werden in einem zentralen Ordnersystem (Repository) gespeichert. Auf die Knoten mit Benutzer-Symbolen (siehe Bild 34) können mehrere Benutzer an verschiedenen Standorten über Webbrowser zugreifen. Für diese Knoten kann auch vorgegeben werden, welche Benutzer auf den Knoten zugreifen können. Über weitere Knoten in Bild 34 lassen sich die Simulationen direkt auf einem Server ausführen (Server-Symbole) oder eine Simulation mit anderen Einstellungen wiederholen (Iteration), falls die Ergebnisse nicht plausibel sind. Die Schritte "*CAD-Modellierung*" und "*Preprocessing*" sollen durch das FEA-Assistenzsystem der vorliegenden Dissertation unterstützt werden, während die Schritte der "*Plausibilitätsprüfung*" und "*Auswertung*" durch das Assistenzsystem mit Fokus im FEA-Postprocessing unterstützt werden. Über die anderen Knoten werden relevante Fertigungsabweichungen in der Simulation berücksichtigt. Vor der Integration der Abweichungen müssen diese jedoch zunächst mit der Idealgeometrie verglichen und anschließend die Unterschiede bezüglich ihrer Relevanz für die Simulation bewertet werden. Im Knoten "*Bewertung*" erfolgt dieser Auswertungsschritt. In diesem Knoten lassen sich also die entsprechen Abweichungen zwischen der idealen und fertigungsbehafteten Bauteilgeometrie als Eingangsdaten bereitstellen. Des Weiteren lassen sich hier die Ergebnisse aus der vorangehenden idealisierten Simulation (siehe vorangehenden Knoten *"Simulation (ideal)"* in Bild 34) abrufen. Für die Bewertung der Abweichungen müssen außerdem Listen mit entsprechenden Schwellenwerten als Eingangsdaten zur Verfügung gestellt werden. Als Ausgangsdaten müssen schließlich die relevanten Abweichungen an die nachfolgenden Knoten übergeben werden. In dem Workflow in Bild 34 sind die nachfolgenden Schritte abgebildet und umfassen die Integration der Abweichungen in das FEA-Modell, die Simulationsauswertung und gegebenenfalls die Durchführung weiterer Iterationen.

Für die ausgetauschten Dateien (zum Beispiel für die Listen zur Bewertung der Fertigungsabweichungen) werden spezielle Dateiklassen angelegt. Für diese Dateitypen werden neue Metadaten definiert. Über die Metadaten lassen sich zum Beispiel Angaben bezüglich der Repräsentationsformen der Wissensinhalte, der betreffenden Bauteile oder der zugehörigen Prozessschritte machen. Werden anschließend Dateien dieses Typs erstellt, lassen sich die Dateien über diese Metadaten näher bestimmen und gezielt über Filter (entsprechend der Metadaten) suchen. Die Angabe des Anwendungsbereichs (zum Beispiel Prozessschritte oder spezifische Bauteile) lässt sich über Python-Skripte in der Umgebung von ANSYS EKM automatisieren. Damit war es möglich diese Angaben direkt aus den Prozessen zu übernehmen, wenn bestimmte Wissensinhalte als Eingangsdaten für einen Prozessschritt definiert wurden. Hierzu wurden erweiterte Prozesse mit entsprechenden Verarbeitungsknoten aufgebaut. In diesen Prozessen sind die Simulationsprozesse für unterschiedliche Konkretisierungsgrade in Anlehnung an [P15] aufgeschlüsselt: konkret für ein spezifisches Bauteil eines Unternehmens, allgemeiner für eine bestimmte Bauteilart, oder bauteilunabhängig. Die Wissensbereitstellung ist dabei prozessbezogen und das erforderliche Wissen wird in Abhängigkeit von den jeweiligen Simulations- oder Entwicklungsschritten und den Nutzergruppen bereitgestellt.

Durch Ontologien lassen sich auch Klassenstrukturen und Attribute für Klassen und Instanzen definieren, um gezielt auf die repräsentierten Wissensinhalte zuzugreifen (siehe Abschnitt 2.2.5) [54]. Ontologiebasierte Wissensbasen bieten zudem auch den entscheidenden Vorteil, dass sich vielseitige Relationen zwischen den Klassen und Instanzen definieren lassen und dass diese auf einem einheitlichen Vokabular basieren [54,86]. Ontologien sind daher besonders zur Abbildung und Verarbeitung von Zusammenhängen aus Texten geeignet. Zudem lässt sich über Reasoner die Konsistenz in den Ontologien sicherstellen [86,88,89]. Diese Funktion ist umso wichtiger, da durch das FEA-Assistenzsystem sehr vielseitige Inhalte in sehr unterschiedlichen Detailstufen analysiert werden müssen und sowohl die Sicht des Konstruktionsingenieurs als auch die des Berechnungsingenieurs vertreten sein muss. Darüber hinaus können neue Zusammenhänge über Inferenzmechanismen abgeleitet werden [86,88,89]. Mechanismen kommen im FEA-Assistenzsystem insbesondere für die Zuweisung von Klassen und eine einheitliche Abbildung der extrahierten Informationen und Modelldaten zum Einsatz. Um die vielseitigen Wissensinhalte aus Simulationsmodellen und -dokumenten in der Wissensbasis bereitzustellen ist der ontologiebasierte Ansatz daher geeigneter. Für die Umsetzung dieser Wissensbasis dient der Ontologieeditor Protégé. Wenn die Ontologien zukünftig in der Industrie über verteilte Standorte abgerufen werden sollen, lassen sich die Ontologien auch an Umgebungen wie GraphDB anbinden [161].

4.4 Problemlösungskomponente

Allgemein werden über die Problemlösungskomponente die Inhalte in einer Wissensbasis verarbeitet und Lösungen für die gestellten Aufgaben gesucht [35,74,219]. Hierbei werden durch das System selbstständig Schlussfolgerungen aus den in der Wissensbasis gespeicherten Inhalten gezogen [35,74,89, 219]. Im FEA-Assistenzsystem ist die Problemlösungskomponente im Ontologieeditor Protégé umgesetzt. Die Inferenz erfolgt hier durch den Reasoner Pellet Inkremental [220]. Damit kann das in der Wissensbasis hinterlegte Berechnungswissen kontextbezogen durch den Nutzer abgerufen und für den automatisierten Aufbau effizienter und aussagekräftiger Simulationen eingesetzt werden. Zudem lassen sich über den Reasoner die Inhalte in der Wissensbasis auf Konsistenz überprüfen und neue Zusammenhänge ableiten [86,88,89]. Hierzu werden für das FEA-Assistenzsystem spezielle Inferenzmechanismen entwickelt, die auch für die Vereinheitlichung der in der Wissensbasis abgebildeten Inhalte zur Anwendung kommen.

4.5 Erklärungskomponente

Über eine Erklärungskomponente soll nach [74] der Lösungsprozess nachvollziehbar für den Nutzer dargestellt werden. Hierzu werden die Fakten und Regeln dargelegt, die für die Lösung der Problemstellung genutzt wurden [74]. Die Schlussfolgerungen, die durch den Reasoner in der Ontologie-Wissensbasis des FEA-Assistenzsystems gezogen wurden, lassen sich hierzu jederzeit abrufen: Wenn beispielsweise ein neuer Zusammenhang inferiert wird, ist dieser in der Ontologie hervorgehoben und enthält zusätzliche Informationen darüber, warum diese Schlussfolgerung gezogen wurde. Darüber hinaus werden die Klassen und allgemeinen Relationen in der Ontologie mit Erläuterungen und Verknüpfungen zu relevanter Literatur versehen. Diese Klassen und Relationen werden schließlich mit den neuen automatisch extrahierten Informationen verknüpft. Damit lassen sich die jeweils relevanten Beschreibungen an die neuen Klassen vererben und bei dem Abruf der Ontologien mit aufführen. Zudem werden die analysierten Berechnungdokumente automatisiert mit den zugehörigen Instanzen in der Ontologie verknüpft, um auch auf diese Dokumente direkt zugreifen zu können.

4.6 Dialogkomponente

Über eine Dialogkomponente erfolgt die Kommunikation zwischen dem Anwender und dem Assistenzsystem [74]. Für die Abfrage des in der Ontologie repräsentierten Wissens dient die Abfragesprache SPARQL 1.1 [P7,221]. Die Sprache muss jedoch nicht vom Anwender erlernt werden. Um die Bedienbarkeit des Systems zu erleichtern, wurde im Rahmen der Dissertation eine grafische Benutzerschnittstelle umgesetzt, über die die Ontologieabfragen erfolgen. Auf diese Weise lassen sich zum Beispiel geeignete Simulationseinstellungen in Abhängigkeit von den erforderlichen Berechnungsergebnissen, Festigkeitsnachweisen oder betrachteten Bauteilen abrufen. Das Assistenzsystem setzt vom Anwender damit keine Vorkenntnisse in der Programmierung voraus. Für eine manuelle Erweiterung der Ontologie wird von den zuständigen Nutzern hingegen die grafische Benutzerschnittstelle von Protégé genutzt. Hier lässt sich auch die Ontologie visualisieren. Für umfangreichere Erweiterungen der Wissensbasis lassen sich auch Tabellen in Excel nutzen und über eine entsprechende Schnittstelle in Protégé in Ontologien überführen. Außerdem ist in der CAD-Umgebung von Creo eine Benutzerschnittstelle umgesetzt, um über eine CAE-Feature-Bibliothek automatisierte konstruktionsbegleitende FEA durchzuführen.

4.7 CAE-Feature-Bibliothek

Die Schwerpunkte der CAE-Features liegen auf der strukturmechanischen Analyse von Profilkonstruktionen. Hierfür werden wiederkehrende Bauteile und Verbindungen, wie zum Beispiel Profilträger, Schrauben- und Schweißverbindungen, effizient über diese Feature im CAD-System modelliert und dort auch die Randbedingungen und Berechnungsaufgaben definiert. Als CAD-System kommt Creo Parametric mit den Erweiterungen AFX und Smart-Assembly zum Einsatz. Zudem dienen STEP-Dateien für die Kopplung der CAD- und FEA-Systeme. Ausgehend von den Einstellungen im CAD-System werden automatisiert geeignete Simulationen in ANSYS Workbench aufgebaut, wie zum Beispiel effiziente Mittelflächen- und Balkenmodelle. Hierzu müssen die aus den Wissensakquisitionsprozessen resultierenden Ontologien und Regeln in Abhängigkeit von den Einstellungen im CAD-System verarbeiten werden. Der Fokus liegt jedoch nicht auf der Automatisierung des Simulationsaufbaus. Wie im Stand der Technik dargelegt stehen hierzu bereits weitreichende featurebasierte Ansätze zur Verfügung. Dennoch ist die Feature-Technologie ein essenzielles Werkzeug in wissensbasierten Assistenzsystemen, um Entwicklungsprozesse zu beschleunigen und zu standardisieren [132] (siehe Unterabschnitt 2.2.6). Im Rahmen der Dissertation soll daher aufgezeigt werden, wie sich die neuen Methoden der Wissensakquisition und -bereitstellung effizient in die durch Features automatisierten FEA-Prozesse einsetzen lassen.

5 Gesamtprozess der wissensbasierten Finite-Elemente-Analyse

5.1 Vorgehensmodell

In Bild 35 ist das Vorgehensmodell für die Erhebung und Bereitstellung des Berechnungswissen im Assistenzsystem dargestellt. Die hierin umgesetzten Methoden werden in den nachfolgenden Unterabschnitten noch näher erläutert. Im Folgenden soll jedoch zunächst ein Einblick in die grundlegenden Schritte gegeben werden. Das Vorgehensmodell ist in einem durchgängigen Prozess in der Datenanalyse-Plattform RapidMiner, dem Ontologieeditor Protégé und der Entwicklungsumgebung von Python umgesetzt. Wie im oberen Bereich von Bild 35 dargestellt, werden zunächst Textdokumente über Finite-Elemente-Simulationen durch Klassifikations- und Clustering-Verfahren vorstrukturiert (1. Textklassifikation und Segmentierung in Bild 35). Die hierzu adaptierten Textklassifikations- und Segmentierungsmethoden aus dem Text-Mining sind in Unterabschnitt 2.2.2 beschrieben. Im FEA-Assistenzsystem werden zum Beispiel Richtlinien, Lehrbücher, Dissertationen, Konferenz- und Zeitschriftenbeiträge durch diese Verfahren automatisch gruppiert.

In Bild 35 werden hierzu Dokumente aus statischen Analysen und Modalanalysen (Dokument (A) in Bild 35) untersucht. Exemplarisch sind in der nachfolgenden Matrix (Vektorraummodell) zwei signifikante Terme für zwei Dokumente gegenübergestellt. Das obere Dokument in der Matrix beschreibt die Modalanalyse eines Rotors in Elektromotoren. Hierbei handelt es sich um ein Kapitel aus der Dissertation in [222]. In der unteren Zeile ist die FEA-Richtlinie VDI 2230 Blatt 2 [9] über die Modellierung von Schraubenverbindungen in statischen Simulationen aufgetragen. Für den Vergleich der Dokumente dienen TF-IDF-Werte: Wie in Unterabschnitt 2.2.2 erläutert, handelt es sich bei TF-IDF um ein Maß für die Häufigkeiten bestimmter Terme. Damit soll ermittelt werden, wie wichtig beziehungsweise signifikant die einzelnen Terme für ein bestimmtes Dokument und die zugehörige Kategorie sind [87,119,138]. In der Textklassifikation ist zunächst bekannt welcher Kategorie die analysierten Dokumente angehören (Trainingsbeispiele) [138]. Hat das System dann gelernt auf welche Begriffe es ankommt, können neue ungelesene Dokumente anhand der auftretenden Terme den vordefinierten Kategorien zugeordnet werden [87,119,138]. Bei der Segmentierung sind die Klassen hingegen nicht bekannt [119]. Demnach müssen die automatisch gefundenen Kategorien noch geeignet benannt werden, um diese zukünftig für Suche nach geeigneten Dokumenten zu nutzen. Im FEA-Assistenzsystem werden die Berechnungsdokumente zum Beispiel bezüglich der genannten Kategorien der statischen Analyse oder Modalanalyse unterschieden.

In Bild 35 fallen die Häufigkeiten (TF-IDF-Werte) der Terme "frequenz" und "spannung" sehr unterschiedlich in den beiden Dokumenten aus der Modal- und statischen Analyse aus: Dies lässt sich wie folgt begründen: Über Modalanalysen werden die Eigenfrequenzen und Schwingungsformen (Moden) ermittelt. Ohne zusätzliche Modelle lassen sich jedoch nicht die absoluten Spannungen oder Verformungen über diese Simulationen bestimmen [2], weshalb entsprechende Begriffe selten genannt werden. Die statische Analysen bildet dynamische Belastungen hingegen nur über unterschiedliche statische Lastfälle ab und nutzt die resultierenden Spannungen dann im Nachgang für die Absicherung gegen Dauerbruch, unter Anwendung von Wöhlerlinien [2,29,31]. Unterschiedliche Frequenzen werden hierbei nicht betrachtet, weshalb entsprechende Begriffe wie zum Beispiel "Frequenz", "Mode" oder "Eigenschwingung" oder die zugehörigen Einheiten selten in diesen Dokumenten vorkommen.

Schließlich lassen sich anhand von Kategorien aus der Textklassifikation und Segmentierung und durch die Angabe von Suchbegriffen die geeigneten Dokumente selektieren [119,126]. Im FEA-Assistenzsystem wäre zum Beispiel eine mögliche Suchanfrage der Begriff "Schraube" und die Kategorie "statische Analyse", um gezielt die VDI 2230 abzurufen. Im nachfolgenden Schritt werden dann die relevanten Informationen aus den Dokumenten automatisiert strukturiert und aufbereitet. Hierzu werden die in Unterabschnitt 2.2.2 beschriebenen Informationsextraktionsmethoden adaptiert (2. Informationsextraktion in Bild 35). In Bild 35 (B) ist exemplarisch ein relevanter Abschnitt über die Modellierung von Schraubenverbindungen dargestellt. In dem dargestellten kurzen Abschnitt ist ein Balkenmodell für Schraubenverbindungen beschrieben, durch dass sich die Nennspannungen berechnen lassen. Wie in Abschnitt 2.2.2 vorgestellt, kommen für die Informationsextraktion reguläre Ausdrücke, syntaktische und semantische Analysen zur Anwendung [87,123, 124,135]. Hierzu müssen spezielle Wortlisten (Gazetteers), reguläre Ausdrücke und Verarbeitungsregeln definiert werden, um wiederkehrende Muster in den Berechnungsberichten zu identifizieren und aus diesen die relevanten Informationen aufzubereiten. Aus diesen Prozessschritten resultieren schließlich strukturierte Datensätze ((C) in Bild 35), die anschließend durch Mapping-Skripte (Skriptsprache M^2 [218]) in die Ontologie-Wissensbasis überführt werden (3. Ontologieerstellung und -abfrage in Bild 35).

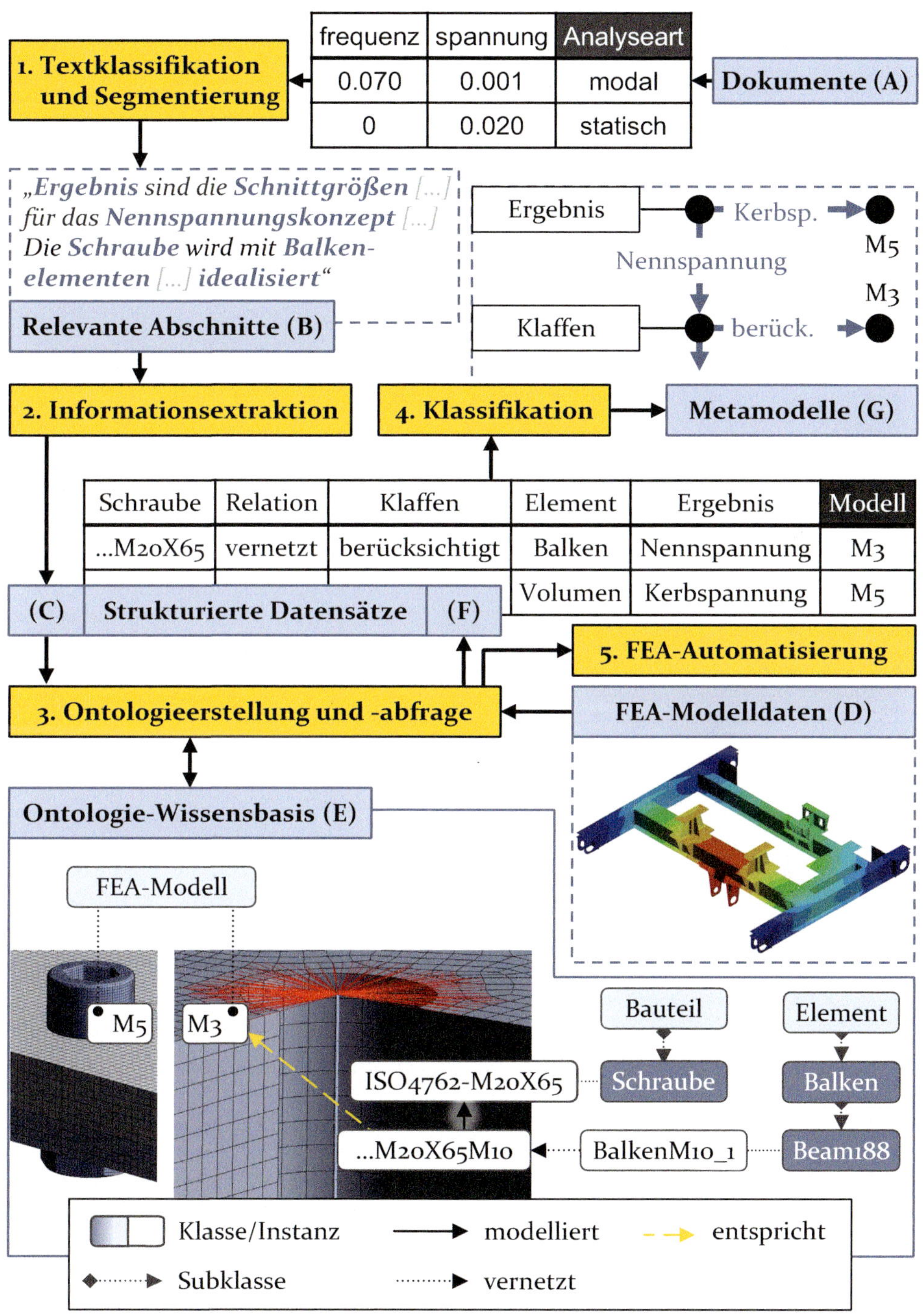

Bild 35: Vorgehensmodell zur Akquisition und Bereitstellung des Berechnungswissen in Anlehnung an [P2]

Neben Textdokumenten müssen auch CAD- und Simulationsmodelle analysiert werden, um den Simulationsanwender auch durch spezifische Anweisungen im jeweiligen FEA-System zu unterstützen. In Bild 35 (FEA-Modelldaten (D)) ist hier exemplarisch die statische Analyse eines Windwerks für Lastkräne dargestellt. Wie bereits genannt, sind Textdokumente, wie Richtlinien und wissenschaftliche Beiträge, hingegen oft sehr allgemein gehalten und geben selten spezifische Einstellungen in einem FEA-System vor. In der Ontologie-Wissensbasis ((E) in Bild 35) wird die Instanz einer Schraube *"ISO4762_M20X65"* durch die FEA-Modellinstanz *"ISO4762_M20X65*M10*"* modelliert. Diese Instanz stammt aus den Ergebnisdaten einer Simulation in ANSYS. Modell *"ISO4762_M20X65M10"* wird darin mit einem Balkenelement (*"BalkenM10_1"*) vernetzt und entspricht dem Balkenmodell *"M3"*, das aus der VDI-Richtlinie 2230 Blatt 2 [9] entnommen ist (siehe Relation). Außerdem ist links das detaillierte Volumenmodell *"M5"* dargestellt. Die Finite-Elemente-Subklasse *"Balken"* ist in der Ontologie in die konkretere Subklasse *"Beam188"* aufgegliedert. Hierbei handelt es sich um ein spezifische Balkenelement mit zwei Knoten aus ANSYS [15]. Für andere FEA-Systeme können hier auch analoge Elemente wie das Balkenelement *"B31"* in Abaqus [223] oder *"Balken Nr. 13"* in Z88 [15] angegeben sein. In dem Ausschnitt sind nicht alle Subklassen und nur die Relationen (Objekteigenschaften) zwischen Klassen und Instanzen dargestellt. Darüber hinaus können für jede Klasse und Instanz jedoch auch Attribute (Dateneigenschaften) definiert werden [157], hier zum Beispiel die Geometrieparameter der Schrauben oder die Querschnitte für die Balkenersatzelemente.

Für den Abruf der Wissensinhalte in Abhängigkeit von den Berechnungsaufgaben und Bauteilen dient schließlich eine Dialogkomponente auf Basis der Abfragesprache SPARQL [P7,221]. Damit der Anwender des FEA-Assistenzsystems diese Abfragesprache nicht beherrschen muss, wird die Erstellung entsprechender Skripte in der Dialogkomponente automatisiert. Die SPARQL-Abfragen die hierbei generiert werden sind spezifisch an die FEA-Ontologiestrukturen angepasst. Wird die Ontologie jedoch zum Beispiel durch neue Subklassen, Instanzen oder Attribute erweitert, werden diese Änderungen auch direkt in den Auswahlfeldern der Dialogkomponente übernommen und müssen nicht händisch hinzugefügt werden. Aus den Abfragen resultieren strukturierte Datensätze, die beispielsweise die relevanten Informationen für eine bestimmte Berechnungsaufgabe oder ein Bauteil aufschlüsseln.

In Bild 35 ist ein Ausschnitt aus den strukturierten Datensätzen (F) dargestellt. Dieser Datensatz lässt sich anschließend auch für Data-Mining-Analysen nutzen, um übergeordnete Modellierungsregeln daraus abzuleiten. Aufgrund ihrer Nachvollziehbarkeit und Eignung für regelbasierte Repräsentationsformen (siehe auch Abschnitt 2.2.4) bieten sich insbesondere Entscheidungsbäume für die Ableitung von Modellierungsregeln an. Aus den Data-Mining-Analysen resultieren Metamodelle wie in Bild 35 gezeigt (Metamodell (G)). Hier sind zum Beispiel die Bedingungen für das Modelle *M3* erfüllt, wenn Nennspannungen gefordert sind und Klaffen berücksichtigt werden soll. Die Entscheidungsbäume werden anschließend über Python-Skripte in einfach verarbeitbare Regeln überführt und in der Wissensbasis abgelegt. Es handelt sich hierbei um Funktionen, die sich über Python-Befehle aufrufen lassen und Wenn-Dann-Beziehungen enthalten. Auf diese Weise lassen sich diese Data-Mining-Ergebnisse zum Beispiel auch direkt über die Dialogkomponente ausführen. Außerdem sollen die Modellierungsregeln in der Wissensbasis auch in automatisierten Simulationsprozessen ausgeführt werden, um für gegebene Berechnungsaufgaben im CAD-System geeignete FEA-Modelle aufzubauen (5. FEA-Automatisierung in Bild 35). Hierzu kommen auch die im vorangehenden Kapitel genannten CAE-Features zum Einsatz. Im Folgenden werden nun die Methoden und Ansätze, die in dem beschriebenen Vorgehensmodell zum Einsatz kommen, näher erläutert.

5.2 Text-Mining-Analysen von Berechnungsdokumenten

Wie bereits genannt, werden im ersten Schritt Segmentierungs- und Textklassifikationsverfahren aus dem Bereich des Text-Minings adaptiert und angewendet, um Simulationsdokumente (wie Richtlinien, Konferenz- und Zeitschriftenbeiträgen) vorzustrukturieren.

5.2.1 Segmentierung und Textklassifikation

Für die Textklassifikation werden k-NN, Support-Vector-Machines, künstliche neuronale Netze, Naive-Bayes und Entscheidungsbäume zur Analyse der Dokumente eingesetzt (siehe auch Unterabschnitt 2.2.1). Zudem kommen für die Segmentierung k-Means-Clustering-Verfahren zur Anwendung. Insgesamt kommen 30 deutsche Abschnitte über FEA-Anwendungsbeispiele aus Fachbüchern [2,15,29] für das Training der Klassifikatoren hinsichtlich statischer Spannungsanalysen zur Anwendung. Als Trainingsdaten für Modalanalysen dienen 26 Abschnitte aus Fachbüchern [15,224], Dissertationen [222,225–231], Forschungsberichte [232], Studentischen Arbeiten [233–237] sowie Fachtagungs- und Zeitschriftenbeiträge [238–245]. Vor dem Training müssen diese Dokumente jedoch, wie in Unterabschnitt 2.2.2 beschrieben, linguistisch aufbereitet werden. In der Textklassifikation beziehen sich diese Aufbereitungsschritte insbesondere auf die Häufigkeit der Terme [87,119, 138]: Über die Häufigkeiten der Terme (Termfrequenzen) lässt sich ermitteln, wie signifikant die jeweiligen Terme für ein bestimmtes Dokument und die zugehörige Kategorie sind. Die Termfrequenzen sind also eine wichtige Grundlage, um die Ähnlichkeit zwischen den ungelesenen und den bereits klassifizierten Dokumenten zu bestimmen und anhand der Ähnlichkeiten die neuen Dokumente einer Klasse zuzuweisen [87,119,138]. Durch entsprechende Aufbereitungsschritte werden Begriffe, die inhaltlich eigentlich die gleiche Bedeutung haben, nicht separat gezählt [123]. Damit lässt sich die Häufigkeit der aufbereiteten Terme erhöhen und in der Klassifikation herausstellen, wie wichtig (signifikant) diese Terme tatsächlich für ein bestimmtes Dokument und die jeweilige Kategorie sind [87,119,123].

Zunächst sollen nur die absoluten Häufigkeiten der Begriffe in den Dokumenten betrachtet werden. In Tabelle 3 sind exemplarisch drei Aufbereitungsschritte für deutsche Abschnitte der VDI-Richtlinie 2230 [9] aufgezeigt. In der Richtlinie sind Modelle für Schraubenverbindungen beschrieben, die sich für statische Analysen nutzen lassen, auch wenn dies in der Richtlinie nicht explizit angegeben ist. Die Zuordnung zu den statischen Analysen lässt sich in Anlehnung an [1,2] damit begründen, dass die in der Richtlinie ausführlich beschriebenen Modelle keine besonderen Anforderungen bezüglich dynamischer Effekte, wie beispielsweise Trägheitseffekte, stellen. Daher würden transiente Simulationen nur zu unnötig hohen Rechenzeiten führen. Zudem können Modalanalysen gemäß [1,2] ausgeschlossen werden, da aus diesen Analysen nicht die erforderlichen Beanspruchungen resultieren.

Tabelle 3: Aufbereitung deutscher Abschnitte über FEA-Modelle für statische Analysen

	Token 1	Token 2	Token 3
Kleinschrift	nennspannungen (2)	reibungs-zahlen (4)	schwing-beanspruchung (2)
Zerlegung	spannungen (12)	reibung (9)	schwing (3)
Stemming	spannung (25)	reibung (9)	schwing (3)

Zu Beginn werden die Texte durch Tokenisierung in einzelne Wörter (Tokens) unterteilt [122,123]. Um unterschiedlich geschriebene Begriff mit gleicher Bedeutung als nur ein Merkmal aufzulisten, werden zunächst alle Begriffe in den Dokumenten klein geschrieben. Damit lassen sich Begriffe zusammenführen, die zum Beispiel nur am Satzanfang großgeschrieben werden [246]. In der englischen Sprache sind hier die Effekte größer, da hier auch Nomen meist kleingeschrieben werden. Für die in Tabelle 3 angegebenen deutschen Nomen erhöht sich die Häufigkeit der Terme durch diesen Aufbereitungsschritt hingegen nicht: Die Häufigkeiten sind in Tabelle 3 in den Klammern neben den Termen angegeben und Zeile zwei entspricht hier dem ersten

Aufbereitungsschritt. Für die Kleinschreibung steht bereits eine Funktion in RapidMiner zur Verfügung.

Im zweiten Schritt werden durch Kompositazerlegung zusammengesetzte Terme getrennt (morphologische Analyse) [123]. Die daraus resultierenden Wortteile lassen sich danach gegebenenfalls wieder mit anderen Worten ähnlicher Bedeutung zusammenführen: Von Zeile 2 zu Zeile 3 (Tabelle 3) wird zum Beispiel "nennspannungen" in die Terme "nenn" und "spannungen" aufgeteilt. Der resultierende Term "spannungen" lässt sich daraufhin mit den bestehenden gleichen Termen in einem Dokument zusammenführen. Bei diesen anderen Termen kann es sich ebenfalls um Teile aus Wortkombinationen handeln (zum Beispiel aus der Kombination "zugspannungen" → "zug" + "spannungen"). Damit resultieren insgesamt höhere Häufigkeiten für diesen Term. Damit wird auch deutlicher wie signifikant der Term für Dokumente aus der statischen Analyse tatsächlich ist. Der Begriff "nennspannungen" fällt hingegen weg. Analog wird die Wortkombination "reibungszahlen" zerlegt (Vergleiche Zeile 2 zu Zeile 3 in Tabelle 3) und die resultierenden Wortteile mit bestehenden Termen ähnlicher Bedeutung zusammengeführt: "reibung". Genauso wie das Wort "spannung" kommt der Begriff "reibung" hauptsächlich in Dokumenten vor, die den Fokus auf statischen Analysen haben, wie zum Beispiel das aktuelle Dokument aus Tabelle 3. Die nichtlinearen Reibkontakte lassen sich nicht in herkömmliche Modalanalysen vorgeben [2], weshalb dieser Begriff auch ein Unterscheidungsmerkmal zu Modalanalysen ist.

Der Begriff "schwingbeanspruchung", in der letzten Spalte von Tabelle 3, tritt ebenfalls in dem aktuellen Dokument auf. Wie bereits genannt lassen sich auch statische Analysen für Schwingfestigkeitsanalysen anwenden [9,30]. Darüber hinaus kommt dieser Begriff aber auch häufig in Modalanalysen vor, weshalb die Analyse von vielen weiteren Termen, wie zum Beispiel die anderen Terme in der Tabelle wichtig für die Unterscheidung ist. Für die Kompositazerlegung werden im Rahmen der Dissertation spezielle Wortlisten erstellt, die wichtige Kompositionen aus dem Bereich der mechanischen Simulation enthalten. Hierbei muss auch beachtet werden, dass keine Gegenwörter zerlegt werden, wie zum Beispiel "reibungsfrei" und "reibungsbehaftet". Damit wird vermieden, dass durch die Aufbereitung wichtigen Informationen verloren gehen. Außerdem muss die Textklassifikation jeweils mit und ohne Kompositazerlegung erfolgen, um im Training die resultierenden Vorhersagegenauigkeiten miteinander zu vergleichen. Durch den Vergleich der Vorhersagegenauigkeiten kann dann entschieden werden, ob dieser Aufbereitungsschritt für gegebene Kategorien angewendet werden muss. Zum Beispiel darf für die Unterscheidung zwischen Dokumenten aus dem Nennspannungsnachweis und dem Kerbspannungsnachweis nicht die vorgestellte

Kompositazerlegung für den Term "nennspannungen" erfolgen. Anhand der Vorhersagegenauigkeiten der Klassifikationsmodelle mit und ohne Kompositazerlegung kann dann aufgezeigt werden, dass dieser Aufbereitungsschritt zu schlechteren Vorhersagen führt. Für die Bestimmung der Vorhersagegenauigkeiten und den allgemeinen Vergleich von Klassifikationsmodelle, wird ein Teil der Trainingsdatensätze als Testdatensätze genutzt, zum Beispiel durch Kreuzvalidierung [59,95] (siehe auch Unterabschnitt 2.2.1).

Eine weitere Erhöhung der Häufigkeitswerte wird in der Textklassifikation durch Stammformreduktion (Stemming) erreicht [123]. In Tabelle 3 wird von Zeile 3 zu Zeile 4 die Pluralendung des Begriffs "spannungen" entfernt, um die Terme unabhängig davon als ein Merkmal in der Analyse zu betrachten. Durch den letzten Schritt konnte damit der Häufigkeitswert des Terms "spannung" wesentlich erhöht werden. Der Klassifikator lernt damit eigenständig, dass dieser Term ein wichtiges Unterscheidungsmerkmal zwischen statischen Analysen und Modalanalysen ist. Für die Stammformreduktion stehen in der deutschen Sprache unter anderem der Snowball-Stemming-Algorithmus zur Verfügung [127].

Nachfolgend sind die drei Aufbereitungsschritte auch für ein Dokument aus dem Bereich der Modalanalyse (Abschnitt aus [222]) aufgezeigt. In der zweiten Zeile von Tabelle 4 werden die Begriffe "dichte", "eigenfrequenzen" und "spannungsberechnung" betrachtet. Der Term "dichte" ist ein Indiz für die Modalanalyse, da die Dichte als Kennwert für dynamische Simulationen benötigt wird, während in herkömmlichen statischen Simulationen die Dichte keine Verwendung findet [2]. Genauso wie der Begriff "eigenfrequenzen", bei dem es sich um eine Ergebnisgröße der Modalanalyse handelt [2]. Durch morphologische Analysen wird auch hier die Häufigkeit der Terme verbessert: Durch Kompositazerlegung wird zum Beispiel der Begriff "eigenfrequenzen" aufgeteilt ("eigenfrequenzen" → "eigen" + "frequenzen"). In der Tabelle ist nur der resultierende Term "frequenzen" angegeben (Zeile 3). Durch die Kompositazerlegung wird der Häufigkeitswert dieses Terms erhöht (siehe Klammern in Tabelle 4). Eine weitere Erhöhung der Häufigkeiten wird erneut durch das Entfernen der Endungen (Stemming) erreicht: auch hier wird die Pluralendung durch Stammformreduktion entfernt und die Signifikanz des Terms erhöht ("frequenz" in Zeile 4 der Tabelle 4). Mit dem Term "frequenz" wurde nun auch für die Modalanalysen ein wichtiges Merkmal durch die Analysen identifiziert. Im Gegensatz dazu bleibt die Häufigkeit des Begriffs "spannung" in Tabelle 4 erwartungsgemäß gering.

Tabelle 4: Aufbereitung eines deutschen Texts aus dem Bereich Modalanalyse

	Token 1	Token 2	Token 3
Kleinschrift	dichte (3)	eigenfrequenzen (22)	spannungs-berechnung (1)
Zerlegung	dichte (3)	frequenzen (23)	spannung (1)
Stemming	dicht (3)	frequenz (30)	spannung (1)

Für das Training der Klassifikatoren dienen auch englische Dokumente. Hierbei handelt es sich um Anwendungsbeispiele und Benchmarktests für das FEA-System Abaqus, die der Softwarehersteller auf seiner Firmenseite bereitstellt [223,247,248]. Hier werden 47 Dokumente als Trainingsbeispiele für statische Analysen genutzt. Die englischen statischen Analysen umfassen hier auch quasi-statische Simulationen, in denen transiente Simulationen so langsam erfolgen, dass es zu keinen dynamischen Effekten kommt [2]. Des Weiteren dienen 34 Dokumente als Beispiele für Modalanalysen.

Für die statische Analyse und Modalanalyse sind in Tabelle 5 erneut die Aufbereitungsschritte für die folgenden drei englische Terme gezeigt (siehe Zeile 2): "eigenfrequency" (Eigenfrequenz), "deformations" (Verformungen) und "stresses" (Spannungen). Unter diesen Begriffen sind diesmal zwei Häufigkeiten angegeben: Der linke Wert in der Klammer entspricht der Häufigkeit aus dem Bereich der statischen Analyse (SA). Hierzu werden englische Abschnitte aus der VDI 2230 Blatt 2 [9] analysiert. Außerdem gibt der rechte Wert in der Klammer die Häufigkeiten aus der Modalanalyse (MA) an. Hier dient exemplarisch ein Dokument über die Analyse eines rotierenden Ventilators aus [223].

Tabelle 5: Aufbereitung englischer Dokumente aus der statischen Analyse und Modalanalyse

	Token 1	Token 2	Token 3
Kleinschrift	eigenfrequency (SA: 0 / MA: 8)	deformations (SA: 10 / MA: 0)	stresses (SA: 14 / MA: 0)
Zerlegung und Stemming	frequenc (SA: 0 / MA: 21)	deform (SA: 21 / MA: 2)	stress (SA: 39 / MA: 3)

In der zweiten Zeile von Tabelle 5 sind die Ergebnisse nach dem ersten Aufbereitungsschritt (Kleinschreibung) dargestellt. Wie erwartet, fällt der Häufigkeitswert für den Begriff "eigenfrequency" im Dokument über Modalanalysen

(MA) höher aus. Zudem ist die Häufigkeit des Terms "spannungen" erwartungsgemäß im Dokument über statische Analyse (SA) höher. Des Weiteren ist der Begriff "deformations" seltener in Modalanalysen, da hier keine absoluten Werte für die Verformungen berechnet werden [2].

Für die Kompositazerlegungen der englischen Dokumente wird ebenfalls eine spezielle Wortliste für das FEA-Assistenzsystem erstellt. Diese Wortliste fällt jedoch kürzer als die für deutsche Texte aus, da hauptsächlich nur in der deutschen Sprache Nomina zusammengesetzt sind [87]. Das englische Wort für "Nennspannungen", "nominal stress", ist zum Beispiel schon getrennt. Der englische Begriff "eigenfrequency" ist hier ein Sonderfall. Aus diesem Begriff resultiert durch Kompositazerlegung und durch Stemming der Eintrag in der dritten Zeile von Tabelle 5: "frequenc". Der Häufigkeitswert fällt damit für diesen Begriff höher aus, genauso wie die Werte der stammformreduzierten Terme "deform" und "stress".

Für die Klassifikation der Berechnungsdokumente sind jedoch viele weitere Terme zu berücksichtigen. Außerdem erreichen die in den Tabellen verwendeten absolute Häufigkeiten auch sehr hohe Werte für einen Term, wenn der Term insgesamt in allen Dokumenten häufig enthalten ist [119]. Dies gilt zum Beispiel auch für Artikel, die eigentlich keine besondere Bedeutung für ein bestimmtes Dokument haben [119]. Anstelle der absoluten Häufigkeiten wird daher meist das TF-IDF-Maß (siehe auch Gleichung 46 in Unterabschnitt 2.2.2) in der Textklassifikation und Segmentierung eingesetzt [119]. Durch dieses Maß wird die Häufigkeit eines Terms in einem Dokument durch die Häufigkeit des Terms in allen Dokumenten geteilt [87,138]. Über das TF-IDF-Maß erreichen zum Beispiel Artikel keine hohen Werte und werden nicht fälschlicherweise als Signifikant für ein Dokument gesehen [119]. In Tabelle 6 sind die TF-IDF-Werte für die zuletzt betrachteten Begriffe und Dokumente (VDI 2230 Blatt 2 [9] und ein Anwendungsbeispiel aus [223]) angegeben.

Tabelle 6: Vektorraummodell für englische Dokumente aus der statischen Analyse und Modalanalyse

	frequenc	deform	stress
SA: VDI 2230 Blatt 2	0	0,102	0,140
MA: Abaqus Bericht	0,344	0,027	0,030

Die TF-IDF-Werte sind in Tabelle 6 gemäß dem Vektorraummodell nach [140] angeordnet und lassen sich damit direkt für die Textklassifikation nutzen. Für die Anwendung von k-NN-Klassifikatoren werden die TF-IDF-Werte aller

Dokumente zum Beispiel als Punktwolken in einem mehrdimensionalen Diagramm abgebildet. In Bild 37 ist gezeigt, wie sich die TF-IDF-Werte für "frequenc" und "stress" in der Klassifikation in Anlehnung an [59] nutzen lassen.

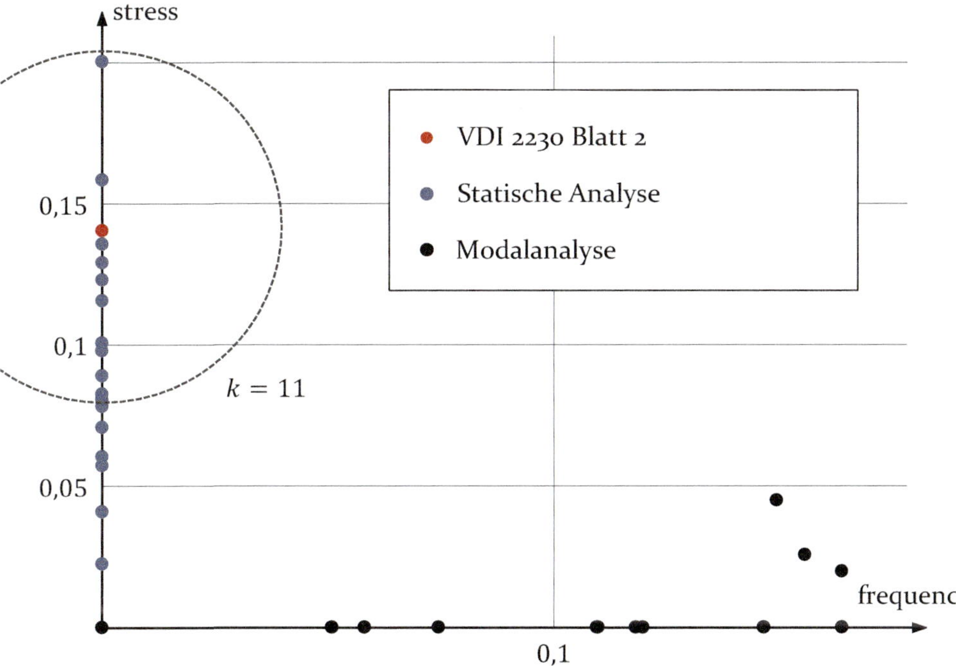

Bild 36: Klassifikation einer FEA-Richtlinie durch k-NN in Anlehnung an [P1,P11]

Für $k = 11$ werden drei umliegende Punkte betrachtet. Das unbekannte Dokument (roter Datenpunkt aus der englischen Version der VDI 2230 Blatt 2) wird demnach der statischen Spannungsanalyse (blaue Punkte) zugeordnet, weil sich von dieser Klasse die meisten Datenpunkte in dem Suchradius befinden. Für kleine Suchradien besteht jedoch die Gefahr der Überanpassung, weshalb auch höhere k-Werte für die Klassifikation neuer Dokumente in Betracht gezogen werden müssen [59]. Für die Beurteilung der Abstände zwischen den Punkten dient in der Textklassifikation und Segmentierung die Kosinusähnlichkeit, da dieses Maß die zahlreichen Null-Einträge in der TF-IDF-Matrix ignoriert (siehe auch Unterabschnitt 2.2.1) [59].

Bei den Entscheidungsbäumen lassen sich im Gegensatz zu den anderen Verfahren die Entscheidungsprozesse auch nachvollziehen [55,60]. Es wird also ersichtlich, anhand welcher Terme die Entscheidung für eine bestimmte Klasse getroffen wurde. Bei der Aufbereitung der Datensätze liefern diese symbolischen Modelle daher wichtige Erkenntnisse [54,55,59]. Bild 37 zeigt einen der resultierenden Entscheidungsbäume für englische Dokumente. Dieser findet die gezeigten signifikanten Terme selbstständig. Neben den aufbereiteten englischen Begriffen für Frequenz und Verformung, wird der Begriff "mode" als Unterscheidungsmerkmal identifiziert. Dieser Term ist in Begriffen aus dem Bereich der Modalanalyse enthalten, wie zum Beispiel im Begriff "Eigenmoden", der Frequenzbereiche mit hohen Resonanzschwingungen beschreibt [2].

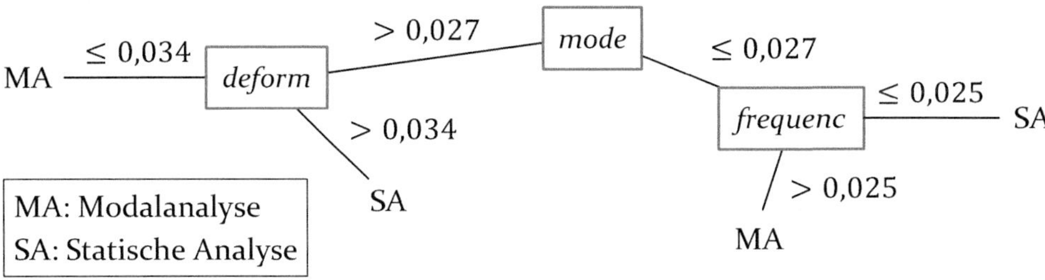

Bild 37: Klassifikation einer FEA-Richtlinie anhand eines Entscheidungsbaums

Für bessere Vorhersagegenauigkeiten werden außerdem unbedeutende Wörter durch Stoppwort-Filter entfernt [123]. Die Stoppwort-Filter stehen zusammen mit den Tokenisierern (einschließlich Vektorraumerstellung) und Stemmern bereits in der Analyseumgebung von RapidMiner zur Verfügung. Die Filterung erfolgt hier anhand von Wortlisten, in denen die für die Klassifikation unbedeutenden Begriffe enthalten sind [123]. Beispiele für die damit gefilterten Wörter sind in RapidMiner Artikel, Präpositionen ("von", "am", ...) und Hilfsverben ("werden", "ist", ...). Die Klassifikatoren, Clustering-Verfahren und Analysewerkzeuge zur Bestimmung der Vorhersagegenauigkeit sind ebenfalls in RapidMiner enthalten. Darüber hinaus kann auch festgelegt werden, in wie vielen weiteren Dokumenten ein Term mindestens oder maximal enthalten sein darf, damit dieser in der Klassifikation berücksichtigt wird. Alle genannten Werkzeuge werden im Rahmen der Dissertation in einem Gesamtprozess zusammengeführt und für die automatisierte Analyse der Berechnungsdokumente angepasst und um spezielle Wortlisten (Kompositazerlegung) für die Berechnung erweitert. Der umgesetzte Gesamtprozess wählt die geeignetsten Klassifikationsmodelle aus und optimiert deren Parameter, um möglichst gute Vorhersagen in der Klassifikation zu treffen. Bei der Optimierung und automatisierten Auswahl der Vorhersagemodelle wird ein Ansatz des selbstlernenden Konstruktionsassistenzsystems [95] aus dem Bereich der fertigungsgerechten Konstruktion auf das FEA-Assistenzsystem übertragen. Außerdem werden im nachfolgenden Kapitel die unterschiedlichen Klassifikatoren für die Strukturierung von FEA-Berechnungsberichten und deren Funktionsfähigkeit im FEA-Assistenzsystem herausgestellt.

Neben k-NN und Entscheidungsbäumen kommen auch künstliche neuronale Netze, SVM und Naive Bayes (siehe auch Unterabschnitt 2.2.1) für die Textklassifikation im FEA-Assistenzsystem zum Einsatz. Diese Verfahren analysieren ebenfalls die TF-IDF-Werte der Berechnungsdokumente (zum Beispiel das Vektorraummodell in Tabelle 6) um diese zu klassifizieren. Zudem lassen sich die Dokumente bereits ohne die Vorgabe von Klassen durch das Segmentierungsverfahren k-Means-Clustering vorstrukturieren [119]. Durch die Vorgabe von Suchbegriffen und Kategorien lassen sich schließlich die deutschen und englischen VDI-Richtlinien selektieren.

5.2.2 Informationextraktion

Im nachfolgenden Schritt werden aus den vorausgewählten Berechnungsdokumenten die relevanten Informationen extrahiert. Die extrahierten Daten werden anschließend strukturiert und in eine Ontologie-Wissensbasis überführt. Wie in Abschnitt 2.2.2 vorgestellt, kommen für die Informationsextraktion reguläre Ausdruck zur Anwendung [87,123,124]. Diese werden nun für den folgenden Auszug aus der Richtlinie VDI 2230 Blatt 2 vorgestellt:

Ausschnitt 1:
"Modellklasse II bildet die Schraube [...] als Linienelement, also als Zugstab, Balken oder Federelement ab. Die Anbindung an das Bauteil erfolgt über eine Kopplung [...] Ergebnis sind die Schnittgrößen in der Schraube. [...] Modellklasse III bildet die Schraube als Ersatzvolumenkörper ab. Die Schraube wird dabei ohne Gewinde modelliert.

7.2.2.4 Modellklasse II
[...] Mit einem solchen Modell ist das gesamte Tragverhalten der SV vom verspannten System bis zum Klaffen abbildbar."

In diesem Auszug sollen nun die relevanten Bereiche automatisiert erkannt und die zugehörigen Informationen über die FEA-Schraubenmodelle extrahiert werden. Hierzu müssen zunächst über Part-of-Speech-Tagger [131] die Wortarten gemäß der Stuttgart-Tübingen-Tagsets [129] bestimmt werden. Hierzu wird die Erweiterung NLTK (Natural Language Toolkit) für RapidMiner und ein in Python bereits verfügbarer POS-Tagger (TreeTagger [249]) eingebunden. Ein kurzer Ausschnitt aus dem ersten Satz nimmt damit zum Beispiel die folgende Form an: "dieART SchraubeNN". Hier wird das Nomen durch "NN" und der Artikel durch "ART" gemäß der Stuttgart-Tübingen-Tagsets automatisch gekennzeichnet. Anhand des nachfolgenden erweiterten Ausschnitts soll nun die Extraktion der Informationen schrittweise erläutert werden:

Ausschnitt 2 mit POS-Tags:
"ModellklasseNN IICARD bildetVVFIN dieART SchraubeNN alsKOKOM BalkenNN abPTKVZ"

Hier kennzeichnet "KOKOM" ein Vergleichspartikel [129]. Außerdem werden durch den POS-Tagger zusammengehörende Verben gekennzeichnet. In dem dargestellten Ausschnitt entspricht "VVFIN" dem finiten Verb und "PTKVZ" dem zugehörigen Verbzusatz [129]. Für eine gezielte Weiterverarbeitung der Informationen müssen jedoch auch die relevanten Begriffe durch Named-Entity-Recognition mit entsprechenden Oberbegriffen (Klassen) gekennzeichnet werden [87,128,133]. Damit nimmt der Ausschnitt die folgende Form an:

Ausschnitt 2 mit Named-Entity-Tags:
"ModellklasseMODELL IIMODELL bildetVVFIN dieART SchraubeBAUTEIL alsKOKOM BalkenELEMENTTYPGEOMETRIE abPTKVZ"

Wie im letzten Schritt gezeigt, werden Nomen, die sich auf Finite Elemente, Bauteile und Modellklassen beziehen, automatisch auf Grundlage der angelegten Listen annotiert (getaggt). Hierzu werden im Rahmen der Dissertation spezielle Wortlisten für die FEA-Domäne angelegt. Die Annotation "ELEMENTTYP" wird darin den Finiten Elementen zugewiesen, wie beispielsweise Balken-, Schalen- oder Volumenelementen. Außerdem wird in dem Ausschnitt der Begriff "Balken" in dem gegebenen Kontext als Elementtyp und als Geometrie gekennzeichnet. Zudem ist die Klasse "BAUTEIL" den CAD-Teilen zugeordnet, wie zum Beispiel in dem Ausschnitt der Schraube. Die Klasse "MODELL" wird darüber hinaus den Modellklassen beziehungsweise den beschriebenen FEA-Modellen zugewiesen. In dem Ausschnitt ist zu erkennen, dass hier auch Kombinationen aus mehreren Wörtern markiert werden, wie zum Beispiel die Kombination "Modellklasse II". Zusätzlich zu den Named-Entity-Tags für die Elementtypen, Bauteile, Geometrie und Modelle, annotieren die umgesetzten Tag-Listen zum Beispiel auch Simulationsergebnisse, Kontakte oder Lasten.

Für die Identifikation und Extraktion der relevanten Informationen werden im Rahmen der Dissertation möglichst allgemeingültige reguläre Ausdrücke formuliert, durch die sich die jeweiligen Abschnitte wie im aktuellen Beispiel auffinden lassen. Durch reguläre Ausdrücke lassen sich wiederkehrende Muster beziehungsweise Satzstrukturen in einer allgemeinen Form abbilden, um die passenden Textabschnitte gezielt zu verarbeiten [87,123,124]. Bei regulären Ausdrücken handelt es sich also um eine Art Programmiersprache, durch die sich die gesuchten Muster implementieren lassen [87,123,124]. In Verbindung mit speziellen Verarbeitungsregeln lassen sich dann gezielt die relevanten Informationen aus dem Text extrahieren und aufbereiten. Im Folgenden soll zunächst der Satzanfang des Ausschnitts (Ausschnitt 2 mit Named-Entity-Tags) durch reguläre Ausdrücke erkannt und verarbeitet werden: "ModellklasseMODELL IIMODELL bildetVVFIN".

((\S*(MODELL))+)((\S*(VVFIN|VAFIN|APPR)

Wie in dem Beispiel gezeigt werden statt der festen Begriffe hauptsächlich generische Named-Entity-Tags und Part-of-Speech-Tags als Platzhalter eingefügt. In dem gezeigten Beispiel wird also angegeben, dass am Satzanfang ein Modell steht. Hierbei wird aber nicht vorgegeben welches Modell hier stehen muss. Über den Ausdruck "\S*" werden alle Wörter erfasst, die mit den jeweils nachfolgenden Named-Entity-Tags gekennzeichnet wurden. Außerdem wird über den Operator "+" angegeben, dass der Ausdruck in den Klammern einmal oder mehrmals vorkommen kann. Damit ist gewährleistet, dass zum Beispiel am Satzanfang mehrere Wörter für ein Modell stehen, wie zum Beispiel "ModellklasseMODELL IIMODELL". Zudem erfasst der Ausdruck "(\S*(VVFIN|VAFIN|APPR))" die finiten Vollverben ("VVFIN" [129] für beispielsweise "bildet") oder alternativ die Hilfsverben ("VAFIN" [129] für beispielweise "wird", "werden" oder "ist"), die in diesen Satzstrukturen vorkommen. Außerdem können hier auch Präposition ("APPR") stehen. Über den Operator "|" zwischen den Ausdrücken "VVFIN", "VAFIN" und "APPR" ist definiert, dass es sich hierbei um alternative Ausdrücke handelt. Die Funktionen aller in regulären Ausdrücken anwendbaren Operatoren und POS-Tags sind in [129,136] beschrieben.

Der nächste Satzteil lautet in dem betrachteten Textauszug (Ausschnitt 2 mit Named-Entity-Tags): "dieART SchraubeBAUTEIL alsKOKOM". Dieser Abschnitt wird durch die nachfolgenden regulären Ausdrücke erfasst.

(.*?) ((\S*(BAUTEIL))+)(.*?)(\S*(KOKOM|APPR))

Hier werden ebenfalls die Named-Entity-Tags und Part-of-Speech-Tags anstelle der festen Begriffe eingesetzt. Der Ausdruck "S*(BAUTEIL)" gibt demnach an, dass an dieser Stelle ein beliebiges Bauteil steht. Außerdem lässt der nachfolgende Ausdruck "S*(KOKOM|APPR)" Vergleichspartikel ("KOKOM") oder Präposition ("APPR") zu. Über den Ausdruck "(.*?)" werden außerdem zusätzliche beliebige Wörter (zum Beispiel Artikel) oder Nebensätze erlaubt, die nicht explizit durch die anderen regulären Ausdrücke erfasst werden. Zum Beispiel wird der Artikel vor dem Bauteil hier nicht explizit angegeben. Die Wörter und Nebensätze, die über den Ausdruck "(.*?)" zugelassen werden, müssen jedoch im Nachgang mit weiteren regulären Ausdrücken verarbeitet werden. Neben zusätzlichen relevanten Informationen werden hierbei insbesondere auch Formulierungen erkannt, die die extrahierten Zusammenhänge verneinen. Hierbei werden viele Formen der Negierung über den Tag *PTKNEG* erfasst, aber es muss auch nach bestimmten Formulierungen, wie zum Beispiel mit der Präposition "ohne", gesucht werden.

Der letzte Teil des betrachteten Satzes (Ausschnitt 1 mit Named-Entity-Tags) lautet: "BalkenELEMENTTYPGEOMETRIE abPTKVZ". Dieser Abschnitt wird wie folgt durch reguläre Ausdrücke verarbeitet:

((\S*(GEOMETRIE|ELEMENTTYP))+ (.*?) (\S*(PTKVZ|VVPP|ADJD|[.]))

Der Ausdruck "((\S*(GEOMETRIE|ELEMENTTYP))+)" lässt hier Geometrien oder Elementtypen zu. Diese können auch wie im vorangehenden Beispiel aus mehreren Termen zusammengesetzt sein (zum Beispiel "lineares Balkenelement"). Zudem werden hier auch wieder beliebige Einschübe und Nebensätze über den Ausdruck "(.*?)" zugelassen und im Nachgang weiterverarbeitet. Darüber hinaus werden durch den abschließenden Ausdruck "(\S*(PTKVZ|VVPP|ADJD|[.]))?" Verbzusätze ("PTKVZ"), Partizipien ("VVPP") und Adjektive ("ADJD") erfasst. Diese Ausdrücke müssen den finiten Verben zu Beginn des Satzes zugeordnet werden: In dem Beispiel muss "abPTKVZ" dem Verb "bildetVVFIN" zugewiesen werden, um die Relation "bildet ab" zusammenzustellen. In Anlehnung an [87,128] handelt es sich hierbei um Verbgruppen, die auch in Kombination mit Partizipien ("VVPP") gebildet werden. Eine weitere Gruppe (Phrase) wird in Anlehnung an [87, 128] über die Adjektive ("ADJD") gebildet, wie zum Beispiel die Kombination: "istVAFIN abbildbarADJD".

Im Folgenden sind nun die beschriebenen regulären Ausdrücke kombiniert und um zusätzliche Named-Entity-Tags erweitert. Für die Übersicht ist hier nicht jedes Mal der volle Ausdruck "(BAUTEIL|MODELL|GEOMETRIE|VVIMP|ELEMENTTYP|GEOMETRIE|KONTAKT|ERGEBNIS|NN)" angegeben, sondern stellvertretend nur der Ausdruck "(BAUTEIL|...|NN)".

(.*?) ((\S*(BAUTEIL|...|NN))+)(.*?)((\S*(VVFIN|VAFIN|APPR))+)(.*?)
((\S*(BAUTEIL|...|NN))+)(.*?)(\S*(KOKOM|APPR)) (.*?)
((\S*(BAUTEIL|...|NN))+)(.*?) (\S*(PTKVZ|VVPP|ADJD|[.]))

Durch die zusätzlichen Named-Entity-Tags werden wesentlich mehr Klassen (Oberbegriffe wie zum Beispiel Bauteile oder Kontakte) an den jeweiligen Stellen im Satz zugelassen. Außerdem können auch beliebige Nomen ("NN") an diesen Stellen stehen. Die Verarbeitung der durch diese Ausdrücke erfassten Informationen erfolgt jedoch unterschiedlich, in Abhängigkeit von den jeweiligen erfassten Klassen. Durch die regulären Ausdrücke lassen sich damit die meisten Strukturen aus dem Gesamtausschnitt (Ausschnitt 1) erfassen und die relevanten Informationen einschließlich der Kontakte und Simulationsergebnisse aus diesen Strukturen extrahieren. Alle weiteren Satzteile werden über die Ausdrücke "(.*?)" und im Nachgang über weitere reguläre Ausdrücke verarbeitet. Für den Vergleich sind im Anhang die POS-Tags und Named-Entity-Tags für den Gesamtausschnitt (Ausschnitt 1) dargestellt (Abschnitt B.1). Zudem werden weitere reguläre Ausdrücke für das FEA-Assistenzsystem entwickelt, um die vielseitigen Satzstrukturen aus Berechnungsdokumenten abzubilden. Außerdem reicht es nicht aus, jeden Satz separat zu analysieren und nur die Beziehungen innerhalb eines Satzes auszuwerten. Diese Analysen genügen nur, wenn es in einem Text ausschließlich um ein Modell geht und sich somit alle Informationen diesem Modell zuordnen lassen. In vielen Dokumenten wird jedoch mehr als ein Modell beschrieben, wie auch in der vorliegenden Richtlinie. Vor diesem Hintergrund wurden weitere reguläre Ausdrücke entwickelt, um typische Formulierung in Simulationsdokumenten zu identifizieren, die unterschiedliche Modellklassen (oder zum Beispiel unterschiedliche Modellierungsansätze) einführen oder erneut betrachten. In den dargestellten Abschnitten der VDI 2230 Blatt 2 (Ausschnitt 1) wird mit dem ersten Satz die Modellklasse II und mit dem dritten Satz die Modellklasse III innerhalb eines Absatzes eingeführt. Die Überschrift des Abschnitts 7.2.2.4 in VDI 2230 Blatt 2 (siehe letzter Absatz des Beispieltextes in Ausschnitt 1) referenziert wieder die Modellklasse II. Diese Einführungen von Modellklassen beziehungsweise erneuten Betrachtungen werden über zusätzliche reguläre Ausdrücke erkannt. Die Inhalte in den Textpassagen zwischen diesen Formulierungen werden dann den entsprechenden Modellen zugeordnet. Diese Zuordnung hängt von der Art der Einführung oder Wiederaufnahme ab. Der Inhalt bezieht sich oft auf das zuletzt eingeführte Modell. Es müssen aber auch Formulierungen berücksichtigt werden, die dieser Reihenfolge nicht entsprechen. Darüber hinaus sind neben eindeutigen Ausdrücken, wie zum Beispiel den Modellklassen in VDI 2230 viele weitere Ausdrücke und Formulierungen zu berücksichtigen, über die der Inhalt im Text strukturiert wird. Beispiele sind Sätze oder Überschriften über bestimmte Konzepte oder Methoden, die sich auf die Simulationsmodelle und deren Ergebnisse beziehen.

Die extrahierten Informationen und Zusammenhänge aus der VDI-Richtlinie werden anschließend in Datensätzen strukturiert, wie in Tabelle 7 gezeigt. Darin sind auch die aus den Verbgruppen zusammengesetzten Relationen ("bildet ab") enthalten. Über die Relation "als" werden in der Tabelle die Verknüpfungen zwischen den Bauteilen und Elementen beziehungsweise den Ersatzgeometrien hergestellt. Die Nummern der zugewiesenen Modelle können von der ursprünglichen Modellklassennummerierung abweichen, wie in der Tabelle gezeigt. Hier weichen zum Beispiel die Modellnummern links in der Tabelle 7 (Spalte "M") von der Modellklassennummerierung rechts ab (Spalte "MK"). Der Grund dafür ist, dass sich Modellklassen aus der VDI-Richtlinie [9] mit unterschiedlichen Kontaktbedingungen erstellen lassen. In diesem Fall werden zwei getrennte FEA-Modelle definiert. In der Richtlinie kann das Klaffen der Schraubverbindung hingegen durch die gleiche Modellklasse II berücksichtigt oder ausgeschlossen werden. So wird die Modellklasse II (römische Zahlen in Spalte "MK", Tabelle 7) unterteilt in Modell 3 (Nummerierung in Spalte "M") mit entsprechendem Reibkontakten und Modell 2 ohne diese Kontakte. Außerdem wird die Relation für das Gewinde aus den Termen "wird modelliert" und "ohne" zusammengesetzt. Für den hierzu analysierten kürzeren Satz kommt nur ein Teil der zuvor beschriebenen regulären Ausdrücke zum Einsatz. Aus Platzgründen sind in der Tabelle nur die Balken ohne die Linienelemente, Zugstäbe und Federelemente angegeben.

Tabelle 7: Extrahierte Zusammenhänge über die Schraubenmodellierung

S	M	Relation	Bauteil	Element	Geometrie	MK
1	3	bildet ab	Schraube	-	-	II
1	3	als	Schraube	Balken	Balken	-
4	4	bildet ab	Schraube	-	-	III
4	4	als	Schraube	-	Ersatzvolumen	-
5	4	modelliert ohne	Schraube	-	Gewinde	-

Die dargestellten Zusammenhänge entsprechen noch nicht den endgültigen Relationen für die Ontologie, da in Ontologien ein einheitliches Vokabular zur Abbildung der Relationen und Instanzen in RDF-Tripel zugrunde liegen muss [85,86]. Hierzu werden im Rahmen der Dissertation spezielle Verarbeitungsregeln für die Relationen entwickelt. Damit werden zum Beispiel Synonyme zusammengeführt und aus den Relationen "M3" → *bildet ab* → "*Schraube*" und "*Schraube*"→ *als* → "*Balken*" aus Tabelle 7 wird automatisiert die Relation "BALKEN" → "*vernetzt*" → "*M3*" abgeleitet. Für diese Umwandlungen werden die Kennungen der jeweils betrachteten Sätze (Spalte "S") benötigt: In Tabelle 7 werden die beiden genannten Relationen ("*bildet ab*" und "*als*") über die Satzkennung S = 1 in Beziehung gebracht. Hierbei muss jedoch auch berücksichtigt werden, auf welche Klassen (zum Beispiel "Bauteil", "Element" oder "Geometrie" in Tabelle 7) sich die jeweiligen Relationen beziehen: In dem letzten Beispiel beziehen sich die Relationen auf die finiten Elemente eines Bauteils, weshalb die Relation "*vernetzt*" daraus abgeleitet wird. Durch weitere übergeordnete Relationen ist beispielsweise auch definiert, dass die Relation "bildet ab", durch die Relation "modelliert" ersetzt werden kann, wenn sich diese auf eine Bauteilgeometrie bezieht. Dies gilt auch für den Balken (Zeile 3), der zusätzlich als Geometrie interpretiert wird und für den Ersatzvolumenkörper (vorletzte Zeile). In Tabelle 8 sind einige der resultierenden Relationen aufgelistet.

Tabelle 8: Vereinheitlichte Zusammenhänge

A	B	C	D	E	F	G
S	M	Relation	Bauteil	Element	Geometrie	MK
1	3	vernetzt	Schraube	Balken	-	II
4	4	modelliert	Schraube	-	Ersatzvolumen	III
5	4	modelliert ohne	Schraube	-	Gewinde	-

Außerdem resultiert beispielsweise Tabelle 9 aus der Analyse der VDI-Richtlinie 2230 (vergleiche Ausschnitt 1). Hier sind auch die Nomen (NN) aufgeführt, die nicht mit Named-Entity-Tags gekennzeichnet sind und trotzdem über die regulären Ausdrücke erfasst werden. Diese Nomina werden ebenfalls in einheitliche Relationen überführt: Die zweite Zeile in Tabelle 9 wird in Verbindung mit der vorliegenden Modellklasse zu "*Kopplung*" → *verbindet* → "*M3*" und die dritte Zeile zu "*M3*" → *resultiert in* → "*Nennspannungen*".

Tabelle 9: Extrahierte Zusammenhänge über die Ergebnisse und Kontakte

S	M	Relation	NN	Ergebnis	Kontakt
2	3	erfolgt über	Anbindung	-	Kopplung
3	3	sind	Ergebnis	Nennspannungen	-

Die Inhalte aus den Tabellen werden über die Schnittstelle Cellfie im Ontologie-Editor Protégé in die Ontologie überführt. Die Funktionsweise dieser Schnittstelle und Mapping-Sprache M^2 ist in [218] beschrieben. Über die Mapping-Sprache M^2 werden im Rahmen der Dissertation Skripte geschrieben, durch die die extrahierten Informationen (zum Beispiel aus Tabelle 8) eingelesen und in geeigneter Form in der Ontologie abgebildet und vernetzt werden. Außerdem werden M^2-Skripte für die Verarbeitung von FEA-Modelldaten geschrieben, die im nachfolgenden Unterabschnitt erläutert werden.

Über M^2-Skripte lassen sich die Inhalte in Exceltabellen anhand der Spalten und Zeilen referenzieren. Hierbei können auch über ganzen Zeilen- oder Spaltenbereiche hinweg die Inhalte eingelesen werden. Jedoch dürfen die eingelesenen Zellen nicht in Excel übergreifend verbunden sein (mehrere Zeilen oder Spalten enthalten nur einen gemeinsamen Wert). Dies ist zum Beispiel häufig bei automatisch generierten Simulationsberichten der Fall, wie zum Beispiel aus ANSYS. Das betrifft sowohl die Überschriften als auch die eingetragenen Werte. Daher müssen für diese Berichte zusätzliche Skripte in Python geschrieben werden, um diese in eine geeignete Form zu überführen. Die Informationen aus Tabelle 8 wurden jedoch bereits durch die entwickelten Informationsextraktionsprozesse in geeigneter Form angelegt. Im Anhang ist exemplarisch ein vereinfachtes M^2-Skript für das Einlesen der Tabelleneinträge dargestellt (Abschnitt B.2).

Bild 38 zeigt einen Ausschnitt aus der resultierenden Ontologie für Einträge aus den Tabellen 8 und 9. Für die extrahierten Subklassen *Schraube*, *Balken* und *Ersatzvolumen* (hellblau in Bild 38) sind die übergeordneten Klassen (dunkelblau) aus der vordefinierten hierarchischen Grundstruktur exemplarisch angegeben. Außerdem sind hier die extrahierten und vereinheitlichen Relationen aus dem Berechnungsdokument dargestellt (zum Beispiel für *"Balken"* → *vernetzt* → *"M3"*). Hierbei müssen die Kennungen der Instanzen gemäß den zugehörigen FEA-Modellen erweitert werden, wie zum Beispiel: *"BalkenM3"*. Damit werden in der Ontologie Überschneidungen vermieden. Eine weitere Unterscheidung der Instanzen wird über zusätzliche Indizes erreicht, wenn dies für eine Instanz erforderlich ist.

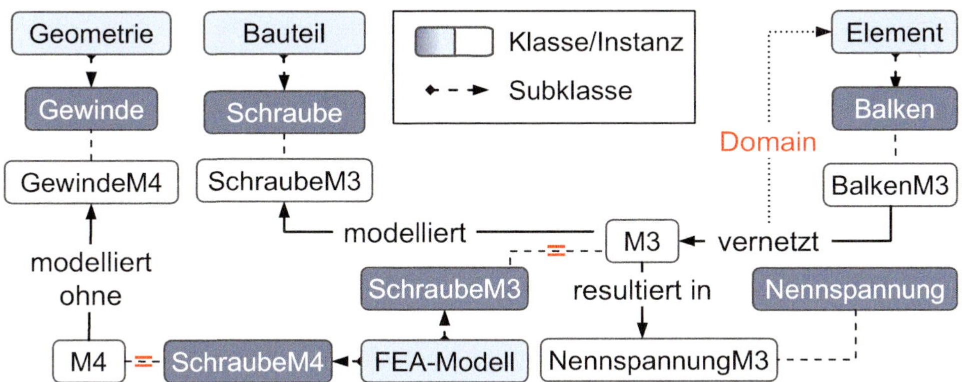

Bild 38: Einheitliche Repräsentation der Zusammenhänge

In Bild 38 sind außerdem die in der Ontologie eingesetzt Inferenzmechanismen rot gekennzeichneten: Für die aus den Berechnungsdokumenten extrahierten FEA-Modelle werden äquivalente Modellklassen in der Ontologie definiert. Über entsprechende Äquivalenzbedingungen wird zum Beispiel festgelegt, dass Instanzen, die mit Balkenelementen vernetzt werden und die in Nenngrößen (Oberklasse für ”Nennspannung”) resultieren der äquivalenten Modellklasse ”SchraubeM3” angehören. Für die äquivalenten Modellklassen werden jedoch umfassendere Äquivalenzbedingungen als in dem aktuellen Beispiel definiert. Die Verknüpfung mit weiteren Modellen aus anderen Datenquellen, wie zum Beispiel Simulationen in ANSYS, wird in den nachfolgenden Unterabschnitten erläutert.

In [89,128] sind wichtige Grundlagen für den Einsatz von Inferenzmechanismen in Ontologien beschrieben. Im Rahmen der Dissertation müssen jedoch spezielle Äquivalenzbedingungen und Skripte entwickelt werden, durch die geeignete Äquivalenzbedingungen automatisiert bei der Analyse der Berechnungsdokumente und -modelle angelegt werden. Für die Anwendung der entwickelten Inferenzmechanismen und die Überprüfung der Ontologie auf Konsistenz dient der Reasoner Pellet (Inkremental) [220].

Ein weiterer wichtiger Inferenzmechanismus bezieht sich auf die Aufbereitung von unbekannten Instanzen. Hierzu werden Klassenbereiche (Domains und Ranges) für die Relation definiert [89,128]. Über Domains und Ranges kann festgelegt werden, mit welchen Klassen, eine Relation allgemein verbunden ist [89,128]. Danach kann über Inferenz automatisch ermittelt werden, welcher Klasse eine Instanz angehört, wenn diese Instanz mit der jeweiligen Relation verbunden ist [89,128]. Ranges beziehen sich auf die Klasse am Anfang einer Relation während über Domains die Klassenzugehörigkeit der gegenüberliegenden Instanz definiert ist [89,128]. Im FEA-Assistenzsystem werden unter anderem Domains für die Relation "vernetzt" in Bild 38 definiert. Damit kann zum Beispiel für die Instanz "BalkenM3" automatisch die Klasse Element zugeordnet werden, selbst wenn diese Information nicht im Berechnungsdokumenten enthalten ist. Außerdem erhält die Relation "vernetzt" die Klasse "FEA-Modell" als Range. Für das FEA-Assistenzsystem werden weitere Ranges und Domains definiert, um schließlich die Inhalte aus unstrukturierten, freiformulierten Simulationsdokumenten in eine einheitliche, maschinenlesbare Form zu überführen, selbst wenn die Simulationsdokumente nicht alle erforderlichen Informationen enthalten.

Ferner ist eine extrahierte Information auch dann abrufbar, wenn diese über die Verarbeitungsregeln und Inferenzmechanismen der Ontologiestruktur nicht zugeordnet werden konnte. Voraussetzung hierfür ist, dass die Informationen durch die allgemeingehaltenen regulären Ausdrücke extrahiert werden. In Bild 39 ist exemplarisch ein solcher Fall für eine Kontaktbedingung aus VDI 2230 aufgezeigt.

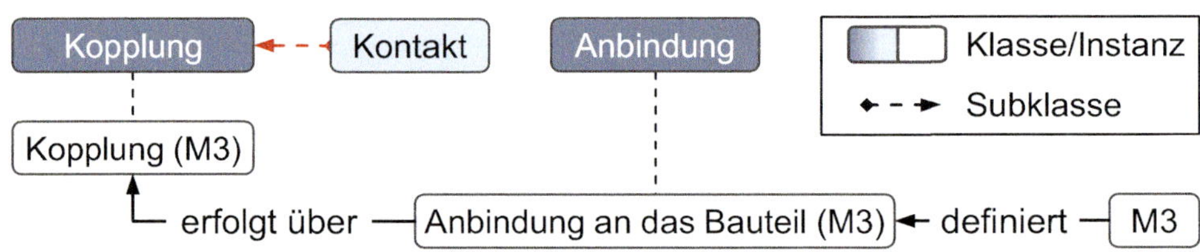

Bild 39: Extrahierte Zusammenhänge über Kontakte

Hier wird der Fall betrachtet, dass die beschriebenen Kontaktbedingungen zwar durch erweiterte reguläre Ausdrücke erfasst, aber nicht weiterverarbeitet werden konnten. Gemäß dem Tripel-Schema *Subjekt-Prädikat-Objekt* [54] werden in Bild 39 die erfassten Instanzen (Subjekt: "Anbindung an das Bauteil", Objekt: "Kopplung") und Relationen ("erfolgt über") direkt übernommen. Die Verknüpfung mit dem FEA-Modell "M3" und die Endungen der Instanzen lassen sich hier trotzdem über die vorangehenden analysierten Sätze ableiten. Zudem können die Klassen anhand der Positionen der Nomina in dem Satz erschlossen werden, wie zum Beispiel die Klasse "Anbindung" für die Instanz "Anbindung an das Bauteil (M3)" und die Klasse "Kopplung" für die Instanz "Kopplung (M3)" in Bild 39. Damit können alle Informationen übersichtlich in der Ontologie dargestellt werden, um diese in nachfolgenden erweiterten Prozessen zu berücksichtigen. Im einfachsten Fall kann hier die zunächst unbekannt Klasse "Kopplung" einer bestehenden übergeordneten Klasse zugeordnet werden (Zuweisung der Kontakt-Klasse in Bild 39). Damit erbt die Klasse "Kopplung" alle Eigenschaften der Oberklasse und die erweiterte Klassenhierarchie wird zukünftig in den Textanalysen berücksichtigt.

Falls sich die Instanzen und Relationen hingegen nicht in die vorhandenen Ontologiestrukturen einbinden lassen, müssen stattdessen die vorangehenden Verarbeitungsregeln und Informationsextraktionsprozesse entsprechend erweitert werden.

5.3 Analyse von Produktmodellen

Im Folgenden soll nun die Extraktion von strukturierten Informationen aus CAD- und FEA-Modelle dargelegt werden. Eine besondere Herausforderung liegt hier in der Verknüpfung der detaillierten Simulationseinstellungen aus den Berechnungsmodellen mit den meist allgemeineren Regeln und Zusammenhängen aus Textdokumenten.

5.3.1 Simulationsmodelle

Für die Extraktion der Informationen aus FEA-Modellen müssen strukturierte Berichte aus den bestehenden Simulationsmodellen generiert werden. Entsprechende Funktionen stehen bereits in Simulationsumgebungen wie ANSYS Workbench zur Verfügung. Die strukturierten Berichte werden ebenfalls über M^2-Skripte und über reguläre Ausdrücke (in Python) in die Ontologie überführt. In Tabelle 10 sind Ausschnitte aus einem Simulationsbericht in ANSYS Workbench vereinfacht dargestellt.

Tabelle 10: Analysierte Simulationsberichte nach [P2]

ISO4762-M20X65		
Material	Modellart	Querschnitt
Stahl 8.8	Balken	$71,7e^{-6}$ m^2
Ergebnis Gerüst/Aufspannplatte		
von-Mises	Konvergenz	Elemente
max. 287,43 MPa	5,61%	519285
Kontakteinstellung Verbund		
Kontakt	Ziel	Pinballradius
1 Eckpunkt – ISO4762-M20X65	1 Fläche – Gerüst/ Aufspannplatte	15 mm

Der erste Auszug fasst Informationen über das vereinfachte Schraubenmodell zusammen, wie beispielsweise das Material, die Modellart (Balken, Schale oder Volumen) und die Ersatzquerschnittsfläche des Balkenelements. Weitere geometrische Informationen wie die Länge oder das Trägheitsmoment sind ebenfalls aufgelistet, jedoch in Tabelle 10 nicht gezeigt. Der zweite Abschnitt aus dem Bericht bezieht sich auf die Simulationsergebnisse: Hier werden Informationen wie die maximalen von-Mises-Vergleichsspannungen in bestimmten Bauteilen angegeben. Darüber hinaus ist die Konvergenz der Simulationsergebnisse in Abhängigkeit von der Elementanzahlen angegeben. Wie bereits genannt, vergleicht dieser Konvergenzwert den maximalen Spannungswert eines feineren Finite-Elemente-Netzes mit dem vorherigen Spannungswert bei einer gröberen Vernetzung [2]. Wenn der Konvergenzwert niedrig ist, hat eine weitere Verfeinerung des Netzes daher nur geringe Auswirkungen auf die Ergebnisqualität [2]. Der unterste Abschnitt liefert Informationen zu Kontakteinstellungen. Die Einstellungen beziehen sich auf die Kopplung eines Balkenelements mit einer Aufspannplatte. Die Informationen umfassen beispielsweise die Kontaktart (Verbund) und den Radius des Bereichs, in dem die Elementknoten der beiden Komponenten verbunden sind (Pinnballradius). Weitere Informationen, die für die Kontakte zur Verfügung gestellt werden und in der Tabelle nicht angegeben sind, beziehen sich zum Beispiel auf die Kontaktformulierung oder geben an, ob der Schalendickeneffekt in Mittelflächenmodellen berücksichtigt wird.

Während bei den vorhandenen FEA-Modellen zunächst die Informationsextraktionsprozesse an die FEA-Modelle und -berichte angepasst werden müssen, sollte jedoch in nachfolgenden Simulationen eine festgelegte Notation befolgt werden, um die Extraktion mit den vorhandenen regulären Ausdrücken und M^2-Skripten zu vereinfachen. Hier kann die Ontologie zukünftig auch als Vorlage genutzt werden und alle vorhandenen Instanzen und Klassen zu diesem Zweck strukturiert exportiert werden. Demnach handelt es sich bei Ontologien auch um ein Werkzeug um im Unternehmen ein einheitliches und bindendes Vokabular auszuarbeiten [85,86,P7].

Darüber hinaus kommen in der FEA häufig Simulationsskripte zur Anwendung, um spezielle Modellierungsoperationen durchzuführen, zum Beispiel um Schraubenvorspannungen für alle Balkenelemente vorzugeben. Diese Skript-Befehle werden ebenfalls in ANSYS Workbench exportiert. Die Skriptsprache in ANSYS ist APDL (ANSYS Parametric Design Language) [43]. Wichtig ist auch hier, dass die Kommentare und Parameterbezeichnungen in den APDL-Befehlen einer definierten Notation folgen, um die Informationen durch vordefinierte reguläre Ausdrücke zu extrahieren. Im Anhang (Unterabschnitt B.3) ist der Auszug eines APDL-Skripts, basierend auf [250], dargestellt.

5.3.2 CAD-Modelle

Zusätzlich zu den Simulationsmodellen müssen Stücklisten aus den zugehörigen CAD-Modellen analysiert werden. In Tabelle 11 ist die Stückliste eines Krangerüsts dargestellt.

Tabelle 11: Analysierte Stücklisten nach [P2]

Stückliste: Gerüst		
Pos.	Benennung	Sachnummer
2	Aufspannplatte	08.100.03.02
12	Zylinderschraube	ISO4762-M20X65
Stückliste: Kran		
Pos.	Benennung	Sachnummer
2	Getriebe	08.100.02
3	Gerüst	08.100.03

Die aus den Stücklisten extrahierten Bauteil- und Baugruppennummern werden verwendet, um die CAD-Instanzen in den Ontologien abzubilden. In der Tabelle 11 wird die Teilenummer 08.100.03.02 der Aufspannplatte zugewiesen und die Nummer 08.100.03 dem Gerüst zugeordnet. Diese Bezeichner basieren auf Namenskonventionen des Lehrstuhls für Konstruktionstechnik. Darüber hinaus werden aus diesen Teilenummern die Kennungen für die Instanzen der FEA-Modelle abgeleitet, wie zum Beispiel 08.100.03M10 für das Simulationsmodell des Gerüsts. Die Endung "M10" gibt die Nummer des aktuell erstellten Modells an. Zusammen mit den Benennungen der Bauteile werden die Stücklisten über M^2-Skripte und reguläre Ausdrücke in die Ontologie überführt.

Wie in Unterabschnitt 2.1.2 dargelegt, muss die Geometrie von CAD-Modellen für die Simulation vereinfacht werden. Um diese wissensintensiven Schritte in den Ontologien abzubilden und nachzuverfolgen, werden aus dem CAD-System Modellbäume mit den dokumentierten Änderungen exportiert. In Creo Parametric steht hierfür eine entsprechende Funktion zur Verfügung.

Ein vereinfachter Ausschnitt aus diesen Modellbäumen ist nachfolgend dargestellt:

Gerüst.ASM
  Lagerbock.PRT
    Profil1
    Rundung1 (eingefügt)
      d3 (geändert auf 11 mm)
    Bohrung3 (gelöscht)
  ISO4762-M20X65 (gelöscht)
Getriebe.ASM (gelöscht)

In diesem Modellbaum ist dokumentiert, dass eine Verrundung (Rundung1) eingefügt und der Radius (d3) auf 11 mm geändert wurde. Damit lassen sich zum Beispiel scharfkantige CAD-Geometrien, die zu unrealistisch hohen Spannungen (Singularitäten) in der Simulation führen würden, korrigieren [2]. Die neue Verrundung entspricht zum Beispiel der fertigbaren Geometrie oder stellt einen empirisch ermittelten Referenzradius für die Simulation von Kerbspannungen dar [2,8]. Weiterhin wird in dem dargestellten Modellbaum eine Bohrung gelöscht. In Modellregionen mit geringen Einflüssen auf die Simulationsergebnisse (wie beispielsweise Regionen mit geringen Spannungskonzentrationen) können Bohrungen zur Vereinfachung des Finite-Elemente-Netzes und der Verringerung der Elementanzahl gelöscht werden. Außerdem wird die Schraube entfernt, um dieses Teil durch Balkenersatzelemente zu modellieren. Zudem wird das Getriebe entfernt, um dieses durch Randbedingungen zu ersetzen und damit die Rechenzeit zu reduzieren (Unterabschnitt 2.1.2). Die Modellmodifikationen, die in diesen Modellbäumen nachverfolgbar sind, werden ebenfalls in die Ontologie übertragen.

5.4 Einheitliche Repräsentation des Berechnungswissens

In der Ontologie in Bild 40 sind oben die Klassen, Instanzen und Relationen angegeben, die automatisch aus FEA-Modellen und CAD-Daten extrahiert wurden. Im unteren Bereich stammen die extrahierten Ontologiestrukturen aus der VDI 2230 Blatt 2 mit Bezug zum Balkenmodell "*M3*". Für das Ergebnis "*NennspannungM3*" von Modell "*M3*" ist hier angegeben, dass für dieses Ergebnis der Tragfähigkeitsnachweis über die VDI-Richtlinie 2230 Blatt 1 [41] erfolgt. Dieser Zusammenhang wird über die Relation "*erwartet*" abgebildet (siehe unten links in Bild 40).

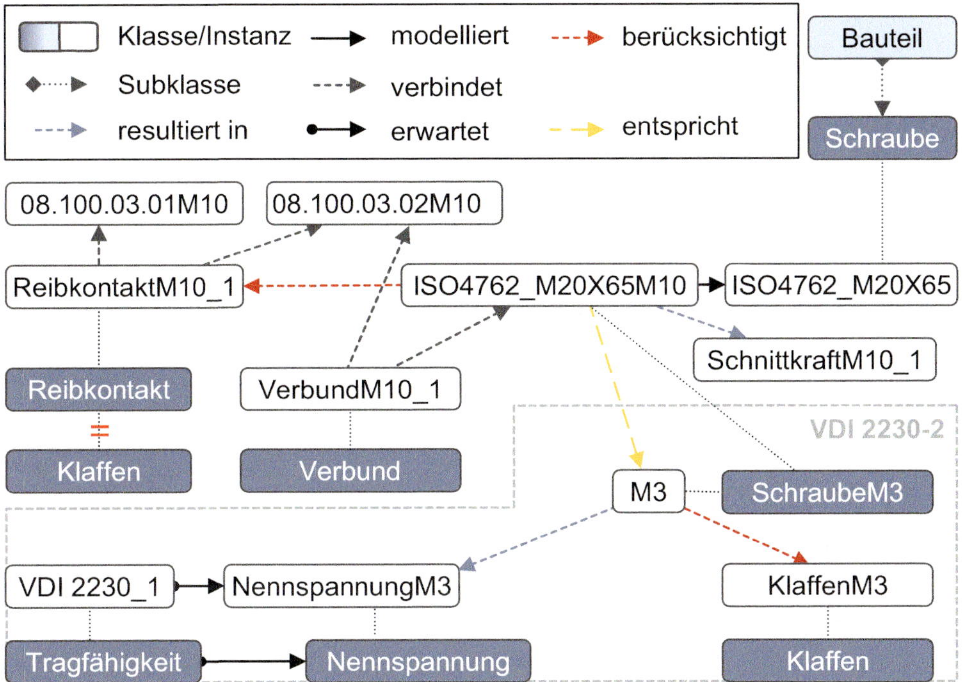

Bild 40: Repräsentation von Berechnungswissen für Schraubenverbindungen nach [P2]

Für die einheitliche Bereitstellung der Inhalte aus den Simulationsdokumenten und -modellen dienen weitere Inferenzmechanismen zur Aufbereitung der Instanzen und Klassen. In der Ontologie wird hierzu zum Beispiel definiert, dass die Klasse "*Reibkontakt*" äquivalent zur Klasse "*Klaffen*" ist. In der Abbildung ist die Äquivalenz der Klassen "*Reibkontakt*" und "*Klaffen*" über das rot gekennzeichnete Gleichheitszeichen angegeben. Außerdem wird die Relation "*verbindet*" mit der übergeordneten Relation "*berücksichtigt*" in Zusammenhang gebracht [89]. Auf diese Weise lässt sich in der Ontologie durch den Reasoner schlussfolgern, dass alle Bauteile, die über Reibkontakte verbunden sind, auch das Klaffen der Auflageflächen berücksichtigen.

Eine Relation lässt sich auch als *transitiv* definieren, um einen direkten Zusammenhang zwischen Instanzen herzustellen, die zuvor nicht unmittelbar miteinander verbunden waren. Nach [89] bedeutet "transitiv", dass zwei Instanzen *A* und *C* über eine transitive Relation miteinander verbunden werden, wenn diese Relation *A* mit *B* und *B* mit *C* verbindet. Für die letztgenannte Relation "berücksichtigt" wird diese Eigenschaft definiert. In der Ontologie in Bild 40 sind die daraus gefolgerten Annahmen des Reasoners veranschaulicht: Der Verbundkontakt "*VerbundM10_1*" ist über die Relation "*verbindet*" mit dem

FEA-Modell "*ISO4762_M20X65M10*" einer Schraubenverbindung "*ISO4762-M20X65*" und mit dem FEA-Modell "*08.100.03.02M10*" einer Aufspannplatte verbunden. Außerdem ist das letztgenannte Modell wiederum über die gleiche Relation mit dem zugehörigen Reibkontakt "*ReibkontaktM10_1*" verknüpft (siehe Relationen "*verbindet*" in Bild 40). Definitionsgemäß kann die Relation "*verbindet*" durch die übergeordnete Relation "*berücksichtigt*" ergänzt werden. Da die Relation "*berücksichtigt*" außerdem transitiv ist, wird durch den Reasoner geschlussfolgert, dass das Schraubenmodell auch den Reinkontakt und damit das Klaffen der Verbindung berücksichtigt.

Aufbereitungen dieser Art sind wichtig, um anschließend auch äquivalente Modelle zusammenzuführen: In Bild 40 wird zum Beispiel das Modell "*M3*" aus der VDI-Richtlinie und das Modell "*ISO4762_M20X65M10*" aus der Finite-Elemente-Simulation der Klasse "*SchraubeM3*" über erweiterte Äquivalenzbedingungen zugeordnet. Diese Äquivalenzbedingungen werden automatisch bei der Extraktion der Modelle aus den Simulationsdokumenten über spezielle Skripte erstellt. In der Ontologie in Bild 40 sind zwei Beispiele für die durch "*M3*" und "*ISO4762_M20X65M10*" erfüllten Äquivalenzbedingungen dargestellt: Neben der Berücksichtigung von Klaffen, resultieren beide Modelle auch in Nenngrößen. Die Klasse "Nenngröße" ist eine Oberklasse von "Nennspannung" (Klasse für die Instanz "*NennspannungM3*") und "Schnittkraft" (Klasse für die Instanz "*SchnittkraftM10_1*").

Über die SWRL-Schnittstelle (Semantic Web Rule Language) lassen sich außerdem Regeln formulieren, die durch den Reasoner verarbeitbar sind [251]. Ein Beispiel für diese Regeln ist nachfolgend gezeigt:

SchraubeM3(?p) -> entspricht(?p, M3)

Der Ausdruck ordnet jeder Instanz "*?p*", die der Klasse "*SchraubeM3*" angehört, die Relation "*entspricht*" zu, mit einem Verweis auf das Modell "*M3*". Sobald der Reasoner ausgeführt wird, werden die entsprechenden neuen Zusammenhänge in der Ontologie hinzugefügt. In Bild 40 ist diese inferierte Relation gelb gekennzeichnet. Damit ist in der Ontologie zum Beispiel hinterlegt, dass Modell "*ISO4762_M20X65M10*" dem Modell "*M3*" entspricht und sich daher auch über den Tragfähigkeitsnachweis in VDI-Richtlinie 2230 Blatt 1 auslegen lässt.

Für bestimmte Instanzen, wie zum Beispiel für Kontakte oder Elemente, werden zusätzliche Nummerierungssysteme eingeführt. Wie bereits genannt, kennzeichnet die Endung "M10" am Ende der Instanz das jeweils vorliegende Modell. Wird ein weiteres Modell erstellt, resultiert hieraus die Nummer "M11". Da in jedem Modell mehrere Kontakte oder Elemente enthalten sind, werden zusätzlich Nummern für diese Instanzen hinzugefügt. Über diese

Nummern können die Instanzen unterschieden werden. In Bild 40 lautet zum Beispiel die Kennung für den Verbundkontakt: "*VerbundM10_1*". Für einen weiteren Kontakt dieser Art würde daher die folgende Kennung resultieren: "VerbundM10_2".

In Bild 40 sind nicht die Eigenschaften der Instanzen dargestellt. Diese Instanzeigenschaften enthalten weitere wichtige Informationen über das Modell, zum Beispiel bezüglich der Kontakteinstellungen, die in Tabelle 10 aufgelistet sind und aus den Simulationsberichten extrahiert werden. In Bild 40 ist außerdem jeweils nur eine Relation zwischen zwei Instanzen oder Klassen dargestellt. Tatsächlich werden aber immer zwei Relationen zwischen den Instanzen und Klassen definiert. Diese Beziehungen haben eine ähnliche Bedeutung, aber entgegengesetzte Richtungen. Diese inversen Relationen können vorab für die wichtigsten Relationen definiert werden. Damit müssen nicht beide Relationen angegeben werden und die Inverse wird durch den Reasoner gebildet.

Anhand dieser Klassenstrukturen und Bezeichnungssysteme und durch den Einsatz der Inferenzmechanismen lassen sich also einheitliche und konsistente Ontolgiestrukturen für unterschiedliche Wissensbereiche in der Simulation generieren, in denen sowohl die spezifischen Daten aus den Simulationsmodellen als auch die allgemeineren Beschreibungen aus den Simulationsdokumenten abbildbar sind.

5.5 Bereitstellung des Berechnungswissens

5.5.1 Ontologieabfrage mit SPARQL

Um das in der Ontologie repräsentierte Wissen kontextbezogen bereitzustellen, wird die Abfragesprache SPARQL 1.1 verwendet [P7,221]. Das folgende Beispiel fragt für alle Schrauben die zugehörigen FEA-Modelle, Kontakte und finiten Elemente ab. Neben dem "*SELECT*"-Ausdruck werden in diesem Beispiel die Klassen und Instanzen definiert, die ausgegeben werden sollen. In den geschweiften Klammern (nach dem "WHERE"-Ausdruck) werden die Filter für die Abfragen vorgegeben. Über diese Filter wird zum Beispiel ermittelt, mit welchen Modellen "?FEA_Modell1" die Schrauben "?Schraube1" in der Ontologie (über die Relation "*modelliert_durch*") verbunden sind. Außerdem wird beispielsweise ermittelt, welche Ergebnisse aus dem FEA-Modell resultieren. Es werden also Ketten gebildet, in denen zunächst das zugehörige FEA-Modell für ein Bauteil und anschließend die Ergebnisse dieses Modells abgefragt werden.

```
SELECT ?FEA_Modell1 ?Kontakt1 ?Ergebnis1 ?Maximum
WHERE
{ ?Schraube1 rdf:type/rdfs:subClassOf* :Schraube.
?Kontakt1 rdf:type/rdfs:subClassOf* :Kontakt.
?Schraube1 :modelliert_durch ?FEA_Modell1.
?Kontakt1 :verbindet ?FEA_Modell1.
?FEA_Modell1 :resultiert_in ?Ergebnis1.
OPTIONAL{?Ergebnis1 :Maximum ?Maximum.}
Filter(?Maximum>1e5).
Filter(?Maximum<2.5e5).}
```

Außerdem lassen sich Filter für die zulässigen Parameterbereiche angeben. In dem Beispiel wird der maximale Wert (?Maximum) eines Simulationsergebnisses (?Ergebnis1) abgefragt. Dieses Ergebnis muss größer als $1e^5$ und kleiner als $2,5e^5$ sein. Die Parameter müssen hierzu im Dezimalformat vorliegen. Andere Formate sind zum Beispiel Strings oder Boolesche Ausdrücke [221]. Die Abfrageergebnisse werden dem Benutzer in Tabellen aufgelistet. Tabelle 12 zeigt die Ergebnisse dieser Abfrage. Dieser Auszug listet nur ein Modell, einen Kontakt und ein Ergebnis auf. Eigentlich werden alle Modelle, Kontakte und Ergebnisse dem Nutzer angezeigt.

Tabelle 12: Abfrage der Kontakteinstellungen nach [P2]

Modell 1	Kontakt	Ergebnis	Formul.	Max.
...M20x65M10	VerbundM10_1	SchnittkraftM10_1	MPC	1,275e5

Zusätzlich werden die Eigenschaften für die betrachteten Kontakte und Ergebnisse in der Tabelle 12 angezeigt. Für den Verbundkontakt ist exemplarisch die Kontaktformulierung angegeben. Hier wurde eine MPC-Kontaktbedingung für die Kopplung der Elemente gewählt (siehe auch Abschnitt 2.1.2). Für das Ergebnis, die Schnittkraft der Schraubenverbindung, ist das Maximum gemäß der geforderten Wertebereiche angegeben. Wenn ein Ergebnis nicht in dem geforderten Wertebereich liegt, werden die zugehörigen Instanzen gefiltert und nicht aufgelistet.

5.5.2 Zugriff über eine Dialogkomponente

Die SPARQL-Befehle müssen jedoch nicht händisch eingegeben werden, da für die Abfrage der Ontologien im FEA-Assistenzsystem eine grafische Benutzerschnittstelle implementiert wurde. Diese Komponente generiert

SPARQL-Abfragebefehle, wie im vorangehenden Abschnitt beispielhaft vorgestellt. Die Dialogkomponente besteht aus Dropdown-Listen zur Auswahl der Instanzen, Relationen und Klassen. Zur Erläuterung ihrer Funktionalität ist die Benutzeroberfläche in Abbildung 41 dargestellt.

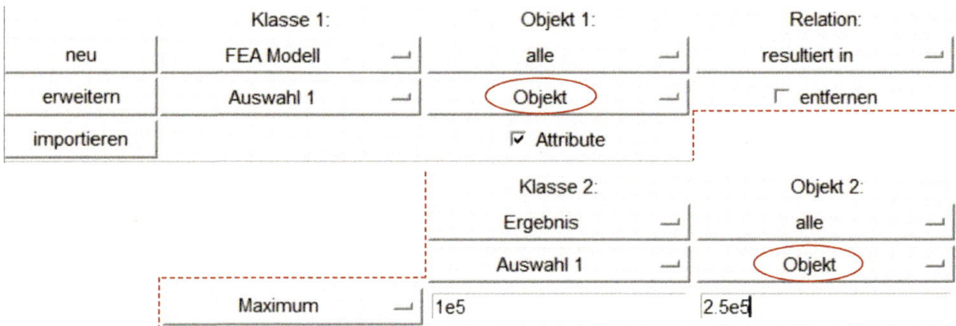

Bild 41: Linke Seite des Eingabefelds zur Abfrage von Modelleigenschaften (oben) und rechte Seite (unten) [P2]

Bei der aktuellen Einstellung der Dropdown-Listen würden alle FEA-Modelle (Klasse1 oben links) abgefragt werden, deren Ergebnisse (Klasse 2 unten rechts) ein Maximum im Bereich zwischen $1e^5$ und $2,5e^5$ aufweisen. Hier kann zum Beispiel ein Ziel sein, alle bisher eingesetzten Schraubenmodelle in bestimmten Lastbereichen abzufragen und die geeigneten Schrauben oder FEA-Modelle für ähnliche Lastfälle direkt wiederzuverwenden. Als Relation ist "resultiert in" (oben rechts in Bild 41) angegeben. Alternativ kann dieses Feld aber auch auf "beliebig" gesetzt werden, um die Relationen nicht einzuschränken. Die betrachteten Instanzen sind in der dargestellten Einstellung nicht eingeschränkt, können aber ebenfalls vorgegeben werden. Links oben in der Abbildung lassen sich neue Abfragen starten oder die bestehenden Abfragen erweitern. Mit dem letztgenannten Befehl können mehrere Abfragen kombiniert werden. Alle Abfragen werden dann in einer Textbox zusammengefasst. Für eine erweiterte Abfrage wird zum Beispiel der Verlauf wie folgt dokumentiert:

- Schraube (Auswahl 1) modelliert durch FEA Modell (Auswahl 1) für alle Werte
- Kontakt (Auswahl 1) verbindet FEA Modell (Auswahl 1) für alle Werte
- Element (Auswahl 1) vernetzt FEA Modell (Auswahl 1) für alle Werte
- FEA Modell (Auswahl 1) entspricht FEA Modell (Auswahl 2) für alle Werte
- FEA Modell (Auswahl 1) resultiert in Ergebnis (Auswahl 1) für Maximum größer als 1e5 und kleiner als 2.5e5

Hier ist auch zu sehen, dass mehrere unabhängige Selektionen in einer gemeinsamen Abfrage kombiniert werden können. In Bild 41 erfolgt dies über die Dropdown-Liste neben dem roten Kreis (hier auf Auswahl 1 gestellt). In dem Beispielverlauf wird ein FEA-Modell zu einer neuen Auswahl hinzugefügt (Auswahl 2). Dabei handelt es sich nicht um das zuvor abgefragte FEA-Modell, sondern um ein zweites Modell, das mit dem vorangehenden Modell über die Relation "entspricht" verbunden ist.

5.6 Analyse durch Data-Mining

Zu Beginn des Kapitels wurde bereits ein erster Einblick in die Data-Mining-Prozesse des FEA-Assistenzsystems gegeben. Durch diese Prozesse lassen sich aus den in der Ontologie bereitgestellten Berechnungsinformationen übergeordnete Zusammenhänge ableiten. Hierbei muss berücksichtigt werden, dass für die Data-Mining-Analysen gegebenenfalls unterschiedliche Formate für die zu analysierenden Datensätze benötigt werden. Gegebenenfalls werden zum Beispiel in der einen Spalte des Datensatzes Oberklassen angegeben, während eine andere Spalte Relationen enthält. Im Folgenden ist der Ausschnitt aus einem Datensatz für die Data-Mining-Analysen dargestellt:

Tabelle 13: Datensatz nach [P2]

Bauteil	Klaffen	Ergebnis	Modell
ISO4762-M20X65	berücksichtigt	Nennspannung	M3
ISO4762-M20X65	berücksichtigt	Kerbspannung	M5

In dem Datensatz ist zu erkennen, dass die Ausgabeformate in den Spalten unterschiedlich sind: Während für die Klasse "*Klaffen*" die Relation "berücksichtigt" aufgelistet ist, stehen in der Spalte der Ergebnisse nur die zugehörigen Subklassen (zum Beispiel "Nennspannung"). Für die Schraube ist zudem die Instanz angegeben ("ISO4762-M20X65"). Daher lässt sich in der Dialogkomponente in Bild 41 auch festlegen, ob Klassen, Instanzen oder Relationen ausgegeben werden sollen. In Bild 41 ist zum Beispiel angegeben, dass die Objekte (Instanzen) für die abgerufene Klassen aufgelistet werden sollen (siehe rot umkreiste Einträge). Darüber hinaus können jedoch auch alle Relationen, Objekte und Klassen in einer gemeinsamen Liste ausgegeben werden. Die Ausgabelisten sind dann entsprechen erweitert.

Anschließend können die durch Data-Mining identifizierten Modellierungsregeln in Form von Wenn-Dann-Beziehungen (Python-Skripte) in der Wissensbasis abgelegt werden. Im Anhang (Abschnitt B.4) ist eine der resultierenden Regeln aufgezeigt. Diese Modellierungsregeln können direkt in

Automatisierungsskripten für Finite-Elemente-Simulationen eingesetzt oder über die Dialogkomponente abgerufen und ausgeführt werden. Die Regeln werden ausgelöst, sobald sie abgerufen werden und zusätzlich die Prämissen dieser Regeln über die Abfragen erfüllt sind. Gemäß Tabelle 13 sind zum Beispiel die Bedingungen für das Modelle "*M3*" erfüllt, wenn für eine Schraube die entsprechenden Ergebnisse (Nennspannungen) und Kontaktbedingungen (Klaffen berücksichtigt) über die Ontologieabfragen gefordert sind. Sobald die Voraussetzungen erfüllt sind, wird im Textfeld unter der Dialogkomponente (Bild 41) das Modell vorgeschlagen. Der Vorteil bei der Abfrage über die Dialogkomponente ist, dass neben dem vorgeschlagenen Modell auch weitere verknüpfte Informationen, wie zum Beispiel die Richtlinien für die Auswertung der Simulationsergebnisse mit abgefragt werden können.

5.7 Einsatz in automatisierten Simulationsprozessen

Für die Automatisierung der Simulationen kommen CAE-Features zur Anwendung. Da das FEA-Assistenzsystem auf Konstruktionsingenieure ausgelegt ist, erfolgt die Definition berechnungsrelevanter Informationen, wie Lasten und Lagerungen sowie die Vorgabe der erforderlichen Berechnungsergebnisse, bereits in deren bestehender CAD-Umgebung. Der Fokus liegt hierbei auf der konstruktionsbegleitenden, strukturmechanischen Analyse verschraubter und geschweißter Profilkonstruktionen, für die entsprechende Feature-Bibliotheken erstellt wurden. Das Assistenzsystem wurde in der CAD-Umgebung PTC Creo Parametric und der Simulationsumgebung von ANSYS Workbench mit Unterstützung von B&W Software und ANSYS Germany umgesetzt. Dabei erfolgte die konstruktionsseitige Implementierung in der Programmierumgebung von SmartAssembly durch die Erweiterung von Zusatzapplikationen für Creo Parametric: IFX (Intelligent Fastener Extension), bisher eingesetzt für die effiziente Konstruktion von Schrauben- und Stiftverbindungen und AFX (Advanced Framework Extension) für die CAD-Modellierung von Profilkonstruktionen. Zudem wurden die Simulationsprozesse in MathWork MATLAB und ANSYS APDL (ANSYS Parametric Design Language) automatisiert. Aufgrund der effizienten Creo Zusatzapplikationen lassen sich die Baugruppen in wenigen Schritten erstellen.

In Bild 42 sind oben die CAE-Features in einer Profilkonstruktion eingebaut und aus Konstruktionssicht dargestellt: Eine Kehlnaht und eine Schraube mit den entsprechenden Normen und Geometriedaten. Neben diesen konstruktionsrelevanten Angaben erfolgt hier bereits auch die Definition der Lasten (Querlast von 3,8 kN und Längslast von 62 kN auf die Konsolenoberseite und eine Vorspannung von 127 kN in der Schraube). Im Anhang ist ein Ausschnitt aus der Benutzerschnittstelle zur Definition der Vorspannung dargestellt

(Bild 57). Außerdem wird für beide Verbindungen die Strukturspannung (in der Abbildung abgekürzt) gefordert.

Die Simulationsdaten werden an die exportierte STEP-Datei des CAD-Modells angehängt und über Python-Skripte eingelesen. Um nun die Wissensbasis automatisch abzufragen wurden auch Befehlssätze umgesetzt, über die sich die Funktionen der Dialogkomponente skriptbasiert ausführen lassen. Ein Beispiel für diese Befehle ist im Anhang, Abschnitt B.6 dargestellt. Die Skriptbefehle lassen sich direkt nutzen, um Abfragen zu stellen und um die hinterlegten Modellierungsregeln für die Berechnungsaufgaben aus der STEP-Datei auszuwerten. Die vorgeschlagenen Modelle werden daraufhin direkt für die Auswahl und die Ausführung entsprechender Simulationsskripte (in MATLAB und APDL) genutzt. Diese Simulationsskripte erstellen in ANSYS Workbench lauffähige Simulation entsprechend der Berechnungsaufgaben. Zusammen mit den Skripten lassen sich auch weitere relevante Informationen über die Modelle aus der Ontologie abfragen, wie zum Beispiel die Dokumente für die Nachweisführung oder die Gültigkeit der Simulationsmodelle. Wenn der Aufruf nicht für weitere Abfragen der Wissensbasis genutzt werden soll, können die Regeln auch direkt über einen Funktionsaufruf ausgeführt werden. Der Funktionsaufruf ist ebenfalls im Anhang, Abschnitt B.6 aufgeführt.

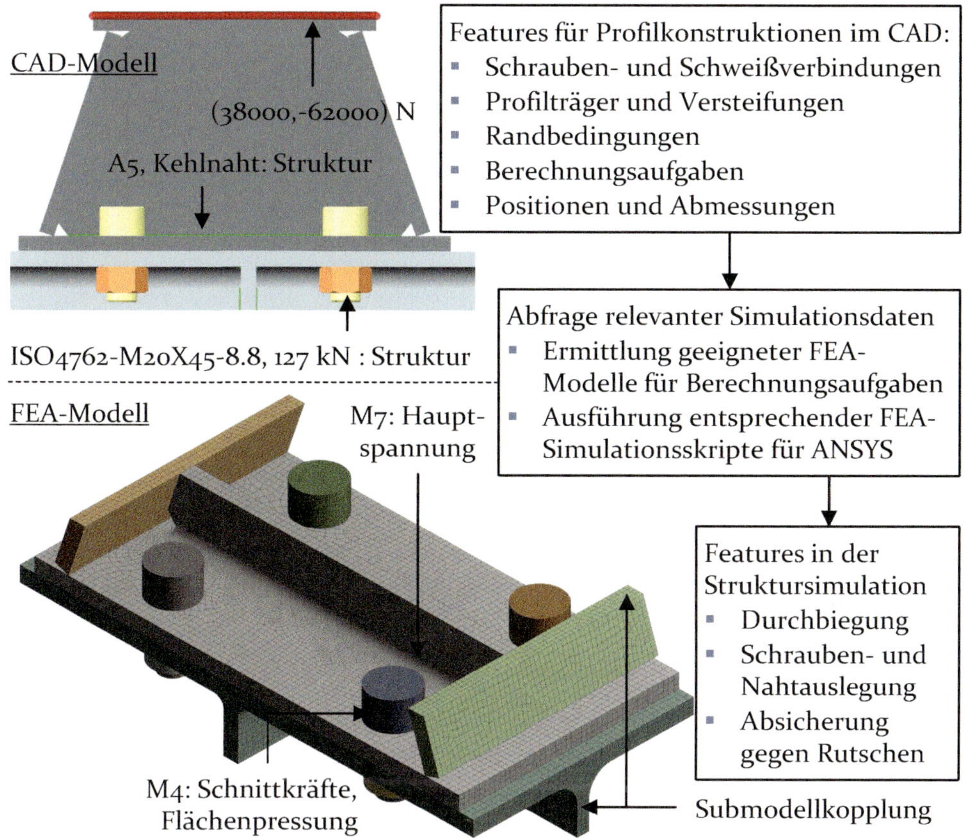

Bild 42: CAE-Features für Profilkonstruktionen in Anlehnung an [P11]

Rechts unten in Bild 42 ist das resultierende Strukturspannungsmodell dargestellt, bei dem es sich gemäß [8] um ein Submodell handelt. Für dieses Modell wird also zusätzlich auch ein vereinfachtes Gesamtmodell für die Übertragung der Belastungen aufgebaut. Für die Schraube wird das detailliertere Strukturmodell M4 erstellt, über das die Flächenpressungen und Schnittkräfte analysiert werden können, und für die Schweißnaht das Modell M7, durch das die Hauptspannungen direkt für den Strukturspannungsnachweis ausgegeben werden. Bei der Auswertung lassen sich die Modelle sowohl für den statischen als auch für den Dauerfestigkeitsnachweis nutzen.

Durch das FEA-Assistenzsystem können also weniger erfahrene Simulationsanwender in wenigen Schritten effiziente und aussagekräftige FEA-Modelle für Profilkonstruktionen mit Schrauben- und Schweißverbindungen aufbauen. Ein Konstruktionsingenieur kann demnach wie gewohnt die Profilkonstruktion aus den Feature-Bibliotheken zusammenstellen und noch in der CAD-Umgebung die erforderlichen Berechnungsergebnisse und Lasten definieren. Durch den automatisierten Aufbau der Simulationen erhält der Konstruktionsingenieur damit schnelle und detaillierte Rückmeldungen über die statische und dynamische Festigkeit der Entwürfe. Durch den häufigeren und frühzeitigen FEA-Einsatz werden kosten- und zeitintensive Fehlentscheidungen in der Konstruktion vermieden. Dies gilt auch für Simulationsmodelle, die noch nicht über die CAE-Feature-Bibliothek automatisiert wurden: Da durch das Assistenzsystem das erforderliche Know-How von Berechnungsexperten (von allgemeinen Berechnungsregeln bis hin zu detaillierten Simulationseinstellungen) zielgerichtet bereitgestellt wird, werden weniger erfahrene Simulationsanwender auch dazu befähigt adäquate FEA-Modelle selbstständig aufzubauen. Dies schafft auch zusätzliche Kapazitäten für Berechnungsingenieure, die diese Simulationen nicht mehr erstellen müssen. Dieser Effekt wird auch dadurch verstärkt, dass anstelle von zeitintensiven Interviews mit erfahrenen Berechnungsingenieuren, ein großer Teil des Wissens automatisiert aus Berechnungsdokumenten und -modellen erhoben wird. Im Folgenden wird anhand von Fallstudien und Softwaredemonstratoren die Funktionsfähigkeit des entwickelten Assistenzsystems und des zugrundeliegenden Konzepts nachgewiesen. Hierbei wird auch aufgezeigt welche Modelle im Detail aus den in Bild 42 vorgegebenen Berechnungsaufgaben resultieren und wie sich diese Modelle nutzen lassen.

6 Exemplarische Anwendung und Evaluation

6.1 Anwendung für die Struktursimulation eines Windwerks

Im Folgenden wird das Assistenzsystem am Beispiel der Simulationsmodelle eines Windwerks in Schwerlastkränen angewendet. Die FEA- und CAD-Daten werden zusammen mit den relevanten Simulationsrichtlinien, Konferenz- und Zeitschriftenbeiträgen automatisiert durch Text- und Data-Mining in die Ontologie-Wissensbasis überführt. Zunächst wird ein kurzer Einblick in die betrachteten Modelle und Dokumente gegeben. Die aus den Modellen und Dokumenten extrahierten Ontologien und Modellierungsregeln werden anschließend dargestellt und über das Assistenzsystem abgerufen. Hierbei wird die Anwendbarkeit der Wissensbasis für neue Simulationen herausgestellt.

6.1.1 Analyse der Simulationsmodelle

Die betrachteten Simulationen kommen für den Festigkeitsnachweis von Windwerken zur Anwendung. Windwerke werden für den Antrieb von Seilwinden in Hallenkränen eingesetzt. Neben dem Elektromotor und dem Getriebe für den Antrieb der Seilwinden sind zusätzliche Motoren im Einsatz, um das Windwerk entlang der Traversen zu verfahren. Für den Aufbau der Simulationen dienen CAD-Modelle, die aus einer Übung der technischen Darstellungslehre des Lehrstuhls für Konstruktionstechnik stammen [252]. Hierbei handelt es sich um eine komplexe Baugruppe mit vielen Schrauben- und Schweißverbindungen, die analog zu den Standards in der Industrie konstruiert und dokumentiert wurde. In der Simulation wird nur das Krangerüst des Windwerks modelliert. In Bild 43 ist das Gesamtmodell dargestellt und das Krangerüst hervorgehoben. Weitere Komponenten werden nicht in der Simulation als Modelle abgebildet. Diese beziehen sich auf die Seiltrommel, die Seilrolle, das Getriebe, die Bremse und die Motoren. Hierbei wird vorausgesetzt, dass diese Komponenten bereits auf Festigkeit überprüft wurden beziehungsweise von Lieferanten bezogen werden. Weiterhin werden die Einflüsse von den Antrieben und den Schwingungen der Motoren, z.B. durch Unwuchten oder Drehmomentrippel [253], in diesen statischen Simulationen vernachlässigt. Die Simulations- und CAD-Daten des Modells sind bereits im vorgehenden Abschnitt für die Erläuterung der Wissensakquisitionsprozesse in Ausschnitten veranschaulicht worden. Zu diesen zählen die Tabellen aus den Simulationsberichten in Abschnitt 5.3.1 und die CAD-Stücklisten und

Modellbäume in Abschnitt 5.3.2. Im Folgenden soll daher nur ein Einblick die Randbedingungen und Simulationsergebnisse gegeben werden.

Bild 43: Windwerk-Modell nach [P2,252]

Randbedingungen

Für die Analyse des Windwerks werden zwei Modelle aufgebaut: ein Mittelflächenmodell und ein Volumensubmodell. Das vereinfachte Mittelflächenmodell ist mit den resultierenden Verformungen in Bild 44 dargestellt. In dem Modell werden die nicht relevanten Bauteile durch entsprechende Randbedingungen ersetzt. Diese Komponenten werden gelöscht und ihre Gewichtskräfte werden direkt als Lasten an den entsprechenden Auflageflächen abgebildet. Falls erforderlich, werden die Umrisse dieser Auflageflächen in das verbliebene Modell des Gerüsts eingeprägt, um die Lasten ausschließlich in diesen Bereichen vorzugeben (siehe auch Unterabschnitt 2.1.2). Zudem wird die Hublast entsprechend der Kraftverteilung des Seilzugs als Last aufgebracht. Darüber hinaus wird auch für alle übrigen Komponenten die Gewichtskraft berücksichtigt. Das Windwerk wird auf Laufrollen über die Traverse bewegt. Diese Laufrollen sind im FEA-Modell nicht abgebildet und die vier Laufrollenhalterungen werden fest eingespannt. Das Gerüst wird durch Schalenelemente und die Schrauben durch vorgespannte Balkenelemente vernetzt. Außerdem wird die Vernetzung erleichtert, indem geometrische Details, wie Bohrungen, in Bereichen entfernt werden, die für die Simulationsergebnisse irrelevant sind.

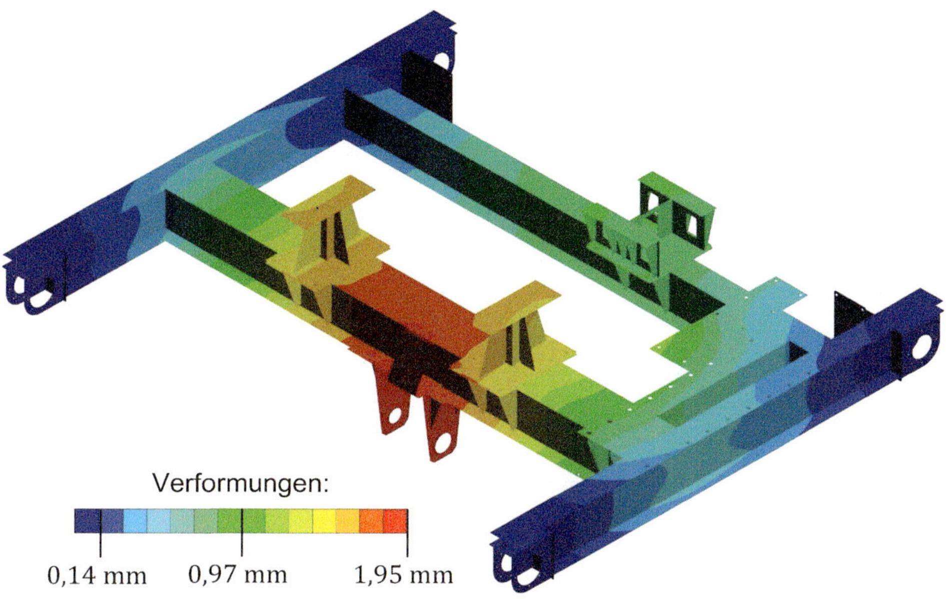

Bild 44: Resultierende Verformungen des vereinfachten Windwerks nach [P2]

Resultierende Spannungsverteilung

Die Spannungsverteilungen sind in Bild 45 dargestellt. Für den Festigkeitsnachweis der Schraubenverbindungen werden die Schnittkräfte ausgewertet und auf den bemessungsrelevanten Schraubenquerschnitt bezogen [9,41]. Die Festigkeit der anderen Bauteile lässt sich gemäß FKM-Richtlinie [32] nachweisen.

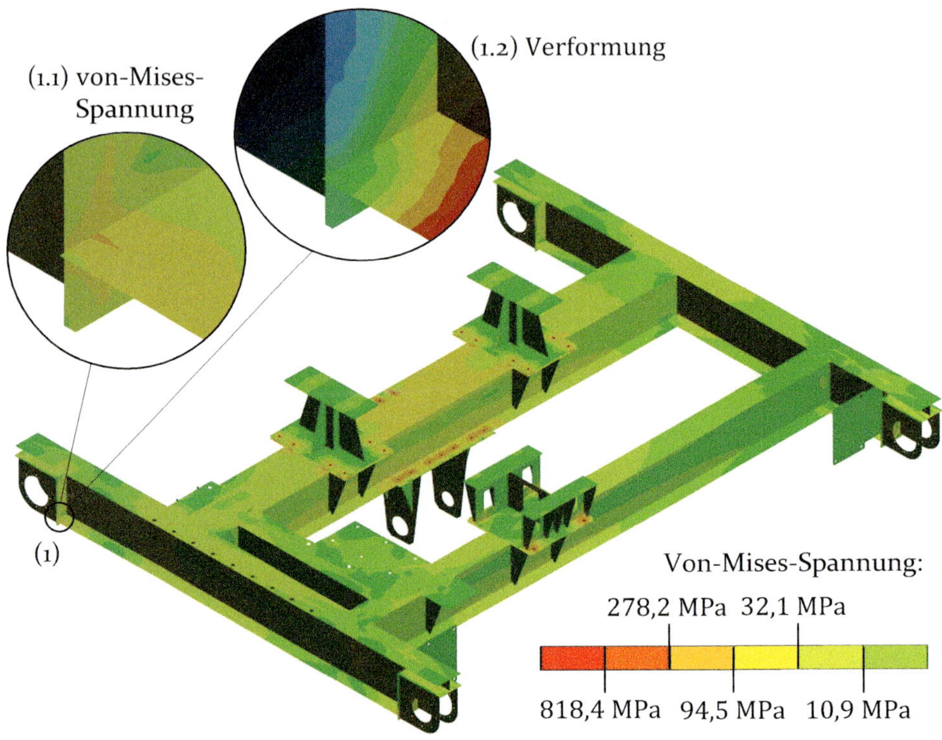

Bild 45: Spannungsverteilung und kritische Bereiche des Windwerks

Für den Festigkeitsnachweis der Schweißverbindungen müssen nach [45] die kritischen Stellen im Gesamtmodell in einem zusätzlichen detaillierten Submodell abgebildet und dort zum Beispiel die Strukturspannungen ermittelt werden. Eine dieser kritischen Stellen ist in Bild 45 hervorgehoben (1). An dieser Stelle liegt vermutlich aufgrund der scharfen Kanten eine Singularität vor (Unterabschnitt 2.1.4). Die zugehörige Detailansicht (1.1) stellt die Spannungen in diesen Bereichen dar und die Detailansicht (1.2) die Verformungen. Das erstellte Submodell ist in Bild 46 aufgezeigt. Wie in Unterabschnitt 2.1.2 beschrieben, werden die Verformungen aus dem Gesamtmodell als Knotenverschiebungen an den Rändern des Submodells aufgebracht [11]. Im Submodell ist die Erweiterungsplatte einer Laufrollenhalterung an einen der Längsträger geschweißt. Die Naht wird hier als Verrundung abgebildet [45]. Diese Verrundung entspricht den Abmessungen der Schweißnaht und übernimmt damit näherungsweise deren Steifigkeit [8]. Die Spannungserhöhung im Bereich der Schweißnaht fällt aufgrund der Vereinfachung geringer als die tatsächlichen Kerbspannungen der Schweißnaht aus [8]. Rechts in Bild 46 sind die auszuwertenden Hauptspannungen an den Nahtübergängen dargestellt. Die betragsmäßig größte Spannung ist hier gekennzeichnet. Gemäß der FKM-Richtlinie wird diese Spannung nach der Normalspannungshypothese (siehe Gleichung 30) für den Festigkeitsnachweis genutzt (Unterabschnitt 2.1.4) [8, 32].

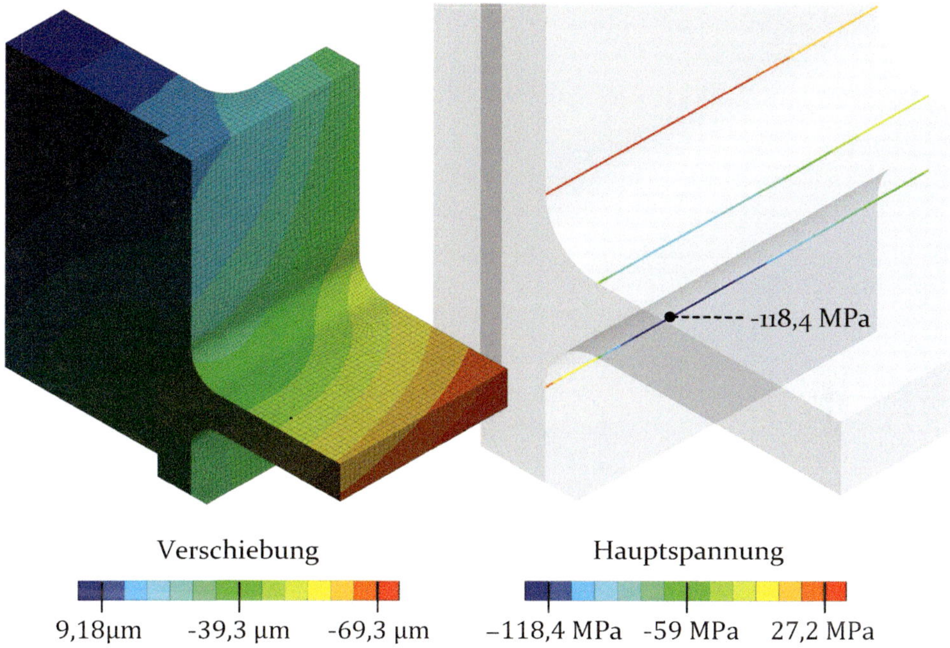

Bild 46: Submodell des Windwerks

6.1.2 Analyse der Simulationsdokumente

Für den Aufbau der Ontologien werden neben den beschriebenen Simulationsmodellen auch Berechnungsdokumente durch Text-Mining analysiert. Außerdem werden die aus den Dokumenten extrahierten Informationen durch Data-Mining analysiert, um übergeordnete Modellierungsregeln aus ihnen abzuleiten. Zu den betrachteten Dokumenten gehören, neben der VDI-Richtlinie 2230 Blatt 2 über Schraubenverbindungen [9], auch die Zeitschriften- und Konferenzbeiträge [8,45] über Schweißverbindungen. In die VDI-Richtlinie 2230 wurden bereits Einblicke gegeben. Die Richtlinie stellt Anleitungen für die Modellierung und Analyse von Mehrfachverschraubungen mit Festigkeitsklassen von 8.8 bis 12.9 in der FEA zur Verfügung. Einige in dieser Richtlinie vorgeschlagenen Modellvereinfachungen und Festigkeitsnachweise basieren auf den analytischen Gleichungen in der VDI-Richtlinie 2230 Blatt 1 [9]. Durch die Zeitschriften- und Konferenzbeiträge [8,45] wird die Modellierung von Schweißverbindungen für den Nachweis der statischen Festigkeit und Dauerfestigkeit angeleitet. Das Dokument [45] ist in einer industriellen Fachzeitschrift veröffentlicht. Bei [8] handelt es sich um ein Manuskript für eine Konferenz mit Schwerpunkten in der Auslegung von Maschinenelementen und dynamischen Systemen im Maschinenbau sowie der Hochpräzisions- und Polymertechnik.

Klassifikation und Vorauswahl der Dokumente

Wie in Abschnitt 5.2 beschrieben, kommen für die Klassifikation der Dokumente die Data-Mining-Verfahren k-NN, Support-Vector-Machines, künstliche neuronale Netze, Naive-Bayes und Entscheidungsbäume zur Anwendung (siehe Unterabschnitt 2.2.1) und für die Segmentierung der Dokumente k-Means-Clustering. Hierbei muss zwischen den englischen und deutschen Dokumenten unterschieden werden. Für die VDI-Richtlinie 2230 Blatt 2 [9] werden daher separate Dokumente für deutsche und englische Abschnitte erstellt. Außerdem werden die Kopf- und Fußzeilen weitestgehend aus allen Dokumenten entfernt und Dokumente mit unterschiedlichen Simulationsaufgaben entsprechend in einzelne Dokumente aufgeteilt. Außerdem werden die Dokumente linguistisch und technisch aufbereitet, um die Vorhersageergebnisse zu verbessern.

Wie bereits genannt dienen insgesamt 30 deutsche Dokumente aus den Fachbüchern [2,15,29] für das Training der Klassifikatoren hinsichtlich statischer Analysen. Als Trainingsdaten für Modalanalysen kommen 26 Dokumente aus Fachbüchern [15,224], Dissertationen [222,225–231], Forschungsberichten [232], Studentischen Arbeiten [233–237] sowie Fachtagungs- und Zeitschriftenbeiträgen [238–245] zur Anwendung. Außerdem werden die VDI-Richtlinie 2230 Blatt 2 und die Zeitschriften- und Konferenzbeiträge [8,45] als Anwendungsfälle für die trainierten Klassifikatoren genutzt.

Durch künstliche neuronale Netze wird im Training ein Accuracy-Wert von 100% erreicht, durch k-NN: 100%, durch SVM: 98,33% +/- 5,00%, durch Naive Bayes: 92,67% +/- 9,04% und durch Entscheidungsbäume ein Accuracy-Wert von 94,67% +/- 8,19%. Das bedeutet, dass die Anzahl an korrekt klassifizierten Testbeispielen im Verhältnis zu den insgesamt durchgeführten Klassifikationen bei k-NN, neuronalen Netzen und SVM am höchsten ist [59]. Die Streuungen (zum Beispiel +/- 5,00% bei SVM) ergeben sich aus der Kreuzvalidierung [59]. In der Kreuzvalidierung werden die Vorhersagegenauigkeiten anhand von unterschiedliche Testdatensätzen ermittelt, die aus den Trainingsdaten entnommen werden [59]: In der Studie werden die Trainingsdaten hierzu in zehn Gruppen unterteilt und in zehn Validierungsschritten wird jede Gruppe einmal als Testdatensatz genutzt. Trotz der hohen Vorhersagegenauigkeiten werden jedoch die Zeitschriften- und Konferenzbeiträge [8,45] und die VDI-Richtlinie (die nicht teil der Trainingsdaten sind) nur durch neuronale Netze, SVM und die Entscheidungsbäumen korrekt der statischer Analyse zugeordnet.

Obwohl k-NN die höchsten Vorhersagegenauigkeiten im Training erreicht, werden durch dieses Verfahren keine geeigneten Klassen für die Dokumente aus [45] und der VDI-Richtlinie vorhergesagt. Daher müssen bei der Auswahl des geeignetsten Verfahrens auch die Confidence-Werte berücksichtigt werden. Diese Werte geben bei k-NN unter anderem an, wie viele Dokumente aus der vorhergesagten Klasse tatsächlich in den k betrachteten Klassen enthalten sind [254]. Sie sind damit auch ein Maß dafür, wie zuverlässig eine Entscheidung bezüglich der Klassenzugehörigkeit ist [255]. In diesem Fall werden durch k-NN sehr geringe Werte für die genannten Dokumente erreicht.

Die Entscheidungsbäume weisen geringere Vorhersagegenauigkeiten (94,67% +/- 8,19%) auf. Dennoch sind diese Verfahren in der Klassifikation sehr wichtig, weil sich in diesen symbolischen Modellen die Vorhersagen nachvollziehen lassen [54,55]: Damit können die signifikanten Terme eines Dokuments direkt eingesehen und die getroffenen Entscheidungen überprüft werden. Auf diese Weise lassen sich auch ungewollte Angaben in den Dokumenten identifizieren, die die Klassifikationsergebnisse verfälschen.

Durch Segmentierung, also durch die Vorhersage der Kategorien ohne Training, werden von den 33 Dokumente aus dem Bereich statischer Spannungsanalyse (Trainingsdokumente und Testdokumente sind hier zusammengefasst) alle einem gemeinsamen Cluster (Cluster 1) zugeordnet, einschließlich der VDI-Richtlinie und den Zeitschriften- und Konferenzbeiträgen in [8,45]. Zudem werden aus den insgesamt 26 Dokumenten aus dem Bereich statischer Spannungsanalyse 25 einem neuen Cluster (Cluster 2) zugeordnet und nur ein Dokument fälschlicher Weise dem Cluster der statischen Analysen (Cluster 1). Damit erreicht das Segmentierungsverfahren ebenfalls eine hohe Vorhersagegenauigkeit.

Für die Klassifikation von englischen Dokumenten dienen 47 Trainingsdokumente aus dem Bereich der statische Spannungsanalysen und 34 Trainingsdokumente aus der Modalanalyse. Diese Dokumente stammen, wie bereits genannt, aus Anwendungsbeispielen und Benchmarktests für das FEA-System Abaqus [223,247,248]. Nach dem Training dienen englische Abschnitte aus der VDI-Richtlinie 2230 Blatt 2 als Anwendungsfall. Mit künstlichen neuronalen Netzen werden im Training Accuracy-Werte von 98,75% +/- 3,75% erreicht, mit SVM 100%, mit Entscheidungsbäumen 95,14% +/- 8,18%, durch k-NN 100% und durch Naive Bayes 90,14% +/- 10,87%. Die höchste Vorhersagegenauigkeit erreichen hier also wieder neuronale Netze, das SVM-Verfahren und das k-NN-Verfahren. Diesmal hat auch das k-NN-Verfahren ausreichend hohen Confidence-Werte. Naive Bayes hebt sich weder bei der deutschen noch bei der englischen Textklassifikation von den anderen Verfahren ab und weist auch hier große Schwankungen in den Vorhersagegenauigkeiten auf (+/- 10,87%). Diese Schwankungen resultieren, wie bereits genannt, aus der Kreuzvalidierung.

Die englische Version der VDI 2230 wird durch alle Verfahren der korrekten Klasse zugeordnet. Außerdem werden durch Segmentierung von den 48 Dokumenten aus dem Bereich der statische Analyse 45 einem gemeinsamen Cluster (Cluster 1) zuordnen. Auch aus den Dokumenten der Modalanalyse wird ein überwiegender Teil einem gemeinsamen Cluster (Cluster 2) zugeordnet: von den 34 Dokumente werden 32 diesem Cluster zugeordnet. Die anderen Dokumente werden dem falschen Cluster zugewiesen.

6.1.3 Extraktion der Ontologie-Strukturen und Metamodelle

Durch die Vorgabe der Analysearten und relevanter Suchbegriffe lassen sich anschließend die geeigneten Dokumente vorselektieren. Wie in Abschnitt 5.2.2 dargelegt, werden anschließend die relevanten Informationen anhand von linguistischen Analysen und unter Einsatz von regulären Ausdrücken aus den Dokumenten und den Simulations- und CAD-Daten extrahiert. Über die Schnittstelle in Protégé und M^2-Skripte erfolgt anschließend die Überführung der strukturierten Datensätze in die Ontologiestrukturen und die Vereinheitlichung der Ontologie über Inferenzmechanismen (siehe Abschnitt 5.4).

Bild 47 zeigt einen Ausschnitt aus der resultierenden Ontologie, die automatisch aus den FEA-Modellen erstellt wird. Da in den vereinfachten Simulationen die Antriebseinheiten des Windwerks entfernt wurden, ist in der Simulation nur das Gerüst ("'08.100.03") mit den zugehörigen Bauteilen und Verbindungen enthalten. In der Ontologie sind zwei Simulationsmodelle von dem Gerüst dargestellt: das Mittelflächenmodell des Gerüsts aus Bild 45, das durch Schalenelemente vernetzt ist, und das detailliertere Submodell aus Bild 46. Im Mittelflächenmodell des Gerüsts (FEA-Instanz "08.100.03M10") sind zum Beispiel das vereinfachte Schalenmodell des Längsträgers ("08.100.03.06M10") und das Balkenmodell einer Schraubenverbindung ("ISO4762-M20X65M10") enthalten (links in Bild 47). Für das Längsträgermodell sind auch die entsprechenden Elemente aufgeführt. Über ein APDL-Simulationsskript wird außerdem eine Vorspannung für die Balkenelemente vorgegeben ("M20_VorspannungM10"). In der Ontologie wird das APDL-Skript über entsprechende Relationen mit dem Schraubenmodell verknüpft. Des Weiteren ist derselbe

Längsträger auch über Volumenelemente modelliert (siehe Submodell rechts in Bild 47). Das entsprechende Modell erhält eine neue ID und wird über die Kennung "08.100.03.06M11" in der Ontologie abgebildet.

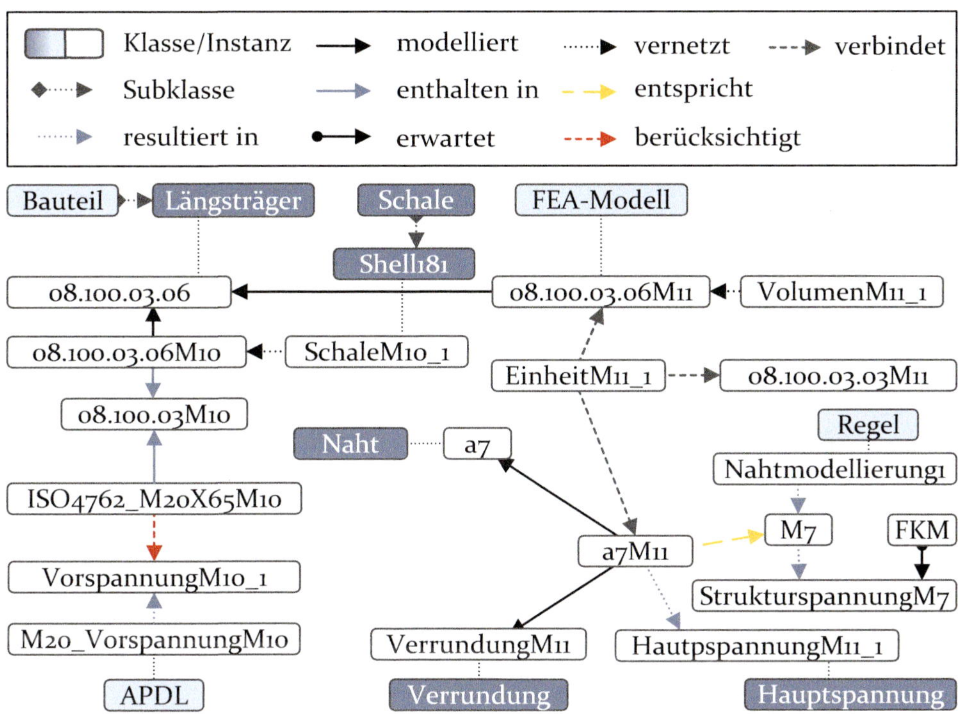

Bild 47: Resultierende Ontologie für das Windwerk

Die Schweißverbindung "a7" aus Bild 46 wird durch die Verschmelzung der Bauteilgeometrien ("EinheitM11_1" in Bild 47) und über eine Verrundung umgesetzt. Das Einfügen der Verrundung lässt sich über die Modellbäume aus dem CAD-System ermitteln (Abschnitt 5.3.2). Wird die Verrundung entsprechend der Nomenklatur für Schweißverbindungen benannt, lässt sich diese in die Ontologie überführen. Da nach der Verschmelzung der Geometrien, diese Bauteile jedoch nur noch als eine Einheit im System wahrgenommen werden, ist eine entsprechende Benennung des Submodells eine Voraussetzung für die Identifikation der Einzelteile. Die entsprechenden Bauteile müssen also in der Bezeichnung des Submodells enthalten sein. Das Schweißnahtmodell "a7M11" wird zur Berechnung der Strukturspannungen am Nahtübergang ("HauptspannungM11_1") eingesetzt.

Außerdem sind in der Ontologie die extrahierten Informationen aus den Simulationsdokumenten [8,9,45] enthalten. Exemplarisch sind in Bild 47

Zusammenhänge für das Schweißnahtmodell "M7" dargestellt, das die Schweißverbindung ebenfalls als Strukturspannungsmodell mit einer Verrundung abbildet. Zur Auswertung der Strukturspannungsergebnisse von Modell "M7" wird die FKM-Richtlinie benötigt [32]. Diese Informationen wurden ebenfalls aus den Quellen [8,45] extrahiert und in der Ontologie abgebildet (siehe Relationen von Modell "M7" in Bild 47).

Da über Inferenz für das Schweißnahtmodell "a7M11" ermittelt wird, dass dieses Modell dem Modell "M7" aus den Quellen [8,45] entspricht (siehe Relation in Bild 47), lässt sich über diese Verbindung auch die geeignete Richtlinie für den Festigkeitsnachweis von "a7M11" über die Ontologie abrufen. In den Dokumenten aus [8,45] ist auch angegeben, dass es sich bei den Hauptspannungen am Nahtübergang um die Strukturspannungen handelt. In der Ontologie ist zudem dargestellt, wie sich Modellierungsregeln in die Ontologie integrieren lassen ("Nahtmodellierung1"). Diese Regel wird wie bereits beschrieben aus einem Metamodell erstellt, das im folgenden Abschnitt erläutert ist.

6.1.4 Ableitung von Metamodellen und Regeln

In Bild 48 sind die aus den Text- und Data-Mining-Analysen resultierenden Metamodelle dargestellt. Für den Aufbau der Metamodelle dienten ebenfalls die Simulationsdokumente [8,9,45]. Der erweiterte Entscheidungsbaum über die Modellierung von Schraubenverbindungen ist auf der linken Seite dargestellt. In diesem Entscheidungsbaum werden fünf verschiedene Modelle vorgeschlagen. Die Entscheidung hängt davon ab, welche Simulationsergebnisse berechnet werden sollen und ob die Schraubenvorspannung, die Schraubennachgiebigkeit und das Klaffen der Verbindungen berücksichtigt werden muss. Die folgenden Beschreibungen sind an [9] angelehnt.

Das Modell "M1" bildet die Schraube und die Mutter nicht in der FEA ab. Die Bauteile, die miteinander verbunden werden, werden im Klemmbereich als durchgängiger Körper modelliert. Die Vorspannung, die Schraubennachgiebigkeit oder das Klaffen der Verbindung werden also nicht berücksichtigt. Das Modell wird angewendet, um die Nennspannungen über die Schnittkräfte im Verbindungsbereich zu berechnen. Die Modelle "M2" und "M3" modellieren die Schraube durch Balkenelemente und dienen auch zur Berechnung der Nennspannungen. Die Schraubennachgiebigkeit wird durch analytische Berechnungen bestimmt und ein entsprechender Ersatzquerschnitt für die Balkenelemente gewählt (Gleichung 22). Die Unterschiede zwischen den Modellen "M2" und "M3" liegen in den Kontakteinstellungen. "M2" vereinfacht die Kontakte in der Trennfuge (wie Modell ”M1“), während ”M3“ in diesen Bereichen Reibkontakt definiert und damit das Klaffen der Verbindung berücksichtigt. Zur detaillierten Analyse der Flächenpressung unter dem Schraubenkopf oder für die Berechnung der Nennspannungen kann auch das vereinfachte Volumenmodell ”M4“ angewendet werden. Das Modell ”M5“ berechnet die komplette lokale Spannungsverteilung in der Schraubenverbindung und modelliert im Gegensatz zu den letztgenannten Modellen die Gewindegeometrie.

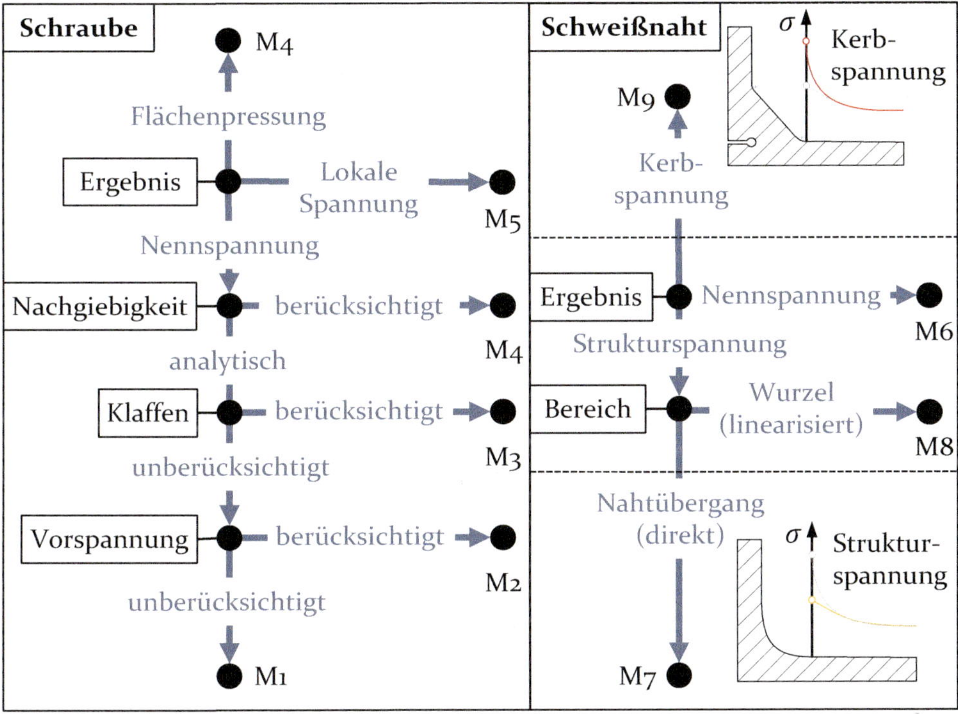

Bild 48: Entscheidungsbäume für Schrauben- und Schweißnahtmodelle nach [P2,48]

Der Ausschnitt des zweiten Metamodells auf der rechten Seite von Bild 48 wird für Schweißverbindungen angewendet. In diesem Entscheidungsbaum werden vier Schweißnahtmodelle vorgeschlagen. Die Wahl des Modells hängt von den geforderten Simulationsergebnissen und Auswertungsbereichen (Auswertung an der Nahtwurzel oder am Nahtübergang) ab. Darüber hinaus ist ausschlaggebend, wie die Ergebnisse zu ermitteln sind (direkt, durch Extrapolation oder durch Linearisierung). In Anlehnung an [8,45] lassen sich die Modelle wie folgt beschreiben: Durch Modell ”M6“ wird die Schweißnaht nicht modelliert. Für die Berechnung der Nennspannungen werden die geschweißten Bauteile über MPC-Kontakt verbunden. Wie bereits gezeigt, idealisiert Modell "M7" die Schweißnähte durch Verrundung ohne Kerben, um die Strukturspannungen direkt an den Nahtübergängen zu berechnen. Modell "M8" idealisiert die Schweißnähte durch Fasen. Die Kanten der Fasen werden durch Referenzradien verrundet, um die Strukturspannungen in der Nahtwurzel zu berechnen. Dieser Ergebnisbereich kann mit den bisherigen Modellen nicht simuliert werden. In diesem Fall werden die Strukturspannungen durch Linearisierung berechnet. "M9" modelliert auch die Schweißnaht durch eine Fase mit Referenzradien, um die Kerbspannungen direkt auszulesen. In diesem detaillierten FEA-Modell ist jedoch ein viel feineres und rechenintensiveres Netz erforderlich. Für die Schweißnahtmodelle "M7" und "M9" sind die resultierenden Struktur- und Kerbspannungen schematisch in Bild 46 nach [48] dargestellt. Weitere Informationen zu zusätzlichen Schweißnahtmodellen sind in [8,45] zu finden.

6.1.5 Testabfragen

Für die Abfrage der Modelle, Regeln und Simulationseinstellungen dient die in Abschnitt 5.5.2 vorgestellte Dialogkomponente (siehe Bild 41). Das Ziel der Abfrage kann zum Beispiel sein, dass die Simulation eines ähnlichen Windwerks unterstützt werden soll (Variantenkonstruktion). In diesem Fall lassen sich sogar die Netzfeinheiten und die Lage von Bereichen in denen Konvergenz erreicht wurde (oder nicht) für den Modellaufbau nutzen. Zu Beginn werden hierzu zum Beispiel alle Modelle und zugehörigen Bauteile abgefragt, die bereits für die Vorgängerversionen des Windwerks zum Einsatz kamen. In der Abfrage kann entweder spezifisch nach einem bestimmten Windwerk über die Kennung der Baugruppen gesucht werden oder es werden allen Instanzen gesucht, die der Klasse "*Windwerk*" angehören. Ausgehend von den vorgeschlagenen Simulationsmodellen, werden diejenigen Modelle näher betrachtet, die beispielsweise die erforderlichen Berechnungsgrößen enthalten (zum Beispiel Vergleichsspannungen). In Tabelle 14 werden alle Modelle und zugehörigen Bauteile abgefragt, die im vereinfachten Mittelflächenmodell des Gerüsts "*08.100.03M10*" enthalten sind und die in Vergleichsspannungen resultieren. Exemplarisch sind ein Querträger "*08.100.03.07*" und eine Erweiterungsplatte "*08.100.03.11*" zusammen mit den Schalenmodellen in der Tabelle dargestellt. Während das Ergebnis des Querträgermodells "*08.100.03.07M10_4*" noch einen ausreichenden Konvergenzwert von etwa 10% aufweist, deutet der Konvergenzwert der Erweiterungsplatte (Schalenmodell "*08.100.03.11M10_1*" auf eine Singularität hin oder auf einen weniger relevanten Berechnungsbereich, je nachdem ob noch in weiteren Modellen Berechnungen für diese Bereiche durchgeführt wurden (zum Beispiel in Submodellen). Wie bereits genannt, vergleicht der

Konvergenzwert die maximalen Spannungswerte von verfeinerten Netzen mit den Spannungswerten der gröberen Netze. Die gegebene Elementanzahl gibt Hinweise darauf, mit welchen Netzfeinheiten begonnen werden muss. Alternativ können auch Netzeinstellungen direkt abfragt werden. Vorausgesetzt die Benennung der Netzeinstellungen enthält die Kennung des jeweiligen Bauteils, lassen sich hier auch Elementgrößen auslesen.

Tabelle 14: Abfrage der Simulationsergebnisse

Bauteil 1	Modell 1	Ergebnis 1	Elemente	Konv.
08.100.03.07	08.100.03.07M10_4	4,445e8	16722	0,0999
08.100.03.11	08.100.03.011M10_1	5,41e8	516-539	0,1899

Neben den Modelleigenschaften werden auch Bauteilparameter, wie zum Beispiel die geometrischen Abmessungen und Bauteilbenennungen, angegeben. Die aktuelle Auswahl wird erweitert, indem noch zusätzlich die zugehörigen Elemente und Materialien abgefragt werden. In Tabelle 15 sind exemplarisch das Bauteilmaterial und die -benennung dargestellt. Außerdem sind für die zugehörigen Schalenelemente "*SchaleM10_4*" und "*SchaleM10_1*" die Schalendicken aufgelistet. Für das Material werden zusätzlich die entsprechenden Materialeigenschaften in den Ausgabelisten angezeigt und zum Beispiel angegeben, ob ein linear-plastisches Werkstoffmodell genutzt wurde.

Tabelle 15: Abfrage der Materialien und Elemente

Bauteil 1	Element 1	Material	Name	Dicke
08.100.03.07	SchaleM10_4	S420MC	Querträger 2 M. 4	0,0125
08.100.03.11	SchaleM10_1	S420MC	Erw.-platte M. 1	0,0125

Wie in den vorangehenden Abschnitten beschrieben, lassen sich weitere wichtige Simulationseinstellungen aus den Ontologien abfragen, wie zum Beispiel die in dem Modell gewählten Kontakteinstellungen oder Randbedingungen, die in Abhängigkeit von der Ähnlichkeit zu der neuen Simulationen wiederverwendet werden können. Hier lässt sich zum Beispiel ermitteln, in welchen Lastschritten bestimmte Kräfte aufgebracht wurden und wie die Bauteile zu lagern sind. Darüber hinaus lassen sich erforderliche Modellvereinfachungen abfragen, wie zum Beispiel entfernte Bohrungen oder Bauteile.

Falls sich die Baugruppen in der neuen Simulation nicht wiederholen, lassen sich gegebenenfalls auch vereinzelte Bauteilmodelle zusammen mit den entsprechenden Elementzuweisungen und Kontakteinstellungen wiederverwenden. Dies ist insbesondere bei Standardelementen der Fall, wie zum Beispiel bei Schrauben- und Schweißverbindungen. Exemplarisch werden hier alle Modelle für Schrauben- und Schweißverbindungen ("Modell 1") abgefragt, die über die Relation *"entspricht"* mit äquivalenten Modellen ("Modell 2") verbunden sind: In Tabelle 16 ist ein Ausschnitt aus der resultierenden Ausgabeliste aufgezeigt.

Tabelle 16: Abfrage von Schrauben- und Schweißverbindungen

Modell 1	Modell 2	Geometrie	Radius	Ergebnis	Nachweis
ISO4762 M20x65M10	M3	Balken	0,00474	Nenn-spannung	VDI 2230 Blatt 1
a7M11	M7	Verrund.	0,0099	Haupt-spannung	FKM

Für die Schrauben- und Schweißverbindungen werden einerseits allgemeine Informationen in den Ausgabelisten aufgelistet, wie zum Beispiel, welche Geometrien für die Abbildung der Modelle genutzt werden oder welche Richtlinien für den Festigkeitsnachweis dienen. Die entsprechenden Dokumente für den Nachweis werden ebenfalls als Verknüpfung in der Ausgabeliste bereitgestellt. In der Tabelle ist diese Verknüpfung nicht dargestellt. Anderseits werden auch spezifische Informationen aus bisherigen Simulationen aufgelistet, wie zum Beispiel der Radius der Balkenersatzelemente und der Schweißnahtverrundung. Ausgehend von den Instanzen kann über weitere Abfragen auch geklärt werden, welche Vernetzungen und Kontakte für die Modelle gewählt wurden. Außerdem kann zum Beispiel für bestimmte Modelle, Lastfälle oder Kontakte abgefragt werden, welche Simulationsskripte bereits für diese zum Einsatz kamen. Diese Abfragen werden zum Beispiel gestellt, wenn keine entsprechenden Funktionen in der bestehenden Simulationsumgebung vorhanden sind oder wenn überprüft wird, ob für häufig wiederkehrende Simulationsschritte bereits geeignete Automatisierungen vorhanden sind.

6.2 Automatisierte Simulation von Profilkonstruktionen

Im Folgenden wird ein Einblick in die Anwendung des Assistenzsystems in automatisierten Simulationsprozessen gegeben. In Abschnitt 5.7 wurden Features für Profilkonstruktionen vorgestellt, durch die sich der Aufbau von

Struktursimulationen ausgehend von der Konstruktionsumgebung automatisieren lässt. Als Anwendungsbeispiel dient eine Beispielmodell von B&W Software, das aus den entwickelten Features für Schraubenverbindungen, Schweißverbindungen, Profilträgern und -verbindern zusammengestellt wurde. Wie bereits in Bild 42 gezeigt, werden auch bereits die Lagerungen und Lasten in dem CAD-Modell vorgeben. Zunächst soll für alle Schrauben in dem Modell der Festigkeitsnachweis anhand der Nennspannungen erfolgen. Wie in Abschnitt 5.7 beschrieben, wird die Berechnungsaufgabe zusammen mit den Geometrie- und Lastdaten in einer STEP-Datei ausgeleitet. Diese STEP-Datei wird automatisch für die Abfrage der Ontologien aus Bild 47 und die Anwendung der Modellierungsregeln aus Bild 48 genutzt. Hierzu werden mehrere Ontologieabfragen über entsprechende Funktionsaufrufe durchgeführt, wie im Anhang in Abschnitt B.4 dargestellt. Da die entsprechenden Abfrageergebnisse in der Dialogkomponente angezeigt werden, lassen sich die Ergebnisse auch für weitere Recherchen durch den Anwender nutzen, zum Beispiel um geeignete Richtlinien für die vorgeschlagenen Modelle aufzurufen. Anhand der Modellierungsregeln wird daraufhin ein geeignetes Simulationsskript bestimmt und automatisch ausgeführt. Für die gegebene Berechnungsaufgabe wird das Mittelflächen- und Balkenmodell in Bild 49 über das Skript aufgebaut. In dem Modell sind die Mittelflächen in den Bereichen der Schweißverbindungen verknüpft und die Schrauben gemäß Modell M3 als Balkenelemente abgebildet. Die Balken sind über starre Kontakte mit den ursprünglichen Auflagebereichen der Schraubenköpfe und Muttern verbunden und zwischen den verspannten Bauteilen werden Reibkontakte definiert. In der Abbildung sind auch die Randbedingungen, die ursprünglich im CAD-Modell vorgegeben wurden, schematisch dargestellt. Links in der Abbildung sind die Verformungen des Schalenmodelles und rechts die resultierenden von-Mises-Vergleichsspannungen dargestellt. Die Schnittkräfte F_S (siehe Detailansicht (1)) in den Schrauben können direkt für den Nennspannungsnachweis nach VDI 2230 Blatt 1 [41] genutzt werden (siehe Unterabschnitt 2.1.4).

Außerdem können in dem Schalen- und Balkenmodell in einer weiteren Simulation die Sicherheit der Schraubenverbindungen gegen Rutschen überprüft werden. Hierzu werden reduzierte Vorspannungen über Skripte auf die Schraubenverbindungen aufgebracht. Für die Reduktionen der Vorspannungen dienen gemäß [2,9] Setzbeträge aus der VDI 2230 Blatt 1 [41].

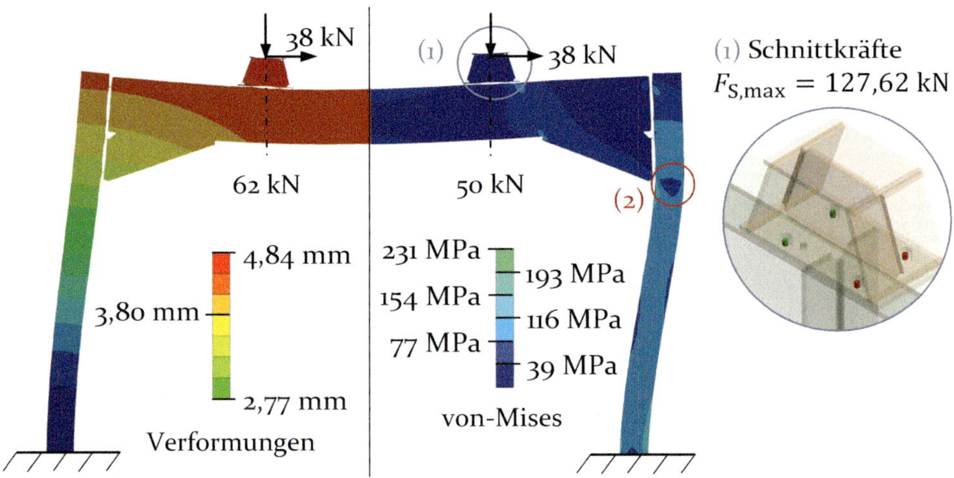

Bild 49: Nennspannungesnachweis der Profilkonstruktion

Als zweiter Anwendungsfall sollen für die gleichen Lastfälle die Strukturspannungen der Schweißverbindungen berechnet werden. Hierzu muss zudem ein Bereich für das Submodell gewählt werden. Gemäß der Modellierungsregeln in Bild 48 wird das Modell in Bild 50 erstellt. Die Rundungen sind im CAD-Modell nicht enthalten und werden über Skripte generiert. Zudem werden die Verformungen aus dem Gesamtmodell in Bild 49 als Randbedingungen auf die Schnittflächen des Submodells übertragen. Der Bereich des Submodells ist im Gesamtmodell rot eingekreist ((2) in Bild 49). Die resultierende betragsmäßig größte Hauptspannung ist rechts in Bild 49 abzulesen und dient für den statischen und dynamischen Festigkeitsnachweis nach der FKM-Richtlinie [32] (siehe Abschnitt 2.1.4 und Abschnitt A.8 im Anhang). Für die Berücksichtigung der plastischen Stützwirkung dient hier Gleichung 26.

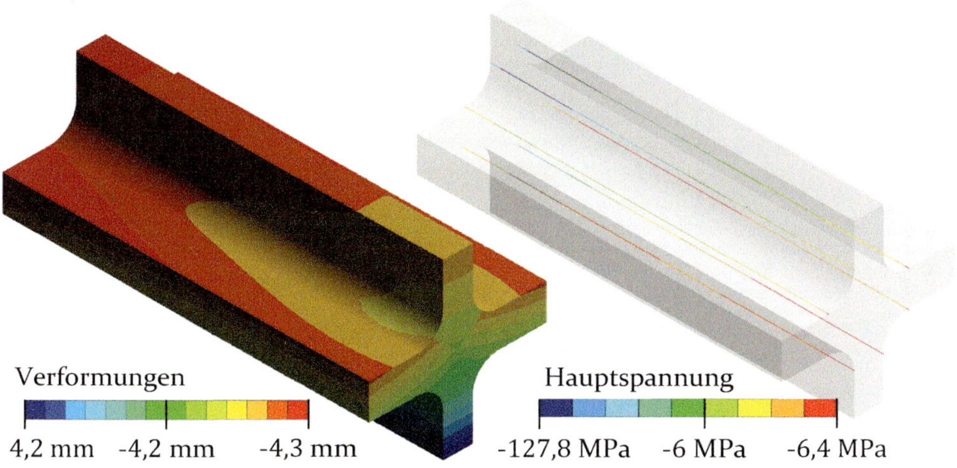

Bild 50: Submodell für den Nachweis der Strukturspannungen der Schweißnaht

Darüber hinaus ist das Ergebnis der Simulationsaufgabe aus Abschnitt 5.7 in Bild 51 dargelegt. Neben der automatischen Verrundung der Schweißnähte werden in diesem Modell die Schraubenverbindungen durch Zylinderkörper mit adäquaten Querschnitten nach [9] ersetzt (Modell M4). Ziel dieser Simulation ist die Berechnung der Flächenpressung und der Schnittkräfte im detaillierteren Volumenersatzmodell nach [9,51] und die Analyse von Strukturspannungen in den Schweißnahtübergängen nach [8,45]. Auch dieses Modell kann sowohl für den statischen Nachweis als auch für den Dauerfestigkeitsnachweis der Schrauben- und Schweißverbindungen gemäß [32,41,45] genutzt werden (siehe Unterabschnitt 2.1.4). Neben der Flächenpressung ist in Bild 51 auch die resultierende Schnittkraft F_S für eine Schraubenverbindung angegeben. Im Vergleich mit der Nennbeanspruchung der als Balken modellierten Schrauben (siehe Bild 49) liefert das Balkenmodell leicht erhöhte Werte. Für die Schraubenzusatzkräfte (Axialkräfte in der Schraube nach Abzug der Vorspannkräfte [41]) resultiert hier eine Abweichung von 6,9% zwischen dem vereinfachten Balkenmodell und dem wesentlich rechenintensiveren Volumenmodell. Neben dem Aufbau der unterschiedlich detaillierten Modelle, wird der Simulationsanwender zudem bei der Auswertung der Ergebnisse unterstützt. Hierzu werden die für den Festigkeitsnachweis erforderlichen Richtlinien (VDI 2230 und FKM) über die Wissensbasis bereitgestellt und in Abhängigkeit von FEA-Modellen die erforderlichen Berechnungsgrößen für die Nachweise aufgezeigt.

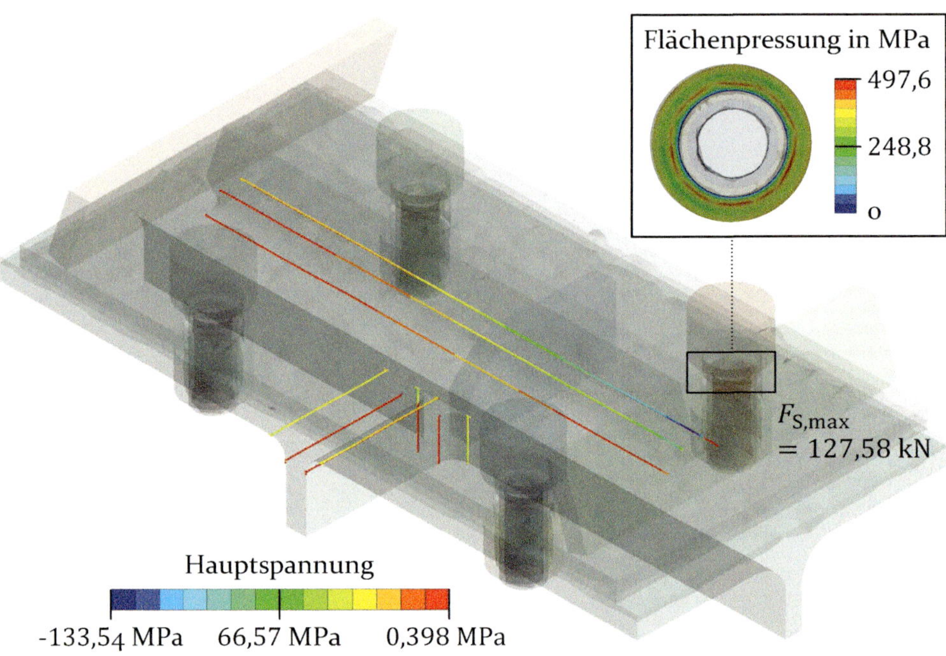

Bild 51: Submodell zur Berechnung der Strukturspannungen, Flächenpressungen und Schnittkräfte

7 Fazit

Im letzten Kapitel wurde aufgezeigt, dass durch das FEA-Assistenzsystem das erforderliche Wissen für Finite-Elemente-Simulationen aus Berechnungsdokumenten und -modellen akquiriert und zielgerichtet in einer Ontologie-Wissensbasis bereitstellt werden kann. Der Fokus liegt hier auf der strukturmechnischen Analyse von Profilkonstruktionen mit Schrauben- und Schweißverbindungen. Zudem wurden automatisiert geeignete Simulationsmodelle aufgebaut. Der Aufbau der Modelle erfolgte hier ausgehend von den Einstellungen im CAD-System und den Modellierungsregeln in der Ontologie-Wissensbasis. Damit erfüllt das Konzept des Assistenzsystems (Kapitel 4 und 5) die in dieser Arbeit definierte Zielsetzung. Aus der Zielsetzung wurden zudem drei Forschungsfragen abgeleitet. Im Folgenden wird dargelegt, wie diese Forschungsfragen anhand des Konzepts des Assistenzsystems beantwortet werden können.

Wie kann das Assistenzsystem dazu befähigt werden, unstrukturierte Texte aus dem Bereich der Simulation zu verstehen?

Anhand der in den Unterabschnitten 5.2.1 und 5.2.2 vorgestellten Text-Mining-Methoden wurde herausgestellt, wie das Assistenzsystem freiformulierte Texte aus dem Bereich der FEA verarbeiten und aufbereiten kann. Den Kern bilden hier die Textklassifikations- und Informationsextraktionsverfahren. Durch diese Verfahren werden die Inhalte aus natürlichsprachlichen Berechnungsdokumenten strukturiert, formalisiert und einheitlich in einer Ontologie-Wissensbasis bereitgestellt. Für den Einsatz der Verfahren werden die Dokumente zuvor durch morphologische, syntaktische und semantische Analysen aufbereitet. Diese Wissensakquisitionsprozesse wurden erfolgreich für die automatische Gruppierung von Dokumenten aus dem Bereich der statischen Analyse und Modalanalyse in Unterabschnitt 6.1.2 eingesetzt. Zudem ließen sich durch diese Akquisitionsprozesse Richtlinien über die Modellierung von Schrauben- und Schweißverbindungen strukturiert und maschinenlesbar in einer Ontologie aufbereiten. In der Ontologie konnten daraufhin neue Zusammenhänge durch Inferenz abgeleitet werden.

Wie muss die Wissensbasis strukturiert sein, um alle relevanten Wissensinhalte für den Aufbau von Finite-Elemente-Simulationen zusammenzutragen?

Neben den Textdokumenten werden auch die Datenbestände aus CAD- und FEA-Modellen in die Wissensbasis überführt. Damit lassen sich auch detaillierte Simulationseinstellungen für ein Berechnungsmodell erfassen. In Textdokumenten, wie zum Beispiel Richtlinien, Konferenz- und Zeitschriftenbeiträgen wird hingegen selten auf spezifische Simulationseinstellungen eingegangen. Die hierzu entwickelten Methoden sind in Unterabschnitten 5.3 beschrieben und wurden in Unterabschnitt 6.1.1 effizient für die Analyse der Konstruktions- und Simulationsmodelle eines Windwerks eingesetzt. Um die vielseitigen und unterschiedlich detaillierten Informationen aus den Berechnungsdokumenten und -modellen zu verknüpfen, wurden in Unterabschnitt 5.4 umfassende Ontologiestrukturen für die Wissensbasis entwickelt. Im Zuge dessen konnte auch aufgezeigt werden, wie sich durch Data-Mining übergeordnete Modellierungsregeln aus den zusammengetragenen Informationen ableiten und in geeigneter Form in die Wissensbasis zurückführen lassen (Unterabschnitte 5.6 und 6.1.4). Außerdem dienen Inferenzmechanismen für eine weitere Vereinheitlichung der Wissensbasis und deren Überprüfung auf Konsistenz. Widersprüche werden daraufhin in der Wissensbasis hervorgehoben und können gegebenenfalls durch eine Anpassung der Ontologiestrukturen aufgelöst werden.

Wie lässt sich das Berechnungswissen für den Aufbau von Simulationen aus umfangreichen Wissensbeständen gezielt abrufen und anwenden?

In den Unterabschnitten 5.5 und 6.1.5 wird aufgezeigt, wie sich die Inhalte aus der Wissensbasis in Abhängigkeit von den gegebenen Lasten, Bauteilen, Verbindungen oder erforderlichen Berechnungsergebnissen abrufen lassen. Über diese zielgerichteten Abfragen können Konstruktions- und Simulationsmodelle wiederverwendet und das erforderliche Know-How für die FEA-Erstellung effizient bereitgestellt werden. Durch die hierzu entwickelte Dialogkomponente lassen sich auch geeignete Datensätzen für nachfolgende Data-Mining-Analysen ausgeben. Die aus diesen Analysen resultierenden Modellierungsregeln lassen sich dann direkt über die Dialogkomponente ausführen (Unterabschnitte 5.6). Zudem wurde aufgezeigt, wie die Wissensbasis an die automatisierten Simulationsprozesse angebunden werden kann (Unterabschnitt 6.2).

8 Zusammenfassung und Ausblick

Da Finite-Elemente-Simulationen immer häufiger für konstruktionsbegleitende Auslegungen zur Anwendung kommen, können diese nur noch selten durch erfahrene Berechnungsingenieure durchgeführt werden. Bei der Finite-Elemente-Analyse handelt es sich jedoch um sehr wissensintensive und fehleranfällige Auslegungsverfahren. Fehlerhafte Simulationen können hier auch zu sehr kostenintensiven Iterationen führen, wenn weniger erfahrene Simulationsanwender sich auf die Ergebnisse der falsch aufgebauten Simulationen verlassen. Vor diesem Hintergrund wurde ein wissensbasiertes FEA-Assistenzsystem zur Unterstützung konstruktionsbegleitender Simulationen entwickelt. Hierzu wurden Methoden aus den Bereichen des Text- und Data-Minings adaptiert und erweitert. Durch diese Methoden wird das erforderliche Berechnungswissen aus Simulationsmodellen und -dokumenten extrahiert und gezielt in einer Ontologie-Wissensbasis für unerfahrene Simulationsanwendern zur Verfügung gestellt. Zu den betrachteten Dokumenten zählen Textdokumente aus dem Bereich der FEA, wie Richtlinien, Konferenzbeiträge und Zeitschriftenartikel.

Als Grundlage für diese Arbeit und für deren Abgrenzung vom Stand der Forschung wird zunächst ein Einblick in die wissensintensiven Prozesse der FEA gegeben und aufgezeigt inwieweit KI und Daten- und Wissensmanagement für diese Simulationsverfahren zur Anwendung kommen können. Ausgehend vom Stand der Forschung wird in Kapitel 3 herausgestellt, dass es aktuell nur Ansätze zur automatisierten Ontologieerstellung gibt, wenn sich die betrachteten Modelle und Dokumente nicht auf den Aufbau der FEA-Modelle beziehen. Außerdem stehen bisher nur manuell erstellte Ontologiestrukturen für begrenzte Bereiche der FEA zur Verfügung. Bisher wurde keine ganzheitliche, automatisiert erstellte Ontologiestruktur für die durchgängige Unterstützung des konstruktionsbegleitenden FEA-Aufbaus vorgestellt. Die daraus abgeleiteten Forschungsfragen befassen sich damit, wie das Assistenzsystem lernen kann, unstrukturierte Texte über Simulationen zu verstehen und zu verarbeiten. Außerdem stellt sich die Frage, wie die Wissensbasis strukturiert sein muss, um alle relevanten Wissensinhalte für den FEA-Aufbau darin aufzubereiten. Des Weiteren muss geklärt werden, wie aus den umfangreichen Wissensbeständen die geeigneten Simulationsmodelle gezielt für eine vorliegende Berechnungsaufgabe abgefragt werden können.

Das Kapitel 4 geht auf den Aufbau des Assistenzsystems ein, und stellt heraus, wie die Anforderungen an das Assistenzsystem durch die Systemkomponenten berücksichtigt werden. In Kapitel 5 wird daraufhin ein durchgängiges Vorgehensmodell für die Unterstützung strukturmechanischer FEA vorgestellt. Das Assistenzsystem wird schließlich für die strukturmechanische Analyse eines Windwerks im letzten Kapitel eingesetzt und evaluiert. Durch das Assistenzsystem konnten Simulations- und CAD-Daten aus bestehenden Modellen, einschlägigen Veröffentlichungen und Richtlinien analysiert werden, um eine umfassende Wissensbasis für den Anwendungsbereich aufzubauen. Bei der Analyse der Dokumente wurde herausgestellt, wie durch Textklassifikation deutsche und englische Dokumente automatisch für gegebene Kategorien aus dem Bereich der Simulation gruppiert werden können. Für ungleichmäßig in Klassen unterteilte Dokumentensammlungen und für eine geringere Dokumentanzahl wurden durch die Support-Vector-Machines und Neuronale Netze trotzdem die Klassen zuverlässig vorhergesagt. Das k-NN-Verfahren erreichte zwar auch hohe Vorhersagegenauigkeiten im Training, bei der Klassifikation von neuen unbekannten Dokumenten wurden jedoch trotzdem nicht immer die Klasse durch dieses Verfahren korrekt vorhergesagt. Hier wurde herausgestellt, dass auch der Confidence-Wert bei der Auswahl der geeigneten Klassifikatoren berücksichtigt werden muss. Die Entscheidungsbäume erreichten zwar auch nicht die besten Vorhersagegüten, jedoch hob sich dieses Verfahren durch die gute Nachvollziehbarkeit ab.

Im Anschluss wurden Algorithmen der Informationsextraktion effizient für den Aufbau von FEA-Ontologien eingesetzt. Über die resultierenden Ontologien ließen sich auch Datensätze für Data-Mining-Analysen generieren. Aus den Data-Mining-Methoden resultierten übergeordnete Entscheidungsbäume, die daraufhin als Modellierungsregeln für Schrauben- und Schweißverbindungen in der Wissensbasis aufbereitet wurden. Die Inhalte in der Wissensbasis wurden daraufhin gezielt für exemplarische Anwendungsfälle abgerufen. Abschließend wurde aufgezeigt, wie die Ontologien und Modellierungsregeln in automatisierten Simulationsprozessen genutzt werden können und welche Modelle aus diesen Prozessen in Abhängigkeit von der Berechnungsaufgabe resultieren.

Wie in Abschnitt 4.3 beschrieben, wurde in einer vorangehenden Version des entwickelten Assistenzsystems, Modellierungswissen im SPDM-System ANSYS EKM bereitgestellt. Um die Vorteile dieses prozessorientierten Datenmanagementsystems für die Ontologie-Wissensbasis zu nutzen, kann der vorgestellte ontologiebasierte Ansatz in EKM implementiert werden. Für ANSYS EKM liegt eine Python-Programmierschnittstelle vor und in Python stehen Erweiterungen zur Verfügung, über die sich Ontologien inferieren und abfragen lassen. Außerdem können diese Erweiterungen für eine ontologieorientierte Programmierung genutzt werden [256,257]. Um weitere Simulationsprozesse neben dem FEA-Prozess nach [11] über die Wissensbasis zu unterstützen, bietet es sich an, die Funktionalität von EKM für die Abbildung und Steuerung der übergeordneten Prozesse und Prozessdaten zu nutzen, wie in Abschnitt 34 für die unterschiedlichen Assistenzsysteme dargestellt.

Außerdem lassen sich über die vorgestellten Ontologiestrukturen auch Datensätze für weitere Data-Mining-Anwendungen generieren. In der vorliegenden Arbeit wurden Entscheidungsbäume aus Datensätzen aufgebaut, die zuvor über die Ontologie zusammengestellt wurden. Ein weiterer Anwendungsbereich wäre hier die FEA-Plausibilitätsprüfungen im Postprocessing, die in Abschnitt 2.4.2 beschrieben ist. Vorausgesetzt es liegen ausreichend Simulationsergebnisse für die betrachteten FEA-Modelle vor, können für diese Modelle Datensätze generiert und für den Aufbau von Regressionsmodellen nach [27] genutzt werden. Anschließend lassen sich diese Regressionsmodelle für die Plausibilitätsprüfung von Ergebnissen aus ähnlichen Simulationen nutzen [27].

Darüber hinaus lässt sich der vorgestellte Ansatz auf weitere Anwendungsbereiche und Simulationstechniken in der Produktentwicklung übertragen. Zur Unterstützung weiterer FEA-Analysearten, z.B. transienter oder modaler Analysen, und weiterer physikalischer Felder, wie akustische oder elektromagnetische Simulationen, können die Ontologiestrukturen wiederverwendet werden. Die Ontologien und Text-Mining-Prozesse müssen nur für die neuen domänenspezifischen Simulationseinstellungen, wie den Simulationsergebnissen, Randbedingungen oder Materialdatenbanken angepasst werden. Für weitere Simulationstechniken, wie zum Beispiel Mehrkörpersimulationen (MKS), sind zusätzliche Anpassungen erforderlich, da die Finite-Elemente-Netze durch die starren oder elastischen Elemente der MKS-Modelle ersetzt werden müssen. Unabhängig davon, welche neuen Anwendungsfelder durch das Assistenzsystem erschlossen werden sollen, lassen sich die alten und neuen Ontologien leicht kombinieren, solange eine oder mehrere Instanzen in allen Ontologien definiert sind [258].

9 Summary and Outlook

Since finite element simulations are increasingly applied for design-accompanying strength verifications, they can rarely be carried out by experienced simulation engineers. However, finite element analyses require a lot of knowledge and are prone to errors. Faulty simulations then lead to expensive design iterations when less experienced simulation users rely on the incorrect simulation results. Thus, a knowledge-based assistance system was developed to support design-accompanying finite element analyses. For this purpose, methods from the fields of text and data mining were adapted and extended. By these methods, the necessary computational knowledge is extracted from simulation models and documents and is provided purposefully in an ontology knowledge base for inexperienced simulation users. The considered documents include text-based guidelines, conference papers and journal articles in the field of finite element analyses.

As a foundation for this work and in order to distinguish it from the current state of research, an insight into the knowledge-intensive processes of finite element analyses is given. Furthermore, the possible uses of artificial intelligence as well as data and knowledge management for these simulation methods are shown. Based on the state of research, chapter 3 highlights that there are currently only approaches to automate the ontology creation if the models and documents are not related to the setup of finite element models. Furthermore, only manually created ontology structures are available for limited fields of finite element analyses. So far, no holistic, automatically created ontology has been presented to thoroughly support the design-accompanying setup of finite element analyses. This leads to the research question how the assistance system can learn to understand and process unstructured texts about simulations. In addition, the question arises how the knowledge base must be structured in order to prepare all relevant knowledge contents for the simulation setup. In addition, it must be clarified how suitable simulation models can be specifically queried for a given computational task.

Chapter 4 discusses the architecture of the assistance system, and highlights how the system requirements are taken into account by the components of the assistance system. Subsequently, in chapter 5, an overall procedure model for the support of structural mechanical simulations is presented. In the last chapter, the assistance system is finally applied and evaluated for the structural mechanical analysis of a winch system. By the assistance system, simulation and CAD data from existing models, relevant publications and guidelines could be analyzed to set up a comprehensive knowledge base for the use case. The document analysis showed how German and English documents are automatically grouped by text classification for given simulation categories. For non-uniformly divided document collections and for a small number of documents, the support vector machines and neural networks still reliably predicted the appropriate classes. K-NN also achieved high prediction accuracies in training, nevertheless not all new, unknown documents were assigned to the correct classes here. This highlighted the fact that the confidence value must also be taken into account when selecting suitable classifiers. Decision trees did also not achieve the best prediction quality, but this classification method stood out due to its good comprehensibility.

Subsequently, information extraction algorithms were applied to efficiently build up ontologies for finite element analyses. The resulting ontologies also allowed to generate data sets for subsequent data mining analyses. Through the resulting ontologies, it was also possible to generate data sets for subsequent data mining analyses. The data mining processes resulted in superordinate decision trees, which were then prepared as modeling rules for bolted and welded joints in the knowledge base. The contents in the knowledge base were then specifically queried for exemplary use cases. Finally, insights were given on how the ontologies and modeling rules can be used in automated simulation processes and which finite element models result from these processes depending on the simulation task.

In a previous version of the developed assistance system, modeling knowledge was provided in the SPDM system ANSYS EKM, as described in section 4.3. In order to use the advantages of this process-oriented data management system for the ontology knowledge base, the presented ontology-based approach can be implemented in EKM. In ANSYS EKM a Python programming interface is provided and in Python there are extensions available to derive and query ontologies. Furthermore, these extensions can be used for ontology-oriented programming [256,257]. In order to support further simulation processes via the knowledge base in addition to the FEA process according to [11], the functionality of EKM can be used to map and control the superordinate processes and process data, as shown in section 34 for the different assistance systems. Moreover, the presented ontology structures can be used to generate datasets for further data mining applications. In the present work, decision trees were derived from data sets that were previously aggregated through the ontology. Another use case could be FEA plausibility checks in post-processing, which are described in section 2.4.2. Assuming that sufficient simulation results are available for the considered FEA models, data sets can be generated for these models and used to build up regression models according to [27]. These regression models can then be used to check the plausibility of results in similar simulations [27].

In addition, the presented approach can be transferred to further application fields and simulation techniques in product development. To support additional FEA analysis types, e.g. transient or modal analysis, and additional physical fields, such as acoustic or electromagnetic simulations, the ontology structures can be reused. The ontologies and text mining processes only need to be adapted for the new domain-specific simulation settings, such as the simulation results, boundary conditions or material databases. For other simulation techniques, such as multi-body simulations, further adaptations are required, since the finite element meshes have to be replaced by the rigid or elastic elements of the multi-body simulation models. No matter which new use cases are to be addressed by the assistance system, the old and new ontologies can be easily combined, as long as one or more instances are defined in all ontologies [258].

Anhang

A Kapitel 2

A.1 Flächenträgheitsmoment für den Ersatzbalken

$$I = \frac{Q \cdot a^3 \cdot b^3}{3 \cdot E \cdot w \cdot L^3} \tag{47}$$

A.2 Koordinatentransformation

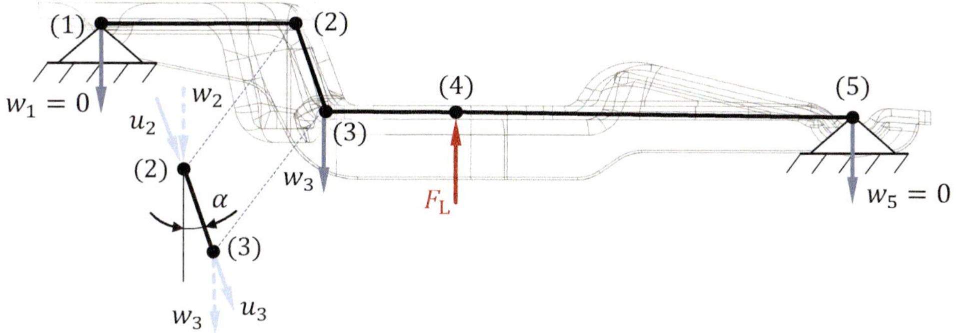

Bild 52: Erweiterte 2D-Finite-Elemente-Analyse des Ausrückhebels

Die Koordinatentransformation erfolgt nach [1] wie folgt: Für das überwiegend auf Druck beanspruchte Balkenelement zwischen den Knoten *(4)* und *(5)* lautet die Steifigkeitsmatrix [1]:

$$\mathbf{k}_{z,d} = \frac{E \cdot A}{l} \cdot \begin{bmatrix} 1 & -1 \\ -1 & 1 \end{bmatrix} \tag{48}$$

mit einer entsprechenden Länge l und dem Querschnitt A des Balkenelements. Aufgrund der Neigung muss die Steifigkeitsmatrix dieses Balkenelements außerdem in das globale Koordinatensystem transformiert und für die erforderlichen Größen der angrenzenden Elemente erweitert werden [1]. Für die Kraft-Verschiebungs-Beziehungen des Stabelements werden diese Schritte in der folgenden Gleichung durchgeführt [1]:

$$\vec{F} = \overline{\mathbf{k}_{z,d}} \cdot \vec{d} = \mathbf{T}^t \cdot \frac{E \cdot A}{l} \cdot \begin{bmatrix} 1 & 0 & -1 & 0 \\ 0 & 0 & 0 & 0 \\ -1 & 0 & 1 & 0 \\ 0 & 0 & 0 & 0 \end{bmatrix} \cdot \mathbf{T} \cdot \begin{bmatrix} u_1 \\ w_1 \\ u_2 \\ w_2 \end{bmatrix} \tag{49}$$

Die Transformationsmatrix hängt vom Neigungswinkel des Stabelements ab und ist wie folgt definiert:

$$\mathbf{T} = \begin{bmatrix} \cos(\alpha) & \sin(\alpha) & 0 & 0 \\ -\sin(\alpha) & \cos(\alpha) & 0 & 0 \\ 0 & 0 & \cos(\alpha) & \sin(\alpha) \\ 0 & 0 & -\sin(\alpha) & \cos(\alpha) \end{bmatrix} \tag{50}$$

A.3 Nichtlineare Analyse

Das globale Gleichungssystem (Gleichung 4) weist neben variablen Lasten und Verformungen nun auch eine veränderliche Gesamtsteifigkeitsmatrix auf und es gilt gemäß [1,2]:

$$\mathbf{K}(\vec{u}) \cdot \vec{u} - \vec{p} = 0 \tag{51}$$

Der Ausdruck $\mathbf{K}(\vec{u}) \cdot \vec{u}$ entspricht den inneren Knotenkräften, die gegen die äußeren Kräfte wirken $\vec{p}$ [1]. Im einfachsten Fall erfolgt die implizite Lösung des nichtlinearen Gleichungssystems gemäß [1,2] wie folgt. Links in Bild 53 ist der Verlauf der inneren Knotenkräfte $\mathbf{K}(\vec{u}) \cdot \vec{u}$ in Abhängigkeit von den Verschiebungen $\vec{u}$ und die erforderlichen Iterationsschleifen schematisch dargestellt: Zunächst wird der Ausgangszustand $\vec{u} = \vec{u_1}$ angenommen, der zum Beispiel das Ergebnis einer ersten linearen Rechnung ist. Durch Einsetzen in Gleichung 51 lassen sich die erforderlichen, neuen Verformungen berechnen, durch die sich ein Gleichgewicht zwischen den inneren und äußeren Kräften einstellt (Punkt a), links in Bild 53):

$$\mathbf{K}(\vec{u_0}) \cdot \vec{u_1} = \vec{p} \tag{52}$$

Im Anschluss wird eine neue Gesamtsteifigkeit $\mathbf{K}(u_1)$ für die verformte Geometrie (mit veränderten Elementsteifigkeiten, Kontakt- oder Randbedingungen) bestimmt. Wenn dann die Kräfte für die neue Steifigkeitsmatrix im Ungleichgewicht sind (Punkt b), links in Bild 53), führt die Lösung des aktualisierten Gleichungssystem erneut zu veränderten Verformungen $\vec{u_2}$ (Punkt c), links in Bild 53). Die Schritte werden so lange wiederholt, bis sich die Verformungen im Vergleich zu der vorangehenden Iteration kaum noch verändern (Punkt d) in Bild 53), die Lösung also konvergiert. Für die Zustandsänderung muss dann gelten:

$$|\vec{u_0} - \vec{u_1}| \leq \mathrm{a} \cdot \Delta\vec{u} \tag{53}$$

Hier entspricht $\Delta\vec{u}$ der Schrittweite, die vom FEA-System für gewöhnlich automatisch angepasst wird, und für den Vorfaktor gilt: a « 1.

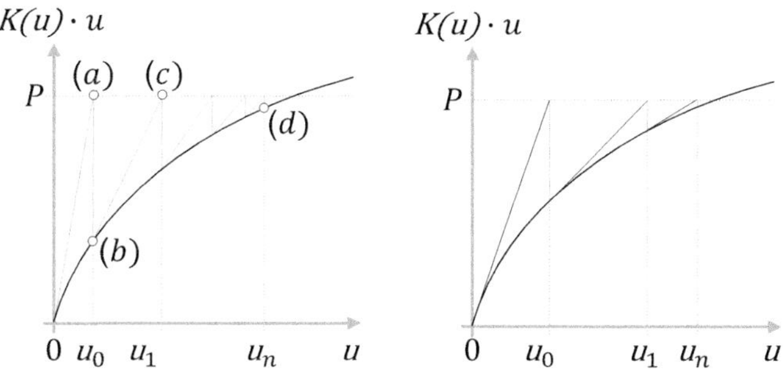

Bild 53: Implizite Lösung nichtlinearer Gleichungssysteme nach [2,9]

Über das Newton-Raphson-Verfahren lassen sich nichtlineare Analysen gegebenenfalls in weniger Iterationsschritten lösen [1]. Das Newton-Raphson-Verfahren legt durch Taylorreihenentwicklung Tangenten durch die Berechnungspunkte und bestimmt über diese Tangenten geeignete Schrittweiten für die Iterationen [1]. Rechts in Bild 53 ist der Konvergenzverlauf schematisch dargestellt. Falls keine Lösungen über diese Verfahren gefunden werden können, kommen außerdem inkrementelle Verfahren wie Euler und Runge-Kutta zur Anwendung [1]. Nähere Informationen zu den Lösungsverfahren finden sich in [1,15]. Diese impliziten Verfahren kommen für statische Analysen mit großen Zeitschritten zur Anwendung, bei denen dynamische Effekte nicht relevant sind. Ein weiterer Einsatzbereich sind Modalanalysen, also Dynamikanalysen im Frequenzbereich. In quasistatischen Analysen erfolgen transiente Simulationen hingegen so langsam, dass es zu keinen dynamischen Effekten kommt [1,2].

Im Gegensatz zu den impliziten Verfahren erfolgt in expliziten Analysen die Berechnung zum Zeitpunkt $t + \Delta t$ auf Grundlage des dynamischen Gleichgewichts zum Zeitpunkt t [1]. Ein Zeitschritt wird also nicht, wie bei den impliziten Verfahren, in mehrere Iterationen unterteilt, um das dynamische Gleichgewicht entsprechend zu aktualisieren [1]. Daher benötigen explizite Verfahren geringere Rechenzeiten. Sie sind jedoch auch bei zu großen Zeitschritten instabil [1]. Explizite Verfahren kommen für transienten Simulationen und quasistatischen Simulationen zum Einsatz [2]. Bei nichtlinearen transienten Simulation lassen sich auch dynamische Effekte bei sehr kurzen Zeitschritten, wie zum Beispiel in Crashsimulationen, beziehungsweise bei hohen Frequenzen betrachten [2].

A.4 Dauer- und Zeitfestigkeit

Werden Zyklenzahlen über 10^6 ertragen, kann ein Bauteil nach [2] bereits als dauerfest gelten. In Bild 54 sind die aus den Versuchen resultierenden Festigkeitswerte über den Zyklenzahlen schematisch dargestellt. Die untere Wöhlerlinie (Kurve (a) in Bild 54) gibt die Festigkeitswerte für eine reine Wechselbeanspruchung des Werkstoffs an [29]. Hierbei handelt es sich um eine Schwingungsbeanspruchung, bei der die Spannung zwischen einer positiven und einer gleichgroßen negativen Amplituden wechselt [29,259]. Ab einer Zyklenzahl von 10^6, nehmen hier die Festigkeitswerte nicht mehr ab [2]. Ab diesem Knickpunkt N_D entsprechen diese Werte den Dauerfestigkeitswerten des Werkstoffs (σ_W in Bild 54) [2]. Für geringere Zyklenzahlen sind die Zeitfestigkeitswerte aufgetragen (zum Beispiel Punkt auf der Wöhlerlinie bei $N_z = 10^2$ Zyklen) [29]. Wie in Bild 54 gezeigt, fallen die ertragbaren Spannungen für eine hohe Anzahl an Lastzyklen wesentlich geringer aus als die statische Zugfestigkeit [2].

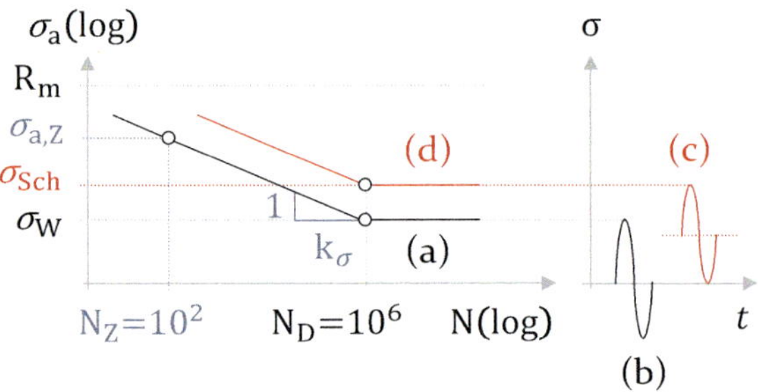

Bild 54: Wöhlerlinien nach [2,29]

Die Festigkeitswerte werden mit der Ausschlagsspannung σ_a verglichen, die aus der auftretenden höchsten Spannung (Oberspannung σ_o) und niedrigsten Spannung (Unterspannung σ_u) berechnet wird [29]:

$$\sigma_a = \frac{(\sigma_o - \sigma_u)}{2} \tag{54}$$

Neben der Wöhlerlinie (a) in Bild 54) ist der zeitliche Spannungsverlauf der reinen Wechselbeanspruchung exemplarisch dargestellt (Kurve (b) in Bild 54). Neben der Wechselfestigkeit werden auch Festigkeitswerte für schwellende Beanspruchungen in [29,32] bereitgestellt. Diese Schwingbeanspruchungen bewegen sich nur im positiven oder negativen Spannungsbereich [29]. In Bild 54 ist exemplarisch der zeitliche Spannungsverlauf (Kurve (c)) für eine reine Schwellbeanspruchungen dargestellt. Wie in dem Bild dargestellt, fallen diese Beanspruchungen auf null zurück, nachdem der Höchstwert erreicht ist [259]. In Bild 54 wird außerdem die hieraus resultierende Wöhlerlinie (Kurve (d)) über die Zyklenzahlen zusammen mit der Dauerschwellfestigkeit σ_{Sch} (Knickpunkt bei $N_D = 10^6$ Zyklen) aufgetragen [2,29].

Über die Mittelspannung σ_m wird die statische Vorspannung einer dynamischen Belastung definiert [29]. Bei einer reinen Schwellbeanspruchungen ist die Mittelspannung gleich der halben Oberspannung und bei einer reinen Wechselbeanspruchung gleich null [29,32]. Allgemein ist die Mittelspannung wie folgt definiert [29]:

$$\sigma_m = \frac{(\sigma_o + \sigma_u)}{2} \tag{55}$$

Die Dauerfestigkeitswerte für reine Schwell- oder Wechselbeanspruchungen lassen sich direkt aus Tabellen oder Wöhlerkurven in [29,32] ermitteln. Alternativ lassen sich die Wechselfestigkeiten für Zug-, Druck- und Schubbeanspruchungen auch näherungsweise über einen Festigkeitsfaktor aus den Zugfestigkeitswerten berechnen [29,32]. Analog zu den Kennwerten für die Fließgrenze und die Zugfestigkeit müssen auch die auf einen Normdurchmesser bezogenen Dauerfestigkeitswerte an die Abmessungen der beanspruchten Bauteile angepasst werden [29]. Für die Wechselfestigkeit σ_W eines auf Biegung beanspruchten Bauteils gilt zum Beispiel [29]:

$$\sigma_W = K_t \cdot K_A \cdot \sigma_{W,N} \tag{56}$$

mit dem technologischen Größenfaktor K_t und der Wechselfestigkeit $\sigma_{W,N}$ für den Normdurchmesser der Probe.

Die Dauerfestigkeitswerte lassen sich über die folgende Wöhlerliniengleichung in einen Zeitfestigkeitswert $\sigma_{a,Z}$ umrechnen [30,32]:

$$\sigma_{a,Z} = \frac{N_D}{N_z}^{\frac{1}{k_\sigma}} \cdot \sigma_W \tag{57}$$

Hier wird für die Berechnung der Zeitfestigkeit $\sigma_{a,Z}$ bei der Zyklenzahl N_z exemplarische die Dauerwechselfestigkeit σ_W aus Bild 54 am Knickpunkt N_D eingesetzt [30,32]. Der Wöhler-Exponent ergibt sich aus der Neigung k_σ (siehe Bild 54) der doppellogarithmischen Wöhlerlinie [30,32].

Neben den Dauerfestigkeitswerten für reine Schwell- oder Wechselbeanspruchungen sind die Schwingungsfestigkeiten für alle weiteren Mittelspannungen in Dauerfestigkeitsschaubilder angegeben, wie unter anderem in Smith-, Heigh- oder Goodman-Diagrammen [29]. Im Folgenden wird das für diese Arbeit relevante Smith-Diagramm gemäß [29] erläutert. In Bild 55 ist das Smith-Diagramm für einen Werkstoff schematisch dargestellt. In dem Diagramm sind auch die reine Dauerschwellfestigkeit σ_{Sch} und Dauerwechselfestigkeit σ_{W} aufgetragen. Außerdem sind für alle Mittelspannungen (Abszisse) die Oberspannungen σ_{o} und Unterspannungen σ_{u} der jeweils ertragbaren Ausschlagspannungen σ_{a} angegeben (blaue Kennlinien). Die Skala für das Spannungsverhältnis κ oben in Bild 55 gibt das Verhältnis zwischen Unter- und Oberspannung in Abhängigkeit von der Beanspruchung an. Für das Spannungsverhältnis gilt:

$$\kappa = \frac{\sigma_{\mathrm{u}}}{\sigma_{\mathrm{o}}} \tag{58}$$

Bei einer reinen Dauerwechselspannung σ_{W} ist das Spannungsverhältnis κ gleich -1 und bei einer reinen Dauerschwellspannung σ_{Sch} gleich null (Vergleiche Skala in Bild 55). Gemäß des Diagramms nimmt die ertragbare Oberspannungen mit steigender Mittelspannungen σ_{m} zu, bis die Oberspannung die Fließgrenze $\mathrm{R_p}$ erreicht. Gleichzeitig nimmt im Smith-Diagramm jedoch auch die ertragbare Ausschlagsspannung ab (proportional zur Differenz zwischen Ober- und Unterspannungen, Gleichung 55) bis nur noch ein statischer Lastfall vorliegt ($\sigma_{\mathrm{o}}\sigma_{\mathrm{u}}$ beziehungsweise $\kappa = 1$).

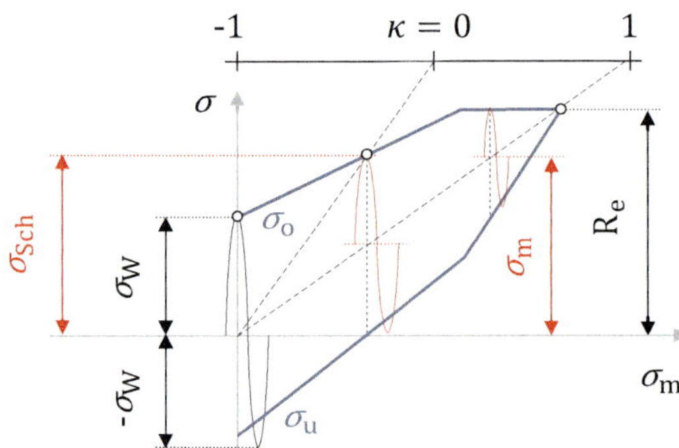

Bild 55: Smith-Diagramm nach [29,30,259]

In Dauerfestigkeitsnachweisen wird nur eine feste Spannungsamplitude mit den Dauerfestigkeitswerten verglichen [30]. Falls die Belastungen im Betrieb hingegen keine konstante Intensität aufweisen, kommen im Betriebsfestigkeitsnachweis sogenannte Lastkollektive zur Anwendung, in denen die Häufigkeiten bestimmter Amplituden berücksichtigt sind [29]. Für diese Lastkollektive erfolgt der Nachweis, dass eine geforderte Lebensdauer für die beanspruchten Bauteile beziehungsweise eine definierte Schwingspielzahl erreicht wird [30]. Hierzu kommt u.a. die Schadensakkumulations-Hypothese nach PALMGREN [260] und MINER [261] zur Anwendung [29]. Nach dieser Hypothese werden die Schädigungen durch die unterschiedlichen Schwingbeanspruchungen aufsummiert, bis ein kritischer Schädigungswert erreicht ist [29]. Eine erweiterte Variante dieser Hypothese berücksichtigt nur Schwingbeanspruchungen, die oberhalb der Dauerfestigkeit liegen [29]. In Versuchsreihen wurde jedoch gezeigt, dass auch Schwingbeanspruchungen unterhalb der Dauerfestigkeit einen Schädigungsbeitrag leisten können [29].

A.5 Dynamischer Festigkeitsnachweis nach VDI 2230

Im Schwingfestigkeitsnachweis erfolgt ein Abgleich der vorhandenen Ausschlagsspannungen mit den Dauerfestigkeitswerten (siehe "Werkstoffmodellierung" in Unterabschnitt 2.1.2). Hierzu stehen in [41] entsprechende Dauerhaltbarkeiten für Schraubenverbindungen zur Verfügung. Die Dauerhaltbarkeiten beziehen sich auf eine Zyklenzahl von $\mathrm{N_D} \geq 2 \cdot 10^6$ und den Spannungsquerschnitt der Schraube A_S aus Gewindetabellen, bei dem es sich um den Mittelwert aus dem Flanken- und Kerndurchmesser handelt [29]. Für hochfeste, schlussvergütete Schrauben gilt für die Dauerhaltbarkeit σ_{AS} in Abhängigkeit vom Nenndurchmesser der Schraube d_N:

$$\sigma_{\mathrm{AS}} = 0,85 \left(\frac{150}{d} + 45 \right) \tag{59}$$

Bei geringeren Zyklenzahlen $\mathrm{N_Z}$ werden die Dauerfestigkeitswerte in die entsprechenden Zeitfestigkeitswerte umgerechnet [29,32] und für die Schwingfestigkeit gilt:

$$\sigma_{\mathrm{ASZ}} = \sigma_{\mathrm{AS}} \cdot \left(\frac{\mathrm{N_D}}{\mathrm{N_Z}} \right)^{\frac{1}{3}} \tag{60}$$

Der Exponent ergibt sich aus der Neigung der zugehörigen Wöhlerlinie [29, 32] (siehe auch "Werkstoffmodellierung" in Unterabschnitt 2.1.2). Für die vorhandene Sicherheit gegen Dauerbruch gilt dann bei einer empfohlenen Mindestsicherheit $\mathrm{S_{D,min}}$ von 1,2 und Vernachlässigung der Momentenbeanspruchung [41,51] :

$$\mathrm{S_D} = \frac{\sigma_{\mathrm{AS}}}{\sigma_{\mathrm{a}}} \geq \mathrm{S_{D,min}} \tag{61}$$

In der Gleichung wird die Dauerhaltbarkeit σ_{AS} anstelle der Bauteilwechselfestigkeit mit der Ausschlagsspannung σ_a verglichen [41,51]:

$$\sigma_{\mathrm{a}} = \frac{F_{\mathrm{SAo}} - F_{\mathrm{SAu}}}{2 \cdot AS} \tag{62}$$

mit dem Spannungsquerschnitt A_S und der oberen und unteren Schraubenzusatzkraft F_{SAo} und F_{SAu} bei den jeweiligen Lastfällen der Schwingbeanspruchung. Wie bereits genannt enthält die Schraubenzusatzkraft nur die zusätzlichen Belastungen aus dem Betrieb ohne die Schraubenvorspannung [41].

A.6 Statischer Nennspannungsnachweis nach FKM

Soll die Simulation mit Nennspannungen erfolgen, kann die Kerbwirkung bei der Auswertung analytisch berücksichtigt werden, insbesondere für Schweißnähte, spröde Werkstoffe oder bei dynamischer Belastung [29,38]. Im Folgenden wird ein Einblick in die Festigkeitsanalyse mit Nennspannungen nach [29,30,32] gegeben.

Die festigkeitsmindernde Wirkung von Kerben wird mit der Kerbformzahl berücksichtigt α_k, die den Zusammenhang zwischen den Spannungsspitzen σ_{max} im Kerbbereich und den Nennspannungen σ_n herstellt:

$$\alpha_k = \frac{\sigma_{max}}{\sigma_n} \tag{63}$$

Die Kerbformzahl lässt sich aus Kennlinien in der FKM-Richtlinie [32] in Abhängigkeit von den Bauteilen und Beanspruchungsarten ermitteln.

Für den Nachweis der statischen Festigkeit werden die vorhandenen Nennspannungen mit den Bauteilfestigkeiten gegen Fließen σ_F oder Gewaltbruch σ_B verglichen. Die Bauteilfestigkeiten hängen neben den Werkstoffkennwerten auch von der Geometrie des beanspruchten Bauteils ab. Auf diese Weise wird berücksichtigt, dass die Bauteilgeometrie nicht den Abmessungen und der Form des Probestabs aus den Zugversuchen entspricht und daher dessen Festigkeitseigenschaften nicht unverändert übernommen werden können.

Die Bauteilfestigkeit gegen Fließen σ_F lässt sich aus dem Umrechnungsfaktor f_σ, der plastischen Stützzahl n_{pl} und der Fließgrenze R_p ermitteln:

$$\sigma_F = f_\sigma \cdot R_p \cdot n_{pl} \tag{64}$$

Mit der Zugfestigkeit R_m anstelle von R_p ergibt sich entsprechend die Festigkeit gegen Gewaltbruch. Der Umrechnungsfaktor f_σ berücksichtigt die Beanspruchungsart und kann der FKM-Richtlinie [32] entnommen werden.

Die plastische Stützzahl wird durch die Bildung des folgenden Minimums ermittelt:

$$n_{pl} = \min\left(\sqrt{\frac{R_{p,max}}{R_p}}; K_P\right) \tag{65}$$

K_p ist die plastische Formzahl für das Bauteil ohne Kerbe. Über diese Formzahl wird das globale Bauteilversagen bei einer vollständigen Plastifizierung berücksichtigt. Bei einer vollständigen Plastifizierung gibt es keine elastischen Bereiche mehr, die den Bauteilquerschnitt stützen könnten. Die Festigkeitskennwerte werden über die Formzahl daher entsprechend begrenzt [29]. Bei der Biegung eines Kreisquerschnitts nimmt die Formzahl zum Beispiel einen Wert von $1,7$ an. Außerdem wird über den linken Term in der Minimierungsfunktion (Gleichung 65) das lokale Bauteilversagen berücksichtigt. Dieses Bauteilversagen tritt ein, wenn die plastischen Verformungen die ertragbare Werkstoffdehnung überschreiten. Bei diesen Verformungen kommt es dann zur Anrissbildung. Im Nennspannungsnachweis lässt sich das Bauteil anhand der maximalen Streckgrenze $R_{p,max}$ gegen diesen Versagensfall absichern. In [32] stehen hierzu entsprechende Tabellenwerte zur Verfügung. Die maximale Streckgrenze für Stahl ist zum Beispiel $1050 N/mm^2$. Für diese vereinfachte Annahme muss die Kerbformzahl α_k jedoch kleiner 3 sein. Andernfalls ist $R_{p,max}$ über Gleichung 79) im Anhang (Abschnitt A.7 zu ermitteln.

Für Schweißnähte wird die Bauteilfestigkeit σ_b über weitere Vorfaktoren aus Tabellen in [32] berechnet:

$$\sigma_F = R_p \cdot n_{pl} \cdot \alpha_W \cdot \rho_{WEZ} \tag{66}$$

Der Schweißnahtfaktor α_W ist von der Nahtform, der Nahtgüte und dem Werkstoff abhängig. Für den Grundwerkstoff und die Wärmeeinflusszone gilt jedoch: $\alpha_W = 1$. Der Entfestigungsfaktor ρ_{WEZ} berücksichtigt außerdem, dass der Wärmeeintrag beim Schweißen gegebenenfalls zu einer Festigkeitsreduktion bei Bauteilen aus Aluminium führt. Bei geschweißten Bauteilen aus Stahl gilt für den Entfestigungsfaktor hingegen: $\rho_{WEZ} = 1$.

Nach der FKM-Richtlinie [32] erfolgt der Festigkeitsnachweis über den Auslastungsgrad:

$$a_{F,b} = \frac{\sigma_b \cdot S_{F,min}}{\sigma_F} \leq 1 \tag{67}$$

Die Festigkeitsnachweise müssen allgemein für alle Spannungsarten getrennt geführt werden. Zudem wird ein Gesamtauslastungsgrad bei gemeinsam auftretenden Spannungsarten ermittelt, beispielsweise wenn Biegespannungen σ_b und Schubspannungen τ_t zusammenwirken. Die Berechnung des Gesamtauslastungsgrads erfolgt für nichtgeschweißte Bauteile sowie für den Grundwerkstoff und die Wärmeeinflusszone in Schweißverbindungen auf Grundlage der Normalspannungshypothese und Gestaltänderungshypothese. Hierbei werden auch Kombinationen aus den beiden Spannungshypothesen für den Nachweis genutzt. Welche Kombination zu wählen ist, wird nach [32] in Abhängigkeit von der Duktilität des Werkstoffs bestimmt. Für Stahl gilt jedoch ausschließlich die Gestaltänderungshypothese:

$$\mathrm{a}_{\mathrm{F,ges}} = \sqrt{\left(a_{\mathrm{F,b}} + a_{\mathrm{F,zd}}\right)^2 + \left(a_{\mathrm{F,s}} + a_{\mathrm{F,t}}\right)^2} \leq 1 \qquad (68)$$

Mit den Auslastungsgraden $a_{\mathrm{F,b}}$ für Biegung, $a_{\mathrm{F,zd}}$ für Zug und Druck, $a_{\mathrm{F,s}}$ für Schub und $a_{\mathrm{F,t}}$ für Torsion. Vereinfachend sind in der Gleichung die Spannungskomponenten in die Koordinatenrichtungen x und y in jeweils einer Biege- beziehungsweise Schubspannung zusammengefasst. Für die Nähte von geschweißten Bauteilen gilt ebenfalls die Gestaltänderungshypothese. Hier beziehen sich die Einzelnachweise jedoch ausschließlich auf Normalspannungen senkrecht zur Naht $a_{\perp,\mathrm{b}}$ und $a_{\perp,\mathrm{zd}}$ sowie der Torsionsspannung parallel zur Naht $a_{\parallel,\mathrm{t}}$.

Dynamischer Nennspannungsnachweis nach FKM

Im Ermüdungsnachweis mit Nennspannungen werden die vorhandenen Spannungen mit der Bauteilwechselfestigkeit und Bauteildauerfestigkeit verglichen. Mit dem Konstruktionsfaktor $\mathrm{K_d}$ und der Wechselfestigkeit σ_{W} gilt für die Bauteilwechselfestigkeit σ_{W} [29,32]:

$$\sigma_{\mathrm{W}} = \frac{\sigma_{\mathrm{W}}}{\mathrm{K_D}} \qquad (69)$$

Nachfolgend sind die im Konstruktionsfaktor $\mathrm{K_D}$ berücksichtigen Einflüsse nach [29,32] beschrieben. Für nichtgeschweißte Bauteile gilt demnach:

$$\mathrm{K_D} = \left(\beta_{\mathrm{k}} + \frac{1}{\mathrm{K_o}} - 1\right) \cdot \frac{1}{\mathrm{K_v}} \qquad (70)$$

Der Einfluss der Kerbwirkung ist über die Kerbwirkungszahl β_{k} berücksichtigt:

$$\beta_{\mathrm{k}} = \frac{\alpha_{\mathrm{k}}}{\mathrm{n_0} \cdot \mathrm{n}} \qquad (71)$$

Da die Kerbwirkung in Nennspannungen nicht enthalten ist, wird die Kerbformzahl α_{k} für vereinfachte Bauteilgeometrien aus Kennlinien in [29,32] entnommen. Außerdem werden die Stützzahlen des ungekerbten ($\mathrm{n_0}$) und gekerbten Bauteils (n) über Kennlinien in [29,32] ermittelt. Die Stützzahlen hängen hierbei von der Zugfestigkeit des Materials und dem Spannungsgefälle im Bauteil ab. Für das Spannungsgefälle im ungekerbten Bauteil G gilt in Abhängigkeit von den Bauteilabmessungen d:

$$G\,(\mathrm{d}) = \frac{2}{d} \tag{72}$$

Außerdem stehen Kennwerte für die Stützzahlen von gekerbten, einfachen Bauteilgeometrien und für den Einfluss der Oberflächenverfestigung K_v zur Verfügung. Der Einfluss der Oberflächenrauheit ist über den Oberflächeneinflussfaktor K_o ebenfalls aus Kennlinien in [29,32] zu entnehmen.

Ferner gilt für die Bauteilwechselfestigkeit von Schweißnähten [29,32]:

$$\sigma_W = FAT \cdot f_{FAT} \cdot f_t \cdot K_v \cdot K_{NL} \tag{73}$$

Darin werden die Bauteilklassen FAT in Abhängigkeit von der vorliegenden Schweißnaht aus Tabellen in [32] entnommen [32]. Die Bauteilklasse bezieht sich auf eine Zyklenzahl von $N_C = 2 \cdot 10^6$ und wird über den Vorfaktor f_{FAT} auf den Knickpunkt der Bauteilwöhlerlinie umgerechnet:

$$\sigma_{a,Z} = 0.5 \cdot \left(\frac{N_C}{N_D}\right)^{\frac{1}{k\sigma}} \tag{74}$$

Der Einfluss der Blechdicke f_t kann für die jeweilige Schweißverbindung aus Tabellen und Kennlinien in [32] entnommen werden. Um den nichtlinear-elastischen Spannungs-Dehnungs-Verlauf von Gusseisen zu berechnen, stehen für den Vorfaktor K_{NL} Kennwerte zur Verfügung. Für alle anderen Werkstoffe gilt: $K_{NL} = 1$.

Bei Schwellbeanspruchungen muss anstelle der Bauteilwechselfestigkeit die Bauteildauerfestigkeit für den Festigkeitsnachweis genutzt werden. Hierzu können Festigkeitswerte aus Dauerfestigkeitsschaubildern genutzt werden [29]. Außerdem kann die Bauteilwechselfestigkeit σ_W auch in die erforderliche Bauteildauerfestigkeit σ_D umgerechnet werden [29,32]. Für die Bauteildauerfestigkeit σ_D von geschweißten Bauteilen gilt:

$$\sigma_D = K_m \cdot \sigma_W \cdot K_e \tag{75}$$

Über den Eigenspannungsfaktor K_e wird der Einfluss der Eigenspannungen über Kennwerte in [32] berücksichtigt. Des Weiteren begrenzt der Mittelspannungsfaktor K_m die Schwingungsamplituden für die vorliegenden Mittelspannungen. Hierzu muss der jeweilige Überlastfall bestimmt werden und bei einem konstanten Spannungsverhältnis $K > 1$ (Unter- und Oberspannung sind positiv) gilt zum Beispiel:

$$K_m = \frac{1}{1 - M_\sigma} \tag{76}$$

Für die Mittelspannungsempfindlichkeit M_σ liegen Kennwerte in [32] vor. Die Gleichungen 86 und 87 gelten auch bei ungeschweißten Bauteilen mit $K_e = 1$. Die Mittelspannungsempfindlichkeit wird hier über die Zugfestigkeit und Tabellen in [32] berechnet.

Für den Ausnutzungsgrad $a_{D,b}$ gilt dann [32]:

$$a_{D,b} = \frac{\sigma_{b,a} \cdot S_{D,min}}{\sigma_D} \leq 1 \tag{77}$$

bei einer Mindestsicherheit gegen Dauerbruch $S_{D,min}$ von 1,5. Die Mindestsicherheit kann reduziert werden, wenn regelmäßig Inspektionen erfolgen oder geringere Schadensfolgen zu erwarten sind [29,32]. In Gleichung 77 wird der Nachweis exemplarisch für Biegebeanspruchungen durchgeführt [32]. Für die Analyse von Torsions-, Zug- und Druckspannungen müssen die entsprechenden Festigkeitswerte in der Gleichung ersetzt werden [32]. Die Berechnung des Gesamtauslastungsgrads erfolgt dann für nicht-geschweißte Bauteile nach der Normalspannungs- und Gestaltänderungshypothese, analog zum statischen Nachweis. Für Schweißverbindungen gilt im Ermüdungsfestigkeitsnachweis:

$$a_{D,ges} = 0,5 \left(|a_{\perp,\sigma} + a_{\parallel,\sigma}| + \sqrt{\left(|a_{\perp,\sigma} + a_{\parallel,\sigma}|\right)^2 + 4 \cdot a_{\parallel,\tau}^2} \right) \leq 1 \tag{78}$$

mit den Auslastungsgraden für die senkrecht zur Naht verlaufenden Normalspannungen $a_{\perp,\sigma}$ und den parallel verlaufenden Normalspannungen $a_{\parallel,\sigma}$ und Schubspannungen $a_{\parallel,\tau}$.

A.7 Maximale Streckgrenze

$$R_{p,max} = \frac{E \cdot \epsilon_{ertr}}{\alpha_k} \tag{79}$$

Die zulässige Dehnung ϵ_{ertr} beträgt für Stahl 5 %.

A.8 Dynamischer Kerb- und Strukturspannungsnachweis nach FKM

Der dynamische Festigkeitsnachweis kann anhand der Ergebnisse aus zwei statischen Simulationen mit Lastvorgaben gemäß den Maxima und Minima der Schwingbelastung geführt werden [30]. Eine dieser Simulationen wurde gegebenenfalls bereits für den statischen Festigkeitnachweis durchgeführt [30]. Mit den so ermittelten Ausschlagsspannungen erfolgt anschließend der Abgleich mit der Bauteilfestigkeit. Hierbei sind wieder die konstruktiven Unterschiede zwischen dem beanspruchten Bauteil und der Probe zu berücksichtigen. Im einfachsten Fall liegt eine reine Wechselbeanspruchung vor und die für den Nachweis erforderliche Bauteilfestigkeit (Bauteilwechselfestigkeit σ_W) setzt sich aus dem Konstruktionsfaktor K_d und der Wechselfestigkeit σ_W (siehe auch Unterabschnitt 2.1.2, "Werkstoffmodellierung") zusammen [29, 32]:

$$\sigma_W = \frac{\sigma_W}{K_D} \tag{80}$$

Im Folgenden werden die im Konstruktionsfaktor K_D berücksichtigten Einflüsse auf die Schwingfestigkeit nach [29,30,32] dargelegt. Für den Konstruktionsfaktor für nichtgeschweißte Bauteile gilt:

$$K_D = \cdot \frac{1}{n_\sigma \cdot K_v \cdot K_{NL} \cdot K_S} \left[1 + \frac{1}{\tilde{\alpha}} \left(\frac{1}{K_o} - 1 \right) \right] \tag{81}$$

Hier berücksichtigt die Stützzahl n_σ die Stützwirkung von Querschnittsbereichen, die aufgrund des Spannungsverlaufs im Bauteilquerschnitt noch unterhalb der Fließgrenze beansprucht werden, während es an der Bauteiloberfläche bereits zu plastischen Verformungen kommt. Bei Normalspannung lässt sich die Stützzahl n_σ in Abhängigkeit von der Zugfestigkeit R_m und dem Spannungsgefälle G_σ im Bauteilquerschnitt über Gleichungen in [32] ermitteln. Im Bereich $1^{-1} < G_\sigma \leq 0,1^{-1}$ und gilt zum Beispiel der Zusammenhang:

$$n_\sigma = 1 + \sqrt{G_\sigma \cdot mm} \cdot 10^{-\left(a_G + \frac{R_m}{b_G \cdot MPa}\right)} \tag{82}$$

mit den Konstanten a_G und b_G, die für den vorliegenden Werkstoff aus Tabellen in [32] entnommen wird. Für nichtrostenden Stahl ist $a_G = 0,4$ ud $b_G = 2400$. Ähnliche Zusammenhänge finden sich für die anderen Wertebereiche von G_σ. Für die Bestimmung des Spannungsgefälles werden im

FEA-Modell die Spannungsergebnisse entlang eines Pfads senkrecht zur Spannungsrichtung und zur Bauteiloberfläche ermittelt. Hierbei wird an einem Knoten der Bauteiloberfläche begonnen, bei der kritische Spannungswerte erreicht werden. Gemäß Bild 56 wird der Gradient aus dem Verhältnis zwischen zwei benachbarten Spannungsergebnissen wie folgt bestimmt:

$$G_{\sigma 1} = \frac{1}{\Delta s} \cdot \left(1 - \frac{\sigma_{a,1}(s_2)}{\sigma_{a,1}(s_1)}\right) \tag{83}$$

am Beispiel der ersten Hauptspannung: Ausschlagsspannung $\sigma_{a,1}(s_1)$ an der Oberfläche und $\sigma_{a,1}(s_2)$ unterhalb der Bauteiloberfläche, entlang des gewählten Pfads.

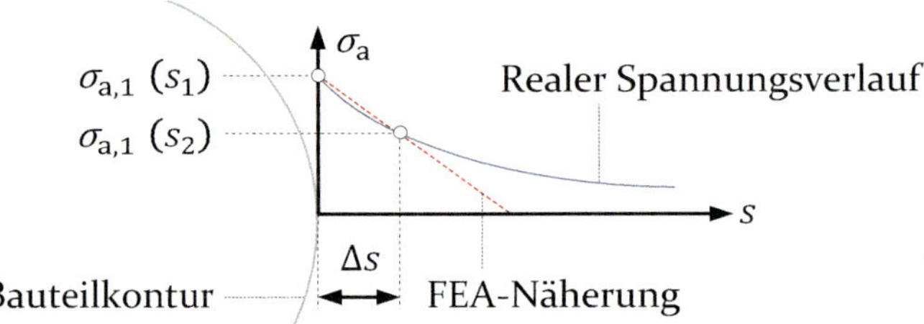

Bild 56: Ermittlung des Spannungsgradienten nach [30]

Da bei Schwingungsbeanspruchungen die höchsten Spannungen meist an den Oberflächen vorliegen, hat die Oberflächenrauheit einen negativen Einfluss auf die Dauerfestigkeit, die mit der Wertstofffestigkeit zunimmt. Der Oberflächeneinflussfaktor K_o berücksichtigt diesen Effekt, und kann aus Kennlinien in [29,32] entnommen werden und bei polierten Oberflächen gilt: $K_o = 1$. Der Oberflächeneinflussfaktor stammt jedoch ursprünglich aus dem Nennspannungsnachweis und rechnet die Kerbwirkung bereits analytisch mit ein. Da nun die Spannungsüberhöhungen zusätzlich auch aus Kerbspannungsmodellen in der FEA resultieren, muss der Wert von K_o über einen weiteren Vorfaktor $\tilde{\alpha}$ (geschätzte Kerbwirkungszahl) in Gleichung 72 reduziert werden. Ohne diese Korrektur, würden die Auswirkungen der Oberflächenrauheit zu hoch angenommen werden beziehungsweise die Festigkeit zu stark reduzieren. Die hierfür benötigte Kerbwirkungszahl $\tilde{\alpha}$ wird überschlägig in Abhängigkeit vom Kerbradius berechnet oder allgemein für die Werkstoffgruppe abgeschätzt. In [32] gilt zum Beispiel für Gusseisen: $\tilde{\alpha} = 2$.

Des Weiteren lassen sich die Festigkeit des Bauteils durch Maßnahmen zur Oberflächenverfestigung erhöhen, wie zum Beispiel durch Härten, Rollen oder Kugelstrahlen. Der Einfluss dieser Maßnahmen fällt bei gekerbten Bauteilen größer aus als bei ungekerbten. Außerdem nimmt der Effekt bei einem

Bauteildurchmesser oberhalb von 25 mm deutlich ab. Diese Zusammenhänge sind über die Oberflächenverfestigung K_v im Konstruktionsfaktor enthalten und über Kennwerte in [29,32] definiert.

Ferner berücksichtigt der Vorfaktor K_{NL} den nichtlinear-elastischen Spannungs-Dehnungs-Verlauf von Gusseisen und der Faktor K_S den Einfluss der anodischen Oxidation von Aluminium. Für die genannten Werkstoffe stehen entsprechende Kennwerte in [29,32] zur Verfügung. Bei allen anderen Werkstoffen gilt: $K_{NL} = K_S = 1$.

Darüber hinaus wird die Bauteilwechselfestigkeit für Schweißnähte nach [29, 32,262] wie folgt berechnet:

$$\sigma_W = FAT \cdot f_{FAT} \cdot f_t \cdot K_v \cdot K_{NL} \tag{84}$$

Die Bauteilklassen FAT gelten für Stahl-, Eisenguss- und Aluminiumwerkstoffe und werden in Abhängigkeit von der vorliegenden Schweißnaht aus Tabellen entnommen. Bei der Analyse von Kerbspannungen senkrecht zur Schweißnaht (Hauptspannungen) nimmt die FAT-Klasse einen Wert von 225 für Stahl und 71 für Aluminium an. Hier muss die modellierte Schweißnaht einen Referenzradius $r = 1$ mm (siehe Radien für das Kerbspannungsmodell in Bild 13). Bei der Analyse von Strukturspannungen wird hingegen die Schweißnaht näher unterschieden und für Kehlnähte gilt FAT = 90 bei Kehlnähten, die in einem Kreuzstoß belastet werden. Die Bauteilklasse gibt hier die zulässige Doppelamplitude bei einer Zyklenzahl von $N_C = 2 \cdot 10^6$ an. Der Festigkeitswert wird über den Vorfaktor f_{FAT} auf die Zyklenzahl der Bauteilwöhlerlinien im Bereich der Dauerfestigkeit (Knickpunkt der Bauteilwöhlerlinie) umgerechnet (siehe auch Unterabschnitt "Werkstoffmodellierung" in Unterabschnitt 2.1.2):

$$\sigma_{a,Z} = 0.5 \cdot \left(\frac{N_C}{N_D}\right)^{\frac{1}{k_\sigma}} \tag{85}$$

Der Dickenfaktor f_t berücksichtigt den Einfluss der Blechdicke auf die Festigkeit und kann für die gegebenen Schweißverbindungen anhand der Tabellen und Kennlinien in [32] ermittelt werden.

Liegt nur eine reine Wechselbeanspruchung vor können die Wechselfestigkeitsfaktoren direkt für den Vergleich mit der vorhandenen Ausschlagsspannung genutzt werden [32]. Liegt hingegen eine Schwellbeanspruchung vor, können gegebenenfalls die erforderlichen Festigkeitswerte aus Dauerfestigkeitsschaubildern entnommen werden (siehe "Werkstoffmodellierung" in Unterabschnitt 2.1.2) [29]. Alternativ kann nach [29,30,32] die Bauteilwechselfestigkeit σ_W auch in eine geeignete Bauteildauerfestigkeit σ_D für den

Festigkeitsnachweis wie folgt überführt werden. Für die Bauteildauerfestigkeit σ_D gilt bei der Schwellbeanspruchung von geschweißten Bauteilen:

$$\sigma_{\mathrm{D}} = \mathrm{K_m} \cdot \sigma_{\mathrm{W}} \cdot \mathrm{K_e} \tag{86}$$

mit dem Eigenspannungsfaktor K_e und dem Mittelspannungsfaktor K_m. Der Eigenspannungsfaktor berücksichtigt bei Schweißverbindungen den Einfluss von Eigenspannungen und kann aus Tabellen in [32] entnommen werden. Zudem werden über den Mittelspannungsfaktors die Schwingungsamplituden für die gegebenen Mittelspannungen begrenzt. Für die Berechnung des Mittelspannungsfaktor muss der Überlastfall bestimmt werden. Dieser gibt an, welche Schwingungsgrößen bei einer Erhöhung der äußeren Lasten (ausgenommen der Vorspannungen und Eigengewichte) konstant bleiben würden. Bei einem der häufigsten Überlastfälle bleibt das Spannungsverhältnis K aus Unter- und Oberspannung (Gleichung 54) konstant. Für diesen Fall gilt für den Mittelspannungsfaktor bei $K > 1$ (Unter- und Oberspannung sind größer null):

$$\mathrm{K_m} = \frac{1}{1 - \mathrm{M}_\sigma} \tag{87}$$

mit der Mittelspannungsempfindlichkeit M_σ gemäß Kennwerten in [32]. Bei ungeschweißten Bauteilen gelten ebenfalls Gleichung 86 und 87 mit $K_e = 1$. Die Mittelspannungsempfindlichkeit wird hier über die Zugfestigkeit und Tabellen in [32] berechnet.

Abschließend erfolgt der Dauerfestigkeitsnachweis mit einer Mindestsicherheit gegen Dauerbruch $S_{D,min}$ von 1,5 für nichtgeschweißte Bauteile und 1,4 für geschweißte Bauteile, anhand der Hauptspannungen [30,32]:

$$a_{\mathrm{D}} = \frac{\sigma_{\mathrm{a,1}} \cdot \mathrm{S_{D,min}}}{\sigma_{\mathrm{D}}} \leq 1 \tag{88}$$

mit der Bauteildauerfestigkeit σ_D und dem Auslastungsgrad a_D. Bei regelmäßigen Inspektionen oder geringeren Schadensfolgen, kann die Mindestsicherheit nach [29,32] reduziert werden. Exemplarisch erfolgt in Gleichung 88 der Nachweis mit der ersten Hauptspannung [32]. Hierbei muss berücksichtigt werden, dass gemäß der FKM-Richtlinie die Nummerierung der Hauptspannungen in Abhängigkeit von der Ausrichtung der Spannungen erfolgt und nur σ_3 senkrecht zur Bauteiloberfläche zeigt [30].

Die Festigkeitsnachweise müssen allgemein für alle Spannungsarten getrennt geführt werden und zusätzlich erfolgt ein Nachweis mit einem Gesamtauslastungsgrad für gemeinsam auftretende Spannungsarten [29,32]. Die Berechnung des Gesamtauslastungsgrads erfolgt für nichtgeschweißte Bauteile über eine Kombination aus der Normalspannungshypothese und Gestaltänderungshypothese [32]. Welche Kombination zu wählen ist, wird nach [32] in Abhängigkeit von der Duktilität des Werkstoffs bestimmt. Für nichtgeschweißte Bauteile aus Stahl gilt jedoch ausschließlich die Gestaltänderungshypothese [32]:

$$\mathrm{a}_{\mathrm{F,ges}} = 0,5 \cdot \sqrt{\left(a_{\mathrm{a},1} - a_{\mathrm{a},2}\right)^2 + \left(a_{\mathrm{a},2} - a_{\mathrm{a},3}\right)^2 + \left(a_{\mathrm{a},3} - a_{\mathrm{a},1}\right)^2} \leq 1 \qquad (89)$$

Zudem gilt für den Gesamtauslastungsgrad geschweißte Bauteilen [32]:

$$a_{\mathrm{D,ges}} = 0,5\left(|a_\perp + a_\parallel| + \sqrt{\left(|a_\perp + a_\parallel|\right)^2 + 4 \cdot a_\tau^2}\right) \leq 1 \qquad (90)$$

mit den Auslastungsgraden für die Hauptspannungen $a_\perp$ senkrecht zur Naht, den Hauptspannungen $a_\parallel$ parallel zur Naht und den Schubspannungen a_τ .

A.9 Bewertung der Data-Mining Ergebnisse

Tabelle 17: Konfusionsmatrix nach [59]

		Vorhergesagte Klasse	
		+	-
Tatsächliche Klasse	+	TP	FN
	-	FP	TN

In Tabelle 17 werden vier Fälle unterschieden:

- TP (true positiv): die Vorhersage, dass ein Testbeispiel der Klasse angehört, ist korrekt
- TN (true negative): die Vorhersage, dass ein Testbeispiel der Klasse nicht angehört, ist korrekt
- FN (false negativ): die Vorhersage, dass ein Testbeispiel der Klasse nicht angehört, ist falsch - eigentlich gehört das Testbeispiel der Klasse an
- FP (false positive): die Vorhersage, dass ein Testbeispiel der Klasse angehört, ist falsch - eigentlich gehört das Testbeispiel der Klasse nicht an

Über Precision p wird berechnet, wie viele der Testbeispiele, die einer Klasse zugeordnete wurden, tatsächlich dieser Klasse angehören. Gemäß der Konfussionsmatrix entspricht dies dem Term:

$$p = \frac{TP}{TP + FP} \tag{91}$$

Recall r ermittelt hingegen wie viele der Testbeispiele, die einer bestimmten Klassen angehören, korrekt zugewiesen wurden:

$$p = \frac{TP}{TP + FN} \tag{92}$$

Außerdem dient das Accuracy-Maß der Berechnung der Vorhersagegenauigkeit. Dieses Bewertungsmaß setzt die Anzahl an korrekt klassifizierten Testbeispielen in ein Verhältnis zu den insgesamt durchgeführten Vorhersagen:

$$p = \frac{TP + TN}{TP + TN + FN + FP} \tag{93}$$

Naive Bayes

Die Naive-Bayes-Methode stammt aus dem Bereich der Wahrscheinlichkeitsrechnung und wird auf Grundlage des Bayes-Theorems [263] und nach [59] wie folgt im Data-Mining angewandt. Zur Verdeutlichung wird zunächst das Bayes-Theorem für zwei Variablen X und Y aufgestellt. In Anlehnung an [104] kann es sich bei den Variablen zum Beispiel um die geeignete Anzahl an Elementen für die Kanten eines FEA-Modells Y und einer weiteren Simulationseinstellung X handeln, die einen Einfluss auf die erforderliche Elementanzahl hat. Die Netzdichte hängt unter anderem von Simulationseinstellungen, wie den Lasten, Lagerungen und den Elementtypen, ab [2,104]. Wenn dann die Variable Y nicht alle Einflüsse auf X berücksichtigt, sondern zum Beispiel nur eine Randbedingungen enthält, ist der Zusammenhang zwischen X und Y nicht-deterministisch: Mit den gegebenen Variablen können keine sicheren Vorhersagen getroffen werden. Bei X und Y handelt es sich demnach um Zufallsvariablen, die mit einer bestimmten Wahrscheinlichkeit einen Wert annehmen.

Anhand von bereits bestehenden, adäquaten Simulationen (mit ausreichend feiner Vernetzung) [104,264], lassen sich die Wahrscheinlichkeiten $P(X)$ oder $P(Y)$ berechnen, mit denen die Variablen X oder Y einen bestimmten Wert annehmen. Diese Wahrscheinlichkeitswerte beziehen sich jedoch jeweils nur auf eine der beiden Variablen und treffen keine Aussage darüber, welchen Einfluss die Variablen aufeinander haben. Die bedingte Wahrscheinlichkeit $P(Y|X)$ stellt hingegen einen Zusammenhang zwischen den Variablen her: $P(Y|X)$ gibt an, wie groß die Wahrscheinlichkeit ist, mit der Y einen bestimmten Wert annimmt, unter Berücksichtigung des bereits bekannten Werts von X. Also zum Beispiel, um die am wahrscheinlichsten geeignete Elementeanzahl Y in Abhängigkeit von einer anderen Simulationseinstellungen X zu bestimmen [104]. Für die Berücksichtigung mehrerer Eingangsvariablen kann die Zufallsvariable X auch durch den Attributsatz $\mathbf{X}$ ausgetauscht werden. Der Attributsatz $\mathbf{X} = \{X_1, X_2, ..., X_n\}$ setzt sich aus n Eingangsvariablen zusammen. Die bedingte Wahrscheinlichkeit $P(Y|\mathbf{X})$ lässt sich auf Grundlage des Bayes-Theorems wie folgt bestimmen:

$$P(Y|X) = \frac{P(Y) \cdot \prod_{j=1}^{\mathrm{n}} P(X_i|Y)}{P(X)}. \quad (94)$$

Neben den bereits bekannten Termen entspricht $P(X_i|Y)$ hier der sogenannten klassenbedingten Wahrscheinlichkeit, mit der die Variable X_j einen bestimmten Wert annimmt, unter Berücksichtigung der Y-Werte. In Gleichung 94 wurde außerdem die Annahme getroffen, dass für eine feste Klasse y_i alle Eingangsvariablen in $\mathbf{X}$ bedingt unabhängig sind. Das bedeutet, dass die Wahrscheinlichkeiten der Eingangsvariablen $X_1, X_2, ..., X_n$ nicht voneinander abhängig sind, solange eine bestimmte Klasse vorgegeben ist. Damit müssen weniger Kombinationen aus $\mathbf{X}$ und Y im Training betrachtet werden. Die erforderlichen Trainingsdatensätze fallen demnach kleiner aus. Aus dieser Annahme resultiert nach der Naive-Bayes-Methode das Produkt $\prod_{j=1}^{n} P\left(X_i|Y\right)$ in Gleichung 94. Diese Gleichung wird nun wie folgt in der Klassifikation eingesetzt.

In der Klassifikation kann die Variable Y nur eine begrenzte Anzahl an Werten y_i annehmen. Die Werte y_i entsprechen den unterschiedlichen Klassen und i der Anzahl der Klassen. Anhand der Trainingsdaten müssen zunächst die klassenbedingten Wahrscheinlichkeiten $P\left(X_i|Y\right)$ als Eingabe für Gleichung 94 berechnet werden.

Bei kategorischen Eingangsvariablen, wie nominalen Kennungen ("Schalenelemente") oder ordinalen Parameterstufen (zum Beispiel "grob", "mittel", "fein"), lassen sich für jede Klasse y_i die Wahrscheinlichkeiten $P\left(X_j = x_j|Y\right)$ mit dem folgenden Quotienten ermitteln:

$$P\left(X_j = x_j|Y = y_i\right) = \frac{\mathrm{N}_j}{\mathrm{N}_i}. \tag{95}$$

Hier entspricht N_i der Anzahl an Trainingsbeispielen die der Klasse y_i angehören. Außerdem gibt N_j die Anzahl an Trainingsbeispielen aus der Klasse y_i an, in denen die Eingangsvariablen X_j einen bestimmten Wert annimmt: $X_j = x_j$. Wenn also zum Beispiel zehn Trainingsbeispiel der Klasse y_1 angehören und in fünf davon die Eingangsvariablen "Elementtyp" den Eintrag "Schalenelemente" erhält, gilt: $P\left(\text{Elementtyp} = \text{Schalenelemente}|Y = y_1\right) = 5/10 = 0,5$.

Kontinuierlichen Eingangsvariablen lassen sich hingegen auf zwei Arten verarbeiten: durch die Überführung in kategorische Variablen oder anhand von Gaußverteilungen. Im Folgenden soll nur erstgenannte Methode betrachtet werden. Einen detaillierten Einblick in die zweite Methode wird unter anderem in [59] gegeben. Für die Überführung in kategorische Variablen, werden die kontinuierlichen Variablen in diskrete Intervalle unterteilt, zum Beispiel: Intervall1 $= 1 - 9$ und Intervall2 $= 10 - 19$. Anschließend werden die Werte der Variablen durch die jeweiligen Intervalle ersetzt, wie beispielsweise alle Werte von 1 bis 9 durch Intervall1 und alle Werte von 10 bis 19 durch Intervall2. die Wahrscheinlichkeiten $P\left(X_j = x_j|Y\right)$ wird dann wie in Gleichung 96 berechnet, indem der Wert x_j einem Intervall entspricht. Die Genauigkeit dieses Verfahrens hängt von der Diskretisierungsstrategie und der Anzahl an Intervallen ab: Wenn zu kleine Intervalle gewählt werden, liegen zu wenige Trainingsbeispiele in jedem Intervall vor. Sind die Intervalle hingegen zu groß, kann es passieren, dass mehrere Klassen in einem Intervall liegen. Beide Fälle führen gegebenenfalls zu fehlerhaften Vorhersagen.

Darüber hinaus müssen die Wahrscheinlichkeiten $P(Y)$ zur Lösung von Gleichung 94 über folgenden Quotienten berechnet werden:

$$P(Y = y_i) = \frac{\mathrm{N}_i}{\mathrm{N}} \tag{96}$$

mit der Anzahl an Trainingsbeispielen N_i die der Klasse y_i angehören und der Gesamtanzahl an Trainingsbeispielen N. Die Wahrscheinlichkeiten der Eingangsvariablen $P(X)$ können hingegen vernachlässigt werden, da diese Wahrscheinlichkeiten für alle Y-Werte beziehungsweise für alle Klassen konstant sind. Sie haben demnach keinen Einfluss darauf, welche Klasse am wahrscheinlichsten ist.

Die berechneten Wahrscheinlichkeitswerte werden in das Bayes-Theorem eingesetzt (rechte Seite von Gleichung 94), um schließlich die bedingten Wahrscheinlichkeiten $P(Y|X)$ zu bestimmen. Im Anschluss an das Training erfolgt anhand dieser Wahrscheinlichkeiten $P(Y|X)$ dann die Klassifikation neuer unbekannter Datensätze: Für neue $\mathbf{X}$-Werte werden jene Y-Werte (Klassen) gewählt, bei denen die bedingte Wahrscheinlichkeit $P(Y|\mathbf{X})$ maximal ist. Wenn also beispielsweise y_1 der Klasse 1 und y_2 der Klasse 2 entspricht, würde Klasse 1 unter folgender Bedingung gewählt werden: $P(Y = y_1|\mathbf{X}) > P(Y = y_2|\mathbf{X})$.

B Kapitel 5

B.1 Annotierte Ausschnitte aus der VDI 2230

DieART AnbindungNN anAPPR dasART BauteilNN erfolgtVVFIN überAPPR eineART KopplungKONTAKT inAPPR derART KopfTRUNC beziehungsweiseKON MutternauflageflächeGEOMETRIE .S ErgebnisNN sindVAFIN dieART SchnittgrößenERGEBNIS inAPPR derART SchraubeBAUTEIL ,C diePRELS direktADJD alsKOKOM EingangswerteNN fürAPPR dasART inAPPR VDI-RICHTLINIE 2230RICHTLINIE BlattRICHTLINIE 1RICHTLINIE enthalteneADJA NennspannungskonzeptNACHWEIS dienenVVINF .S

ModellklasseMODELL IIIMODELL bildetVVFIN dieART SchraubeBAUTEIL alsKOKOM ErsatzvolumenkörperGEOMETRIE abPTKVZ .S DieART SchraubeBAUTEIL wirdVAFIN dabeiPAV ohneAPPR GewindeGEOMETRIE modelliertVVPP .S

7.2.2.4CARD ModellklasseMODELL IIMODELL
MitAPPR einemART solchenPIAT ModellMODELL istVAFIN dasART gesamteADJA TragverhaltenERGEBNIS derART SVVERBINDUNG vomAPPRART verspanntenADJA SystemNN bisKON zumAPPRART KlaffenKONTAKT abbildbarADJD .S

B.2 Mapping-Skripte

Mit "@F*" werden zum Beispiel alle Einträge in der Spalte F gelesen (siehe Kopf in Tabelle 8) und über "@B1" wird der Eintrag aus der ersten Zeile in Spalte B importiert. Diese Funktionen werden in dem folgenden Befehlssatz genutzt:

```
Individual: @F*(mm:printf("%s%s%s", @F*, @B1, @B*))
Types: @F*
SubClassOf: @F1
```

Der Befehl "mm:printf" ersetzt die Platzhalter "%s" durch die nachfolgenden referenzierten Einträge in den Spalten B und F ("@B*" und "@F*") und durch den Eintrag in der ersten Zeile in Spalte B ("@B1"). Hierdurch werden die extrahierten Instanzen gemäß ihrer Modellzugehörigkeit gekennzeichnet, also zum Beispiel in der letzten Zeile der Tabelle: "*GewindeM4*". Als Klasse (Types) werden die jeweiligen Einträge in Spalte F ohne zusätzliche Anmerkungen genutzt ("@F*"), zum Beispiel die Klasse "*Gewinde*" für die Instanz "*GewindeM4*". Als Superklasse ("SubClassOf") wird der Eintrag in der ersten Zeile genutzt ("@F1"), also ist das Gewinde eine Subklasse von "*Geometrie*".

B.3 Automatisierungsskripte in FEA-Systemen

Das folgende APDL-Skript berechnet die Schraubenvorspannung für die gegebene Klemmkraft und Querschnittsfläche und wendet entsprechende Vorspannungen auf die im Skript referenzierten Balkenelemente an.

! Schraubenvorspannung [...]
cmsel,s,M20
Vorspannung = Kraft/Flaeche
inistate,set,dtyp,stre
inistate,define,,,,,Vorspannung [...]

Um die volle Funktionalität für die Vorgabe von Schraubenvorspannungen in ANSYS zu nutzen (siehe Unterabschnitt 2.1.2, "Randbedingungen"), kommen jedoch erweiterte APDL-Befehle ("psmesh" und "sload" gemäß [43]) zur Anwendung.

B.4 Modellierungsregel für Schraubenverbindungen

```
def Schraubenmodellierung1(Ergebnis="Nennspannung", ...
... Nachgiebigkeit="analytisch", Klaffen="berücksichtigt", ...
... Schraubenvorspannung="berücksichtigt"):
FEA_Modell= 'unbekannt'
if Ergebnis=="Flächenpressung":FEA_Modell="M4"
if Ergebnis=="Kerbspannung":FEA_Modell="M5"
if Ergebnis=="Nennspannung":
if Nachgiebigkeit=="analytisch":
if Klaffen=="berücksichtigt":FEA_Modell="M3"
if Klaffen=="unberücksichtigt":
if Schraubenvorspannung==...
"berücksichtigt":FEA_Modell="M2"
if Schraubenvorspannung== ...
... "unberücksichtigt":FEA_Modell="M1"
if Nachgiebigkeit=="berücksichtigt":FEA_Modell="M4"
return FEA_Modell
```

B.5 Benutzerschnittstelle im CAD-System

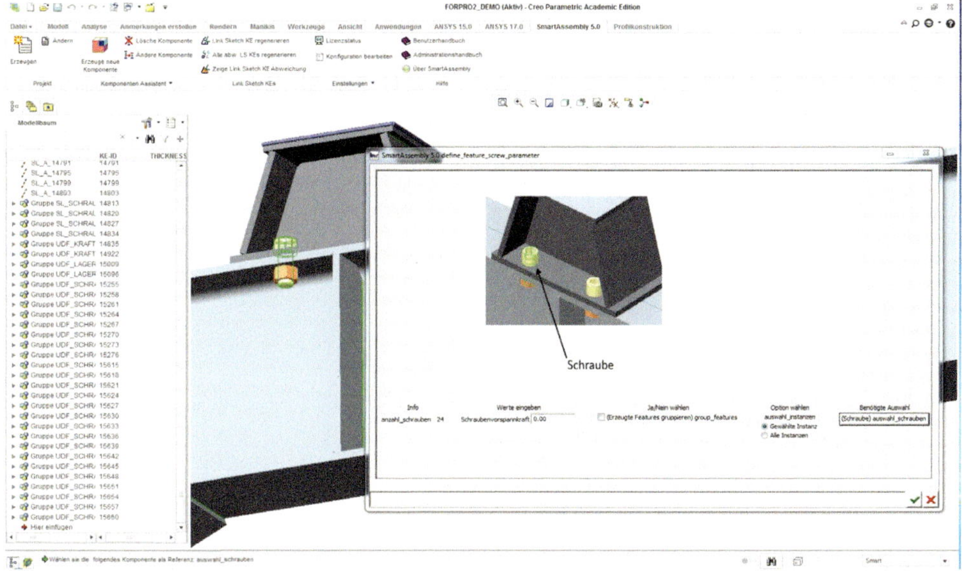

Bild 57: Benutzerschnittstelle zur Definition der Vorspannung in SmartAssembly und Creo Parametric in Anlehnung an [P10,P11,S6]

B.6 Python Funktionsaufrufe

Ontologieabfrage:

```
Abfrage_neu(Step('screw','calculation'), 'alle',...
'resultiert aus','FEA_Modell', 'alle',...
...'Auswahl 1', 'Auswahl 1', '-', '-',0,1)
```

Direkte Ausführung einer Modellierungsregel:

```
Schraubenmodellierung1(Ergebnis=...
...Step('screw','calculation'), ...
...Nachgiebigkeit="analytisch",...
... Klaffen="berücksichtigt", ...
...Schraubenvorspannung="berücksichtigt")
```

Literaturverzeichnis

[1] KLEIN, B.: *FEM - Grundlagen und Anwendungen der Finite-Element-Methode im Maschinen- und Fahrzeugbau*. 8. Aufl. Wiesbaden: Vieweg+Teubner Verlag, 2010.

[2] GEBHARDT, C.: Praxisbuch FEM mit ANSYS Workbench. *Praxisbuch FEM mit ANSYS Workbench*. München: Carl Hanser Verlag, 2018.

[3] GLAMSCH, J.; DEESE, K.; RIEG, F.: Methods for Increased Efficiency of FEM-Based Topology Optimization. *International Journal of Simulation Modelling*. (2019), Bd. 18, Nr. 3, S. 453–463.

[4] WARTZACK, S.; GRUBER, G.: Crashgerechter Leichtbau. *Konstruktion*. (2014), Bd. 66, S. 67–68.

[5] GRUBER, G.; KLEIN, D.; ZIEGLER, P.; WARTZACK, S.: Consideration of anisotropic material properties in mechanical design within early design phases. *Proceedings of the 9th NordDesign Conference*. Aalborg, 2012.

[6] WITZGALL, C.; HUBER, M.; WARTZACK, S.: Berücksichtigung zyklischer Materialdegradation in der crashsimulation kurzfaserverstärkter Thermoplaste. *Konstruktion*. (2020), S. 78–82.

[7] KELLERMEYER, M.: Topology optimization driven additive manufacturing at the example of a wheel rim. *Automotive Simulation World Congress 2016*. München, 2016.

[8] SCHMIED, B.; KURMANN, S.: Spannungskonzepte im Vergleich. *Sitzung der AG Q 1.1 „Berechnen und Gestalten“*. 2010.

[9] *VDI 2230 Blatt 2: Systematische Berechnung hochbeanspruchter Schraubenverbindungen - Mehrschraubenverbindungen*. Berlin: Beuth Verlag, 2014.

[10] ZIENKIEWICZ, O.; TAYLOR, R.; ZHU, J. Z.: *The Finite Element Method: its Basis and Fundamentals*. 7. Aufl. Oxford: Butterworth-Heinemann, 2013.

[11] VAJNA, S.; WEBER, C.; ZEMAN, K.; HEHENBERGER, P.; GERHARD, D.; WARTZACK, S.: *CAx für Ingenieure - Eine praxisbezogene Einführung*. 3. Aufl. Wiesbaden: Springer Vieweg, 2018.

[12] GROSSE, I. R.; MILTON-BENOIT, J. M.; WILEDEN, J. C.: Ontologies for supporting engineering analysis models. *Artificial Intelligence for Engineering Design, Analysis and Manufacturing*. (2005), Bd. 19, Nr. 1, S. 1–18.

[13] WRIGGERS, P.; SIPLIVAYA, M.; ZHUKOVA, I.; KAPYSH, A.; KULTSOV, A.: Integration of a case-based reasoning and an ontological knowledge base in the system of intelligent support of finite element analysis. *Computer Assisted Mechanics and Engineering Sciences*. (2007), Bd. 14, Nr. 4, S. 753–765.

[14] PINFOLD, M.; CHAPMAN, C.: The Application of KBE techniques to the FE model creation of an automotive body structure. *Computers in Industry*. (2001), Bd. 44, Nr. 1, S. 1–10.

[15] RIEG, F.; HACKENSCHMIDT, R.; ALBER-LAUKANT, B.: *Finite Elemente Analyse für Ingenieure*. 5. Aufl. München: Carl Hanser Verlag, 2014.

[16] HRENNIKOFF, A.: Solution of problems of elasticity by the framework method. *Journal of Applied Mechanics*. (1941), Bd. 8, S. 169–175.

[17] COURANT, R.: Variational methods for the solution of problems of equilibrium and vibration. *Bulletin of the American Mathematical Society*. (1943), Bd. 49, S. 1–61.

[18] PRAGER, W.; SYNGE, J. L.: Approximation in elasticity based on the concept of function space. *Quarterly Journal of Mechanics and Applied Mathematics*. (1947), Bd. 5, S. 241–269.

[19] ARGYRIS, J. H.; KELSEY, S.: *Energy Theorems and Structural Analysis. Reprinted from a series of articles in Aircraft Engineering (1954–1955)*. London: Butterworths, 1960.

[20] TURNER, M. J.; CLOUGH, R. W.; MARTIN, H. C.; TOPP, L. J.: Stiffness and deflection analysis of complex structures. *Journal of Aeronautical Sciences*. (1956), Bd. 23, Nr. 9, S. 805–823.

[21] BESSELING, J. F.: The complete analogy between the matrix equations and the continuous field equations of structural analysis. *International Symposium on Analogue and Digital Techniques applied to Aeronautics*. Luik, 1963.

[22] MELOSH, R. J.: Basis for derivation of matrices for the direct stiffness method. *American Institute of Aeronautics and Astronautics Journal*. (1963), Bd. 1, S. 1631–1637.

[23] VEUBEKE, F. B. DE: *Upper and Lower Bounds in Matrix Structural Analysis*. Headington Hill Hall: Pergamon Press, 1964, S. 165–201.

[24] VEUBEKE, F. B. DE: *Displacemet snd Equilibrium Models in Finite Element Method*. Hoboken: John Wiley, 1965, S. 145–197.

[25] LERCH, R.; SESSLER, G. M.; WOLF, D.: *Technische Akustik*. Berlin, Heidelberg: Springer-Verlag, 2009.

[26] HAUTSCH, S.; KATONA, S.; SPRÜGEL, T.; KOCH, M.; RIEG, F.; WARTZACK, S.: Validierung von prozessgerecht strukturoptimierten Bauteilentwürfen mittels integrierter FEM-Realgeometrieanalyse. *Design for X. Beiträge zum 26. DfX-Symposium*. KRAUSE, D.; PAETZOLD, K.; WARTZACK, S. (Hrsg.) Hamburg: TuTech Verlag, 2015, S. 182–192.

[27] SPRUEGEL, T. C.; HALLMANN, M.; WARTZACK, S.: A Concept for FE Plausibility Checks in Structural Mechanics. *NAFEMS World Congress*. San Diego, 2015.

[28] HOOKE, R.: *Lectures de Potentia Restitutiva, or of Spring, Explaining the Power of Springing Bodies*. London: John Martyn, 1678.

[29] WITTEL, H.; MUHS, D.; JANNASCH, D.; VOSSIEK, J.: *Roloff/Matek Maschinenelemente: Normung, Berechnung, Gestaltung*. Wiesbaden: Springer Vieweg, 2013.

[30] WÄCHTER, M.; MÜLLER, C.; ESDERTS, A.: *Angewandter Festigkeitsnachweis nach FKM-Richtlinie*. Wiesbaden: Springer Vieweg, 2017.

[31] URBAN, K.: *Materialwissenschaft und Werkstofftechnik*. Berlin, Heidelberg: Springer-Verlag, 2015.

[32] RENNERT, R.; MASCHINENBAU, F. F.: *Rechnerischer Festigkeitsnachweis für Maschinenbauteile aus Stahl, Eisenguss-und Aluminiumwerkstoffen*. Frankfurt am Main: VDMA-Verlag, 2012.

[33] GUDEHUS, H.; ZENNER, H.: *Leitfaden für eine Betriebsfestigkeitsrechnung*. Düsseldorf: Stahleisen, 1999.

[34] STEINBRINK, O.; KUHN, G.; WARTZACK, S.; SCHWEIGER, W.; MEERKAMM, H.: Rechnerunterstützung im Wechselfeld zwischen Konstruktion und Berechnung. *Konstruktion*. (1999), Bd. 51, Nr. 3, S. 13–19.

[35] WARTZACK, S.: *Predictive Engineering - Assistenzsystem zur multikriteriellen Analyse alternativer Produktkonzepte*. Dissertation am Lehrstuhl für Konstruktionstechnik, Friedrich-Alexander-Universität Erlangen-Nürnberg, 2001.

[36] *VDI 2209: 3-D-Produktmodellierung*. Berlin: Beuth Verlag, 2009.

[37] BUCALEM, M. L.; BATHE, K.-J.: Finite element analysis of shell structures. *Archives of Computational Methods in Engineering*. (1997), Bd. 4, Nr. 1, S. 3–61.

[38] DOERK, O.; FRICKE, W.; WEISSENBORN, C.: Comparison of different calculation methods for structural stresses at welded joints. *International Journal of Fatigue*. (2003), Bd. 25, Nr. 5, S. 359–369.

[39] JUNG, M.; LANGER, U.: *Methode der finiten Elemente für Ingenieure*. Wiesbaden: Springer Vieweg, 2001.

[40] LECHNER, G.; NAUNHEIMER, H.: *Fahrzeuggetriebe: Grundlagen, Auswahl, Auslegung und Konstruktion*. 2. Aufl. Berlin, Heidelberg: Springer-Verlag, 2007.

[41] *VDI 2230 Blatt 1: Systematische Berechnung hochbeanspruchter Schraubenverbindungen - Zylindrische Einschraubenverbindungen*. Berlin: Beuth Verlag, 2015.

[42] *ANSYS Mechanical Structural Nonlinearities*. 2010.

[43] ANSYS: *ANSYS Workbench Dokumentation*. 2020.

[44] SCHOENBORN, K.-D.: Fatigue Analysis of a Welded Assembly Using ANSYS Workbench Environment. *ANSYS Conference and CADFEM Users' Meeting*. Stuttgart, 2006.

[45] SCHMIED, B.; STEINER, L.: Schweissnahtberechnung und Nachweis. *Schweizer Maschinenmarkt*. (2007), Bd. 18, S. 166–171.

[46] TIMOSHENKO, S.; GOODIER, J. N.: *Theory of elasticity*. English. 2. Aufl. New York: McGraw-Hill, 1951.

[47] SPURA, C.: *Einführung in die Balkentheorie nach Timoshenko und Euler-Bernoulli*. Wiesbaden: Springer Vieweg, 2019.

[48] SCHMIED, B.; KURMANN, S.: Statischer Festigkeitsnachweis von Schweissnähten mit örtlichen Spannungen. *Schweizer Maschinenelemente Kolloquium*. Rapperswil, 2010.

[49] *DIN EN ISO 898 -1*. Berlin: Beuth Verlag, 2013.

[50] MISES, R. VON: Mechanik der festen Körper im plastisch-deformablen Zustand. *Nachrichten von der Gesellschaft der Wissenschaften zu Göttingen, Mathematisch-Physikalische Klasse*. (1913), S. 582–592.

[51] SCHMIED, B.: Schraubennachweis nach VDI 2230 im Zusammenhang mit der FE-Analyse. *KISSsoft UM 2013*. Zürich, 2013.

[52] RANKINE, W. J. M.: *A manual of applied mechanics*. London, Glasgow: Charles Griffin und Company, 1858.

[53] REINHART, J.; GREINER, C.: *Künstliche Intelligenz - eine Einführung. Grundlagen, Anwendungsbeispiele und Umsetzungsstrategien für Unternehmen*. 2019.

[54] GÖRZ, G.; ROLLINGER, C.-R.; SCHNEEBERGER, J.: *Handbuch der Künstlichen Intelligenz*. München: Oldenbourg Verlag, 2014.

[55] DÖBEL, I.; LEIS, M.; VOGELSANG, M.; PETZKA, H.; RIEMER, A.; RÜPING, S.; VOSS, A.; WEGELE, M.; WELZ, J.: *Maschinelles Lernen - Eine Analyse zu Kompetenzen, Forschugn und Anwendung*. 2018.

[56] MEERKAMM, H.; WEBER, A.: Konstruktionssystem mfk - Integration von Bauteilsynthese und -analyse. *VDI-Berichte 903: Wissensbasierte Syteme*. (1991), S. 231–249.

[57] WINSTON, P. H.: *Artificial Intelligence*. Boston, 1992.

[58] STRUBE, G.: Generative theories in cognitive psychology. *Theory and Psychology*. (2000), Bd. 10, S. 117–125.

[59] TAN, P.-N.; STEINBACH, M.; KUMAR, V.: *Introduction to Data Mining*. London: Pearson Education, 2006.

[60] *VDI 5610 Blatt 2: Wissensmanagement im Ingenieurwesen - Wissensbasierte Konstruktion (KBE)*. Berlin: Beuth Verlag, 2017.

[61] TURING, A.: Computing Machinery and Intelligence. *Mind*. (1950), Bd. 59, S. 433–460.

[62] SCHWEIZER, P.: The Truly Total Turing Test. *Minds and Machines*. (1998), Bd. 8, S. 263–272.

[63] HARNAD, S. R.: Other Bodies, Other Minds: A Machine Incarnation of an Old Philosophical Problem. *Minds and Machines*. (1991), Bd. 1, S. 43–54.

[64] MCCARTHY, J.; MINSKY, M. L.; ROCHESTER, N.; SHANNON, C. E.: *A proposal for the dartmouth summer research project on artificial intelligence*. 1955.

[65] TURING, A.: Chess. *Faster Than Thought: A Symposium on Digital Computing Machines*. BOWDEN, B. V. (Hrsg.) London: Sir Isaac Pitman und Sons, Ltd., 1953, S. 286–295.

[66] NEWELL, A.; SHAW, J. G.; SIMON, H. A.: Chess playing programs and the problem of complexity. *IBM Journal of Research and Development*. (1958), Bd. 2, Nr. 4.

[67] NEWELL, A.; SIMON, H. A.: *Human Problem Solving*. Englewood Cliffs: Prentice-Hall, 1972.

[68] BROOKS, R. A.: Intelligence without representation. *Artificial Intelligence*. (1991), Bd. 47, S. 139–160.

[69] ARKIN, R. C.: *Behavior-Based Robotics*. Cambridge: MIT Press, 1998.

[70] PFEIFER, R.; SCHEIER, C.: *Understanding Intelligence*. Cambridge: MIT Press, 1999.

[71] CHARNIAK, E.; MCDERMOTT, D.: *Introduction to Artificial Intelligence*. Boston: Addison-Wesley, 1985.

[72] KURBEL, K.: *Entwicklung und Einsatz von Expertensystemen: eine anwendungsorientierte Einführung in wissensbasierte Systeme*. Berlin, Heidelberg: Springer-Verlag, 1992.

[73] PUPPE, F.: *Problemlösungsmethoden in Expertensystemen*. Berlin, Heidelberg: Springer-Verlag, 1990.

[74] RUDE, S.: *Wissensbasiertes Konstruieren*. Düren: Shaker Verlag, 1998.

[75] MCDERMOTT, J.: RI: an Expert in the Computer Systems Domain. *Proceedings of the First AAAI Conference on Artificial Intelligence*. Stanford: AAAI Press, 1980, S. 269–271.

[76] HARTMANN, K.: *Einführung in die Expertensystem-Technologie*. Hochschulverlag Merseburg, 2010.

[77] HARRIS, L. R.: ROBOT: A High Performance Natural Language Data Base Query System. *ACM SIGART Bulletin*. (1977), Nr. 61.

[78] WALTZ, D. L.: An English language question answering system for a large relational database. *Communications of the ACM*. (1978), Bd. 21, Nr. 7.

[79] ALLGAYER, J.; HARBUSCH, K.; KOBSA, A.; REDDIG, C.; REITHINGER, N.; SCHMAUKS, D.: XTRA: a natural-language access system to expert systems. *International Journal of Man-Machine Studies*. (1989), Bd. 31, Nr. 2, S. 161–195.

[80] BREIMAN, L.; FRIEDMAN, J.; STONE, C. J.; OLSHEN, R.: *Classification and Regression Trees*. London: Taylor und Francis, 1984.

[81] QUINLAN, J. R.: Induction of decision trees. *Machine Learning*. (1986), Bd. 1, Nr. 1, S. 81–106.

[82] WITTEN, I. H.; FRANK, E.; HALL, M. A.; PAL, C. J.: *Data Mining: Practical Machine Learning Tools and Techniques*. Burlington: Morgan Kaufmann Publishers, 2017.

[83] PIATESKI, G.; FRAWLEY, W. J.: *Knowledge Discovery in Databases*. Cambridge: MIT Press, 1991.

[84] FAYYAD, U.; PIATETSKY-SHAPIRO, G.; SMYTH, P.: From data mining to knowledge discovery in databases. *AI Magazine*. (1996), Bd. 17, Nr. 3, S. 37–54.

[85] GRUBER, T. R.: A translation approach to portable ontology specifications. *Knowledge Acquisition*. (1993), Bd. 5, Nr. 2, S. 199–220.

[86] GRUBER, T. R.: Toward Principles for the Design of Ontologies Used for Knowledge Sharing. *International Journal Human-Computer Studies*. (1993), Bd. 43, Nr. 5-6, S. 907–928.

[87] CARSTENSEN, K.-U.; JEKAT, S. J.; KLABUNDE, R.: Computerlinguistik – Was ist das? *Computerlinguistik und Sprachtechnologie*. Heidelberg: Spektrum Akademischer Verlag, 2010.

[88] W3C: *Semantic Web Standard "Inference": https://www.w3.org/standards/ semanticweb/inference (31.07.2020).*

[89] W3C: *OWL 2 Web Ontology Language: https://www.w3.org/TR/owl2-primer/ (25.08.2020).*

[90] LENAT, D.; GUHA, R. V.: *Building Large Knowledge-Based Systems – Representation and Inference in the Cyc Project*. Boston: Addison-Wesley, 1990.

[91] KLOSE, G.; LANG, E.; PIRLEIN, T.: Ontologie und Axiomatik der Wissensbasis von LILOG. *Informatik-Fachberichte 307*. Berlin: Springer-Verlag, 1992.

[92] *LILOG: https://www.techfak.uni-bielefeld.de/techfak/ags/wbski/lilog/ (22.02.2021).*

[93] HITZLER, P.; KRÖTZSCH, M.; RUDOLPH, S.: *Foundations of Semantic Web Technologies*. Boca Raton: CRC Press, 2009.

[94] MEERKAMM, H.; HOCHMUTH, R.: Integrated product development based on the design system mfk. *Proceedings of the 5th International Design Conference*. 1998, S. 31–38.

[95] BREITSPRECHER, T.; WARTZACK, S.: Architecture and realization of a self-learning engineering assistance system for the use within sheet-bulk metal forming. *NordDesign 2012 - Proceedings of the 9th NordDesign Conference*. Aalborg, 2012.

[96] ROSENBLATT, F.: The perceptron. A probabilistic model for information storage and organization in the brain. *Psychological Reviews*. (1958), Bd. 65, Nr. 6, S. 386–408.

[97] HEBB, D. O.: *The Organization of Behavior*. New York: Wiley, 1949.

[98] ADAMOPOULOU, E.; MOUSSIADES, L.: Chatbots: History, technology, and applications. *Machine Learning with Applications*. (2020), Bd. 2.

[99] BANSAL, H.; KHAN, R.: A Review Paper on Human Computer Interaction. *International Journals of Advanced Research in Computer Science and Software Engineering*. (2018), Bd. 8, Nr. 4.

[100] SPUR, G.; KRAUSE, F.-L.: *Das virtuelle Produkt: Management der CAD-Technik*. München: Hanser, 1997.

[101] MARISCAL, G.; MARBÁN, Ó.; FERNÁNDEZ, C.: A survey of data mining and knowledge discovery process models and methodologies. *The Knowledge Engineering Review*. (2010), Bd. 25, Nr. 2, S. 137–166.

[102] TSCHÖKE, H.; MOLLENHAUER, K.: Verbrennungsmotoren. *Dubbel*. Berlin, Heidelberg: Springer-Verlag, 2018.

[103] KLEIJNEN, J. P. C.: *Statistical tools for simulation practitioners*. New York: Marcel Dekker, 1987.

[104] FLACH, P.; LACHICHE, N.: 1BC: A first-order Bayesian classifier. *Inductive Logic Programming, 9th International Workshop*. Bled, 1999, S. 92–103.

[105] AGGARWAL, C. C.: *Data mining: the textbook*. Basel: Springer International Publishing, 2015.

[106] EL-SAYED, M.; EDGHILL, M.; HOUSNER, J.: Structural performance simulation using finite element and regression analyses. *WIT Transactions on The Built Environment*. (2004), Bd. 76, S. 561–570.

[107] MANAGEMENT, K.; MINING, D.: *Medical Informatics, Knowledge Management and Data Mining in Biomedicine*. Heidelberg, New York: Springer US, 2005.

[108] JIN, R.; CHEN, W.; SUDJIANTO, A.: Analytical metamodel-based global sensitivity analysis and uncertainty propagation for robust design. *SAE Transactions Journal of Materials and Manufacturing*. (2004), Bd. 113, S. 121–128.

[109] PARK, G. J.; LEE, T. H.; LEE, K. H.; HWANG, K. H.: Robust design: An overview. *AIAA Journal*. (2006), Bd. 44, Nr. 1, S. 181–191.

[110] WARTZACK, S.; SAUER, C.; KÜSTNER, C.: What does Design for Production mean? – From Design Guidelines to Self-learning Engineering Workbenches. *Proceedings of the 11th International Workshop on Integrated Design Engineering*. MEYER, A.; SCHIRMEYER, R.; VAJNA, S. (Hrsg.) Magdeburg, 2017, S. 93–102.

[111] LOSTADO-LORZA, R.; ASCACIBAR, F. J.; PERNÍA-ESPINOZA, A.; ALBA-ELÍAS, F.; BLANCO, J.: Combining regression trees and the finite element method to define stress models of highly non-linear mechanical systems. *The Journal of Strain Analysis for Engineering Design*. (2009), Bd. 44, Nr. 6, S. 491–502.

[112] ĆOJBAŠIĆ, Ž.; NIKOLIĆ, V.; PETROVIĆ, E.; PAVLOVIĆ, V.; TOMIĆ, M.; PAVLOVIĆ, I.; ĆIRIĆ, I.: A Real Time Neural Network Based Finite Element Analysis of Shell Structure. *Facta Universitatis*. (2014), Bd. 12, Nr. 2, S. 149–155.

[113] SAUER, C.; KÜSTNER, C.; SCHLEICH, B.; WARTZACK, S.: Einsatz von Deep Learning zur ortsaufgelösten Beschreibung von Bauteileigenschaften. *Beiträge zum 28. DfX-Symposium*. KRAUSE, D.; PAETZHOLD, K.; WARTZACK, S. (Hrsg.) Hamburg: TuTech Verlag, 2017, S. 49–60.

[114] DENG, L.; YU, D.: Deep Learning: Methods and Applications. *Foundations and Trends in Signal Processing*. (2014), Bd. 7, Nr. 3–4, S. 197–387.

[115] GOODFELLOW, I.; BENGIO, Y.; COURVILLE, A.: *Deep Learning*. Cambridge: MIT Press, 2016.

[116] PALESTINI, C.; GALLICI, I.: Multi-Body Dynamic Simulation for Identification of Operating Scenarios on a Powerplant Genset Using Machine Learning. *European GT Conference*. Frankfurt, 2019.

[117] PARK, J. M.; LEE, B. C.; CHAE, S. W.; KWON, K. Y.: Surface reconstruction from FE mesh model. *Journal of Computational Design and Engineering*. (2019), Bd. 6, Nr. 2, S. 197–208.

[118] HIPPNER, H.; RENTZMANN, R.: Text mining. *Informatik-Spektrum*. (2006), Bd. 29, S. 287–290.

[119] SCHIEBER, A.; HILBERT, A.: Entwicklung eines generischen Vorgehensmodell für Text Mining. *Dresdner Beiträge zur Wirtschaftsinformatik*. (2014), Bd. 69, Nr. 14.

[120] FELDMAN, R.; DAGAN, I.: Knowledge discovery in Textual Databases (KDT). *Proceedings of the First International Conference on Knowledge Discovery and Data Mining*. Montreal, 1995, S. 112–117.

[121] WINKLER, K.; SPILIOPOULOU, M.: Text Mining in der Wettbewerberanalyse: Konvertierung von Textarchiven in XML-Dokumente. *Data Mining und Statistik in Hochschule und Wirtschaft*. Potsdam, 2003, S. 347–363.

[122] WEBSTER, J.; KIT, C.: Tokenization as the initial phase in NLP. *Coling '92: The 14th international conference on computational linguistics*. 1992, S. 1106–1110.

[123] HEYER, G.; QUASTHOFF, U.; WITTIG, T.: *Text mining: Wissensrohstoff Text*. Herdecke, Bochum: W3L-Verlag, 2008.

[124] WITTE, R.; MÜLLE, J.: *Text Mining: Wissensgewinnung aus natürlichsprachigen Dokumenten*. 2006.

[125] PORTER, M.: An algorithm for suffix stripping. *Program*, (1980), Bd. 14, Nr. 3, S. 130–137.

[126] MANNING, C. D.; RAGHAVAN, P.; SCHUTZE, H.: *Introduction to Information Retrieval*. Cambridge University Press, 2008.

[127] WEISSWEILER, L.; FRASER, A.: Developing a Stemmer for German Based on a Comparative Analysis of Publicly Available Stemmers BT - Language Technologies for the Challenges of the Digital Age. *Language Technologies for the Challenges of the Digital Age*. REHM, G.; DECLERCK, T. (Hrsg.) Cham: Springer International Publishing, 2018, S. 81–94.

[128] HAARMANN, B.: *Ontology on demand*. Dissertation, Ruhr-Universität Bochum, 2014.

[129] SCHILLER, A.; TEUFEL, S.; THIELEN, C.: Guidelines für das Tagging deutscher Textcorpora mit STTS. 1995.

[130] MARCUS, M.; SANTORINI, B.; MARCINKIEWICZ, M. A.: Building a large annotated corpus of English: The Penn Treebank. *Computational Linguistics*. (1993), Bd. 19, Nr. 2, S. 313–330.

[131] BRILL, E.: Some advances in rule-based part of speech tagging. *The Twelfth National Conference on Artificial Intelligence (AAAI-94)*. Seattle, 1994.

[132] *VDI 2218: Informationsverarbeitung in der Produktentwicklung - Feature-Technologie*. Berlin: Beuth Verlag, 2003.

[133] NAGEL, S.: *Lokale Grammatiken zur Beschreibung von lokativen Sätzen und ihre Anwendung im Information Retrieval*. Dissertation, Universität München, 2008.

[134] JURAFSKY, D.; MARTIN, J. H.: *Speech and language processing. Vol. 3*. London, 2014.

[135] HOBBS, J. R.: The generic information extraction system. *MUC5 '93: Proceedings of the 5th conference on Message understanding*. 1993, S. 87–91.

[136] FRIEDL, J. E. F.: *Mastering Regular Expressions*. Sebastopol: O'Reilly Media, 2006.

[137] BLOEHDORN, S.; CIMIANO, P.; HOTHO, A.; STAAB, S.: An Ontology-based Framework for Text Mining. *American Bar Association Forum*. 2004.

[138] STAAB, S.; STUDER, R.: *Handbook on ontologies*. Berlin, Heidelberg: Springer-Verlag, 2010.

[139] SEBASTIANI, F.: Machine Learning in Automated Text Categorization. *ACM Computing Surveys*. (2002), Bd. 34, Nr. 1.

[140] SALTON, G.; WONG, A.; YANG, C. S.: A Vector Space Model for Automatic Indexing. *Communications of the ACM*. (1975), Bd. 18, Nr. 11.

[141] HOTHO, A.; NÜRNBERGER, A.; PAASS, G.: A Brief Survey of Text Mining. *LDV Forum - GLDV Journal for Computational Linguistics and Language Technology*. (2005), Bd. 20, Nr. 1, S. 19–62.

[142] STAAB, S.; BRAUN, C.; BRUDER, I.; DÜSTERHÖFT, A.; HEUER, A.; KLETTKE, M.; NEUMANN, G.; PRAGER, B.; PRETZEL, J.; SCHNURR, H. P.; STUDER, R.; USZKOREIT, H.; WRENGER, B.: GETESS—searching the web exploiting German Texts. *Cooperative Information Agents*. Uppsala, 1999, S. 113–124.

[143] ERDMANN, M.; MAEDCHE, A.; SCHNURR, H.; STAAB, S.: From manual to semi-automatic semantic annotation: About ontology-based text annotation tools. *Proceedings of the COLING 2000 Workshop on Semantic Annotation and Intelligent Content*. Luxembourg, 2000.

[144] MAEDCHE, A.; NEUMANN, G.; STAAB, S.: Bootstrapping an Ontology-Based Information Extraction System. *Intelligent Exploration of the Web*. Berlin, Heidelberg: Springer-Verlag, 2003, S. 345–359.

[145] RUIZ-CASADO, M.; ALFONSECA, E.; CASTELLS, P.: Automatic Assignment of Wikipedia Encyclopedic Entries to WordNet Synsets. *Advances in Web Intelligence*. Lodz, 2005, S. 380–386.

[146] EISSEN, S.; STEIN, B.: Intrinsic Plagiarism Detection. *28th European Conference on IR Research*. London, 2006, S. 565–569.

[147] OBERREUTER, G.; VELÁSQUEZ, J. D.: Text mining applied to plagiarism detection: The use of words for detecting deviations in the writing style. *Expert Systems with Applications*. (2013), Bd. 40, Nr. 9, S. 3756–3763.

[148] CHEN, H.; FULLER, S. S.; FRIEDMAN, C.; HERSH, W.: *Medical informatics: knowledge management and data mining in biomedicine*. Bd. 8. Heidelberg, New York: Springer US, 2006.

[149] NÉDELLEC, C.; NAZARENKO, A.; BOSSY, R.: Information Extraction. *Ontology Handbook*. Berlin, Heidelberg: Springer-Verlag, 2009, S. 663–685.

[150] TSENG, Y. H.; LIN, C. J.; LIN, Y. I.: Text mining techniques for patent analysis. *Information Processing and Management*. (2007), Bd. 43, Nr. 5, S. 1216–1247.

[151] ARIF-UZ-ZAMAN, K.; CHOLETTE, M. E.; MA, L.; KARIM, A.: Extracting failure time data from industrial maintenance records using text mining. *Advanced Engineering Informatics*. (2017), Bd. 33, S. 388–396.

[152] LUFT, T.; WARTZACK, S.: Was macht ein Wissensingenieur. *Wissensmanagement*. (2015), Bd. 17, Nr. 1, S. 8–11.

[153] KARBACH, W.: *Methoden und Techniken des Knowledge Engineering*. Fraunhofer-Publica, 1988.

[154] REMUS, U.: *Prozessorientiertes Wissensmanagement. Konzepte und Modellierung*. Dissertation am Lehrstuhl für Wirtschaftsinformatik, Universität Regensburg, 2002.

[155] BENDER, K.; BENDER, K.: *Embedded Systems-qualitätsorientierte Entwicklung*. Berlin, Heidelberg: Springer-Verlag, 2005.

[156] SPECHT, D.: *Wissensbasierte Systeme im Produktionsbetrieb*. München, Wien: Hanser, 1989.

[157] BAADER, F.; HORROCKS, I.; LUTZ, C.; SATTLER, U.: *An Introduction to Description Logic*. Cambridge University Press, 2017.

[158] *Ontogem GmbH: https://ontochem.com (29.08.2020).*

[159] BERTHELMANN, F.: *Boehringer-Ingelheim and OntoChem cooperate: https://ontochem.com/2020/02/27/boehringer-ingelheim-ontochem-cooperate (29.08.2020).*

[160] *emAG, Reqman: https://www.em.ag/reqman/ (29.08.2020).*

[161] *GraphDB: https://www.ontotext.com/products/graphdb/ (30.08.2020).*

[162] *NLU.Suite: https://www.iais.fraunhofer.de/de/geschaeftsfelder/big-data-analytics-and-intelligence/natural-language-understanding.html (11.02.2021).*

[163] STAAB, S.: Wissensmanagement mit Ontologien und Metadaten. *Informatik-Spektrum*. (2002), Bd. 25, S. 194–209.

[164] WARTZACK, S.; WESTPHAL, C.: Ontology based modelling of the development process for the deduction of a property validation planning. *4. Grazer Symposium Virtuelles Fahrzeu*. BERNASCH, J.; FACHBACH, B. (Hrsg.) 2011, S. 30–31.

[165] WESTPHAL, C.: *Ein Beitrag zur semantischen Modellierung und Analyse von Informationsflüssen in der Produkteigenschaftsabsicherung*. Dissertation am Lehrstuhl für Konstruktionstechnik, Friedrich-Alexander-Universität Erlamgem-Nürnberg, 2014.

[166] RIEGER, E.: *Semantikorientierte Features zur kontinuirlichen Unterstützung der Produktgestaltung*. München: Carl Hanser Verlag, 1995.

[167] LÖFFEL, C. A.: *Integration von Berechnungswerkzeugen in den rechnerunterstützten Konstruktionsprozess*. Dissertation am Lehrstuhl für Konstruktionstechnik, Friedrich-Alexander-Universität Erlangen-Nürnberg, 1997.

[168] KUHN, G.; RUSSWURM, S.; FINKENWIRTH, K.: Objektorientiertes Bauteilmodell integriert Festigkeitsberechnungen in den Konstruktionsprozeß. *Zeitschrift für wirtschaftliche Fertigung und Automatisierung (ZwF)*. (1990), Bd. 85, S. 532–536.

[169] GROSSE, I. R.; SAHU, K.: Preliminary Design of Injection Molded Parts Based on Manufacturing and Functional Simulations. *Manufacturing Research and Technology*. (1994), Bd. 20, S. 289–313.

[170] PEAK, R. S.: Characterizing fine-grained associativity gaps: A preliminary study of CAD-CAE model interoperability. *Proceedings of the ASME Design Engineering Technical Conference*. Chicago, 2003, S. 573–580.

[171] SHEPHARD, M. S.; BEALL, M. W.; O'BARA, R. M.; WEBSTER, B. E.: Toward simulation-based design. *Finite Elements in Analysis and Design*. (2004), Bd. 40, Nr. 12, S. 1575–1598.

[172] ZENG, S.; PEAK, R. S.; XIAO, A.; SITARAMAN, S.: ZAP: A knowledge-based FEA modeling method for highly coupled variable topology multi-body problems. *Engineering with Computers*. (2008), Bd. 24, S. 359–381.

[173] CAO, B.-W.; CHEN, J.-J.; HUANG, Z.-G.; ZHENG, Y.: CAD/CAE integration framework with layered software architecture. *11th IEEE International Conference on Computer-Aided Design and Computer Graphics*. Huangshan, 2009, S. 410–415.

[174] UNRUH, V.; ANDERSON, D. C.: Feature-based modeling for automatic mesh generation. *Engineering with computers*. (1992), Bd. 8, S. 1–12.

[175] BÄR, T.; WEBER, C.: Support in the early design phase by working with intelligent element pairs which simplify the use of FEM. *11th International Conference on Engineering Design*. Tampere, 1997, S. 231–234.

[176] BÄR, T.: *Einsatz der Feature-Technologie für die Integration von Berechnungen in die frühen Phasen des Konstruktionsprozesses*. Dissertation am Lehrstuhl für Konstruktionstechnik, Universität des Saarlandes, Saarbrücken, 1998.

[177] DENG, Y. M.; BRITTON, G. A.; LAM, Y. C.; TOR, S. B.; MA, Y. S.: Feature-based CAD-CAE integration model for injection-moulded product design. *International Journal of Production Research*. (2002), Bd. 40, Nr. 15, S. 3737–3750.

[178] LEE, S. H.: A CAD-CAE integration approach using feature-based multi-resolution and multi-abstraction modelling techniques. *Computer Aided Design*. (2005), Bd. 37, Nr. 9, S. 941–955.

[179] GUJARATHI, G. P.; MA, Y. S.: Generative CAD and CAE integration using common data model. *IEEE International Conference on Automation Science and Engineering*. Toronto, 2010, S. 586–591.

[180] HEYNEN, C.: Integration von Berechnungen in den frühen Entwurfsprozeß. *DFX 1997: Proceedings of the 8th Symposium on Design for Manufacturing*. MEERKAMM, H. (Hrsg.) Schnaittach. Erlangen, 1997, S. 91–97.

[181] VENKATESWARAN, S.; SUNDARARAJAN, K.: Bolt Modeling Wizard in ANSYS. *International ANSYS Conference*. 2004.

[182] *Bolt Toolkit: https://appstorecdn.ansys.com/imgs/EDRMedeso-Bolt-Toolkit-V192.12.pdf (23.02.2021).*

[183] *https://www.cadfem.net/de/de/unsere-loesungen/cadfem-ansys-extensions/bolt-assessment-inside-ansys.html (23.02.2021).*

[184] SCHLEGEL, C. (G.: Hunderte Schrauben inkl. Schlupf berechnen leichtgemacht. *CADFEM ANSYS Simulation Conference*. Rapperswil, 2018.

[185] *IDEA Connection Handbuch V20*. 2020.

[186] *Idea Statica: https://www.ideastatica.com/steel-structural-engineer (06.03.2021).*

[187] *Idea Statica: https://www.ideastatica.com/de/support-center/allgemeine-einleitung (06.03.2021).*

[188] *RFEM: https://www.dlubal.com/-/media/Files/website/documents/manuals/rfem-fea-software/rfem-5/rfem-5-handbuch-de.pdf (23.02.2021).*

[189] WEBER, C.; KRAUSE, F.-L.: Feature mit System - die neue Richtlinie VDI 2218. *Beschleunigung der Produktentwicklung durch EDM/PDM-und feature-technologie*. München, 1999, S. 43–76.

[190] POL, G.; MERLO, C.; JARED, G.; LEGARDEUR, J.: From PDM systems to integrated project management systems: A case study. *Product Lifecycle Management: Emerging solutions and challenges for Global Networked Enterprise*. BOURAS, A.; GURUMOORTHY, B.; SUDARSAN, R. (Hrsg.) Geneva: Inderscience Publishers, 2005, S. 451–460.

[191] LEHNHÄUSE, T.: *Nutzer- und Administrator- Schulungsunterlagen ANSYS EKM*. 2011.

[192] SCHUH, G.; ROZENFELD, H.; ASSMUS, D.; ZANCUL, E.: Process oriented framework to support PLM implementation. *Computers in Industry*. (2008), Bd. 59, Nr. 2-3, S. 210–218.

[193] EIGNER, M.; STELZER, R.: *Product lifecycle management*. Berlin, Heidelberg: Springer-Verlag, 2009.

[194] BENDER, B.; GERICKE, K. (Hrsg.): *Pahl/Beitz Konstruktionslehre*. Wiesbaden: Springer Vieweg, 2021.

[195] SAAKSVUORI, A.; IMMONEN, A.: *Product lifecycle management*. Berlin, Heidelberg: Springer-Verlag, 2008.

[196] PRASAD, N. (: Simulation workflow building using ANSYS EKM and optiSLang. *RDO-Journal*. (2017), Nr. 2.

[197] WRIGGERS, P.; SIPLIVAYA, M.; JOUKOVA, I.; SLIVIN, R.: Intelligent support of the preprocessing stage of engineering analysis using case-based reasoning. *Engineering with Computers*. (2008), Bd. 24, S. 383–404.

[198] SUN, W.; MA, Q.; CHEN, S.: A framework for automated finite element analysis with an ontology-based approach. *Journal of Mechanical Science and Technology*. (2009), Bd. 23, S. 3209–3220.

[199] HSIUNG, C. H.: *The Reusable Engineering Analysis Preprocessing Methodology to Support Design-Analysis Integration*. 1998.

[200] DOLSAK, B.: Finite element mesh design expert system. *Knowledge-Based Systems*. (2002), Bd. 15, Nr. 5-6, S. 315–322.

[201] WOYAND, H.-B.; GOLDHAMMER, L.; ROJ, R.: A knowledge based assistance system for finite element analysis. *15th International Conference on Interactive Collaborative Learning*. Villach, 2012.

[202] BINDE, P.: Case Based, Self Learning Assistant for FEM Analysis in the Design Process. *Proceedings of the 20th CAD-FEM Users' Meeting*. Friedrichshafen, 2002.

[203] BINDE, P.: KBE-System and Case-Library for UG-Structures. *EUUG Usermeeting 2003*. 2003.

[204] BINDE, P.: *Wissensbasierte Unterstützung des integrierten CAD-FEA-Prozesses mit einem CBR-Assistenzsystem*. Düren: Shaker Verlag, 2004.

[205] *Conceptual Graphs: http://www.jfsowa.com/cg/ (26.02.2021)*.

[206] TURKIYYAH, G. M.; FENVES, S. J.: Knowledge-based assistance for finite-element modeling. *IEEE Expert*. (1996), Bd. 11, Nr. 3, S. 23–32.

[207] MERKLEIN, M.; KOCH, J.; SCHNEIDER, T.; OPEL, S.; VIERZIGMANN, U.: Manufacturing of complex functional components with variants by using a new metal forming process - sheet-bulk metal forming. *International Journal of Material Forming*. (2010), Bd. 3, S. 347–350.

[208] KATONA, S.; KOCH, M.; WARTZACK, S.: An Approach of a Knowledge-based Process to Integrate Real Geometry Models in Product Simulations. *Procedia CIRP.* (2016), Bd. 50, S. 813–818.

[209] BIRKERT, A.; HAAGE, S.; STRAUB, M.: *Umformtechnische Herstellung komplexer Karosserieteile*. Wiesbaden: Springer Vieweg, 2013.

[210] BARTENSCHLAGER, J.; DILLINGER, J.; ESCHERICH, W.; IGNATOWITZ, E.; OESTERLE, S.; REISSLER, L.; STEPHAN, A.; VETTER, R.; WIENEKE, F.: *Fachkunde Metall*. Haan-Gruiten: Europa-Lehrmittel, 2013.

[211] SPRÜGEL, T.; WARTZACK, S.: Konzept zur automatischen Bauteilerkennung innerhalb der FE-Software-Umgebung mittels Künstlichen Neuronalen Netzen. *Design for X. Beiträge zum 25. DfX-Symposium*. KRAUSE, D.; PAETZHOLD, K.; WARTZACK, S. (Hrsg.) Hamburg: TuTech Verlag, 2014, S. 47–56.

[212] SPRÜGEL, T.; SCHLEICH, B.; WARTZACK, S.: Simulations-DNA: Datengetriebener Ansatz zur automatischen Plausibilitätsprüfung strukturmechanischer FE-Simulationen mittels Deep Learning. *VDI Berichte 2333: SIMVEC - Simulation und Erprobung in der Fahrzeugentwicklung 2018*. Düsseldorf: VDI Verlag, 2018, S. 29–38.

[213] KÜSTNER, C.: *Assistenzsystem zur Unterstützung der datengetriebenen Produktentwicklung*. FRANKE, J.; HANENKAMP, N.; MERKLEIN, M.; SCHMIDT, M.; WARTZACK, S. (Hrsg.) Erlangen: Dissertation am Lehrstuhl für Konstruktionstechnik, Friedrich-Alexander-Universität Erlangen-Nürnberg, 2020.

[214] EHRLENSPIEL, K.: *Integrierte Produktentwicklung*. München: Carl Hanser Verlag, 2009.

[215] STEINBRINK, O.: *Integration der adaptiven Finite Elemente Methode in die Konstruktion*. Dissertation am Lehrstuhl für Technische Mechanik, Friedrich-Alexander-Universität Erlangen-Nürnberg, 2000.

[216] WARTZACK, S.; STEINBRINK, O.: Strukturanalyse im Wechselfeld zwischen Konstruktion und Berechnung. *Konstruktion*. (2000), Bd. 52, Nr. 10, S. 67–71.

[217] PUPPE, F.: *Einführung in Expertensysteme*. Berlin, Heidelberg: Springer-Verlag, 1988.

[218] O'CONNOR, M.; HALASCHEK-WIENER, C.; MUSEN, M.: Mapping Master: A Flexible Approach for Mapping Spreadsheets to OWL. *9th International Semantic Web Conference*. Shanghai, 2010, S. 194–208.

[219] *VDI-Gesellschaft Entwicklung Konstruktion Vertrieb, Gesellschaft für Informatik: Wissensbasierte Systeme für Konstruktion und Arbeitsplanung*. Düsseldorf: VDI-Verlag, 1992.

[220] DENTLER, K.; CORNET, R.; TEN TEIJE, A.; DE KEIZER, N.: Comparison of reasoners for large ontologies in the OWL 2 EL profile. *Semantic Web.* (2011), Bd. 2, Nr. 2, S. 71–87.

[221] HARRIS, S.; ANDY, S.: *SPARQL 1.1 Query Language: https://www.w3.org/TR/sparql11-query/ (26.08.2020).*

[222] GROSSHAUSER, J.: *Dynamik kompakter Kurzschlussläufer-Experimentelle Analyse, Modellbildung und Parameteridentifikation.* Dissertation, Friedrich-Alexander-Universität Erlangen-Nürnberg, 2016.

[223] *Dassault Systèmes: Abaqus 6.10 Example Problems Manual - Static and Dynamic Analyses.* 2010.

[224] WESTERMANN, T.: *Modellbildung und Simulation.* Berlin, Heidelberg: Springer-Verlag, 2010.

[225] HAAF, D.: *Einfluss des Umrichterbetriebs auf das akustische Verhalten im Gesamtsystem Asynchronmotor-Getriebe.* Dissertation am Institut für Maschinenelemente und Maschinengestaltung, Technischen Hochschule Aachen, 2004.

[226] STROHSCHEIN, D.: *Experimentelle Modalanalyse und aktive Schwingungsdämpfung eines biegeelastischen Rotors.* Dissertation am Institut für Mechanik, Universität Kassel, 2011.

[227] JUNGIEWICZ, A.: *Verbesserung der Schwingungsvorhersage für große elektrische Antriebe.* Dissertation am Institut für Mechanik, Technische Universität Berlin, 2014.

[228] SPÄH, B.: *Schwingungsbeeinflussung geometrisch komplexer Strukturen mittels piezoelektrischer Flächenwandler am Beispiel des Getriebeheulens.* Dissertation, Technische Universität Darmstadt, 2015. Kap. Numerische.

[229] BRAUNISCH, D.: *Kombinierte analytisch-numerische Berechnung der Magnetgeräusche elektrischer Maschinen.* Dissertation am Institut für Antriebssysteme und Leistungselektronik, Gottfried Wilhelm Leibniz Universität Hannover, 2015.

[230] MAHLER-DE SILVA, T.: *Ableitung und Validierung eines FE-Ersatzmodells für strukturierte Bleche.* Dissertation am Lehrstuhl Strukturmechanik und Fahrzeugschwingungen, Brandenburgische Technische Universität Cottbus-Senftenberg, 2015.

[231] BAUMGARTL, H. S.: *Optimierung dynamischer Waagen nach dem Prinzip der elektromagnetischen Kraftkompensation mittels numerischer Modelle zur Systemsimulation*. Dissertation am Institut für Prozessmess- und Sensortechnik, Technische Universität Ilmenau, 2015.

[232] KLIS, M. VAN DER; GULL, M.: *Auslegung und Untersuchung der ultraschallunterstützten Zerspanung*. 2012.

[233] HERMSDORF, N.: *Optimierung eines FE-Modells auf Grundlage einer Experimentellen Modalanalyse*. 2008.

[234] FISCHER, C.: *Experimentelle Untersuchungen zur Schaufeldämpfung an einem Axialgebläse*. 2009.

[235] HASS, S.: *FEM-Simulation zur Auslegung von keramischen Fräswerkzeugen*. 2010.

[236] ACOSTA FALCÓN, L.: *Dynamische Modellierung eines Zellmoduls für Energiespeichersysteme*. Masterarbeit, Fachgebiet Systemzuverlässigkeit und Maschinenakustik, Technische Universität Darmstadt, 2016.

[237] TITZE, M.; MISOL, M.: *Analyse und Beeinflussung der Schallabstrahlung von gitterversteiften Paneelen*. Masterarbeit, Deutsches Zentrum für Luft- und Raumfahrtau und Adaptronik, 2017.

[238] SCHEDLINSKI, C.; SEEBER, I.: Computerunterstützte Modellanpassung von Finite Elemente Modellen industrieller Größenordnung. *MSC Anwenderkonferenz*. Weimar, 1999.

[239] WAGNER, F.; SCHEDLINSKI, C.; BOHNERT, K.; FRAPPIER, J.; IRRGANG, A.; LEHMANN, R.; MÜLLER, A.: Experimentelle Modalanalyse und ComputerunModellanpassungterstutzte einer Rohkarosserie. *VDI Schwingungstagung*. Wiesloch bei Heidelberg, 2004.

[240] MEISTRING, P.; SCHANDA, U.: Modalanalyse einer Holzstegtragerdecke-FEM-Simulation im Vergleich mit Messungen. *DAGA Tagung*. Braunschweig, 2006, S. 727–728.

[241] ZIMMERMANN, M.; NÜTZEL, F.; NEIDNICHT, M.; RIEG, F.: Turmdynamik einer Windenergieanlage: Auswirkung der Vernetzung auf die Modalanalyse mit finiten Elementen. *11. Gemeinsames Kolloquium Konstruktionstechnik*. BRÖKEL, J.; FELDHUSEN, J.; GROTE, K.-H.; RIEG, F.; STELZER, R. (Hrsg.) Aachen, 2013.

[242] LANGER, P.; GUIST, C.; MARBURG, S.: Experimentelle und numerische Modalanalyse an verschraubten Strukturen. *DAGA Tagung*. Kiel, 2017.

[243] FURTMÜLLER, T.; KAWRZA, M.; ADAM, C.: Experimentelle und numerische Modalanalyse von Brettsperrholzbalken zur Erfassung von Materialschädigung. *16. D-A-CH Tagung Erdbebeningenieurwesen und Baudynamik*. Innsbruck, 2019.

[244] BACKHAUS, S. G.; SÖVER, A.: Vergleich zwischen der numerischen und experimentellen Modalanalyse einer Stahlplatte. *Technische Universität Clausthal, Fritz-Süchting-Institut für Maschinenwesen - Institutsmitteilung*. (2005), Bd. 30, S. 55–58.

[245] MAIR, M.; RAINER, S.; WEILHARTER, B.; ELLERMANN, K.; BIRÓ, O.: Numerische und Experimentelle Modalanalyse eines Statorblechpaketes. *PAMM*. (2011), Bd. 11, Nr. 1, S. 245–246.

[246] WELBERS, K.; VAN ATTEVELDT, W.; BENOIT, K.: Text Analysis in R. *Communication Methods and Measures*. (2017), Bd. 11, Nr. 4, S. 245–265.

[247] *Dassault Systèmes: Abaqus 6.6 Example Problems Manual - Static and Dynamic Analyses*. 2006.

[248] *Dassault Systèmes: Abaqus 6.11 Benchmarks Manual*. 2011.

[249] POINTAL, L.: *https://treetaggerwrapper.readthedocs.io/en/latest/ (12.02.2021)*.

[250] *ANSYS: An overview of methods for modelling bolts in ANSYS V15*. 2016.

[251] HORROCKS, I.; PATEL-SCHNEIDER, P. F.; BOLEY, H.; TABET, S.; GROSOF, B.; DEAN, M.: SWRL: A Semantic Web rule language combining OWL and RuleML. *W3C Member Submission*. (2004).

[252] SPRUEGEL, T. C.; TREMMEL, S.; WARTZACK, S.: *Übungsunterlagen der technischen Darstellungslehre*. Lehrstuhl für Konstruktionstechnik, Friedrich- Erlangen-Nürnberg, 2017.

[253] COLOTTI, A.; JENNI, F.: *Elektrische Antriebe: effizient bewegen und fördern*. Zürich: Faktor Verlag, 2014.

[254] DALITZ, C.: *Reject Options and Confidence Measures for kNN Classifiers*. Bd. 8. Düren: Shaker Verlag, 2009, S. 16–38.

[255] LIU, W.; CHAWLA, S.: Class confidence weighted knn algorithms for imbalanced data sets. *Pacific-Asia conference on knowledge discovery and data mining*. Shenzhen, 2011, S. 345–356.

[256] LAMY, J.-B.: *Ontology-oriented programming in Python: https://pypi.org/project/Owlready2/ (29.08.2020)*.

[257] KRECH, D.: *Python library for RDF: https://pypi.org/project/rdflib/ (29.08.2020)*.

[258] DRÖGE, E.: Leitfaden für das Verbinden von Ontologien. *Information - Wissenschaft und Praxis*. (2010), Bd. 61, Nr. 2, S. 143–147.

[259] GOMERINGER, R.; KILGUS, R.; MENGES, V.; OESTERLE, S.; RAPP, T.; SCHOLER, C.; STENZEL, A.; STEPHAN, A.; WIENEKE, F.: *Tabellenbuch Metall*. 48. Aufl. Haan: Europa-Lehrmittel, 2019.

[260] PALMGREN, A.: Die Lebensdauer von Kugellagern. *Zeitschrift des Vereines Deutscher Ingenieure*. (1924), Bd. 14, S. 339–341.

[261] MINER, M. A.: Cumulative Damage in Fatigue. *Journal of Applied Mechanics*. (1945), S. 159–164.

[262] SCHMIED, B.: Spannungskonzepte im Vergleich. *Sitzung der AG Q 1.1, Berechnen und Gestalten*. 2010.

[263] BAYES, T.: An essay towards solving a problem in the doctrine of chances. *Philosophical Transactions of the Royal Society*. (1763), Bd. 53, S. 370–418.

[264] DOLSAK, B.; BRATKO, I.; JEZERNIK, A.: Finite element mesh design: An engineering domain for ILP application. *Proceedings of the 4th Int. Workshop on Inductive Logic Programming*. Bad Honnef, Bonn, 1994.

Verzeichnis promotionsbezogener, eigener Publikationen

[P1] KESTEL, P.; WARTZACK, S.: Konzept für ein wissensbasiertes FEA-Assistenzsystem zur Unterstützung konstruktionsbegleitender Simulationen. *Beiträge zum 26. DfX-Symposium*. KRAUSE, D.; PAETZHOLD, K.; WARTZACK, S. (Hrsg.) Hamburg: TuTech Verlag, 2015, S. 87–98.

[P2] KESTEL, P.; KÜGLER, P.; ZIRNGIBL, C.; SCHLEICH, B.; WARTZACK, S.: Ontology-based approach for the provision of simulation knowledge acquired by Data and Text Mining processes. *Advanced Engineering Informatics*. (2019), Bd. 39, S. 292–305.

[P3] KESTEL, P.; SPRÜGEL, T.; WARTZACK, S.: Assistance system for automated and knowledge-based setup and evaluation of design-accompanying Finite Element Analyses. *Automotive Simulation World Congress*. München, 2016.

[P4] BREITSPRECHER, T.; KESTEL, P.; DINGFELDER, C.; WARTZACK, S.: Gaussian Process based approach for automatic knowledge acquisition. *Proceedings of the 13th International Design Conference*. DORIAN, M.; MARIO, S.; NEVEN, P.; NENAD, B. (Hrsg.) Dubrovnik, 2014, S. 1733–1740.

[P5] SAUER, C.; KÜGLER, P.; KESTEL, P.; GRAF, M.; GÖBEL, K.; NIESSEN, C.; SCHLEICH, B.; WARTZACK, S.: Ein ontologiebasierter Ansatz zur Wissensrepräsentation für die smarte Produktentwicklung. *16. Gemeinsames Kolloquium Konstruktionstechnik*. RIEG, F.; BRÖKEL, K.; SCHARR, G.; GROTE, K.; MÜLLER, N.; LOHRENGEL, A.; NAGARAJAH, A.; CORVES, B. (Hrsg.) Bayreuth, 2018, S. 294–305.

[P6] SPRÜGEL, T.; KESTEL, P.; WARTZACK, S.: FEA-Assistenzsystem – Plausibilitätsprüfung für Finite-Elemente-Simulationen mittels sphärischer Detektorflächen. *Beiträge zum 27. DfX-Symposium*. KRAUSE, D.; PAETZHOLD, K.; WARTZACK, S. (Hrsg.) 2016.

[P7] KÜGLER, P.; KESTEL, P.; SCHON, C.; MARIAN, M.; SCHLEICH, B.; STAAB, S.; WARTZACK, S.: Ontology-based approach for the use of intentional forgetting in product development. *Proceedings of International Design Conference*. Dubrovnik, 2018, S. 1595–1606.

[P8] KESTEL, P.; LUFT, T.; SCHON, C.; KÜGLER, P.; BAYER, T.; SCHLEICH, B.; STAAB, S.; WARTZACK, S.: Konzept zur zielgerichteten, ontologiebasierten Wiederverwendung von Produktmodellen. *Beiträge zum 28. DfX-Symposium*. KRAUSE, D.; PAETZHOLD, K.; WARTZACK, S. (Hrsg.) Hamburg: TuTech Verlag, 2017, S. 241–252.

[P9] KATONA, S.; KESTEL, P.; KOCH, M.; WARTZACK, S.: Vom Ideal- zum Realmodell: Bauteile mit Fertigungsabweichungen durch automatische FE-Netzadaption simulieren. *Entwerfen Entwickeln Erleben – Beiträge zu virtuellen Produktentwicklung und Konstruktionstechnik.* STELZER, R. (Hrsg.) Dresden: TUDPress, 2014.

[P10] KESTEL, P.; SCHNEYER, T.; WARTZACK, S.: Feature-based approach for the automated setup of accurate, design-accompanying Finite Element Analyses. *Proceedings of the 14th International Design Conference.* DORIAN, M.; MARIO, S.; NEVEN, P.; NENAD, B.; STANKO, S. (Hrsg.) Dubrovnik, 2016, S. 697–706.

[P11] KESTEL, P.; SPRÜGEL, T.; WARTZACK, S.: Feature-basierte Modellierung und Bauteilerkennung in automatisierten, konstruktionsbegleitenden Finite-Elemente-Analysen. *34. CADFEM ANSYS Simulation Conference.* Nürnberg, 2016.

[P12] KESTEL, P.; WARTZACK, S.: Wissensbasierter Aufbau konstruktionsbegleitender Finite-Elemente-Analysen durch ein FEA-Assistenzsystem. *Entwerfen Entwickeln Erleben – Beiträge zu virtuellen Produktentwicklung und Konstruktionstechnik.* Dresden: TUDpress, 2016, S. 315–329.

[P13] KESTEL, P.; SPRÜGEL, T.; KATONA, S.; LEHNHÄUSER, T.; WARTZACK, S.: Concept and implementation of a central knowledge framework for simulation knowledge. *NAFEMS European Conference: Simulation Process and Data Management.* München, 2015.

[P14] KESTEL, P.; SPRÜGEL, T.; KATONA, S.; WARTZACK, S.: Konzept zur Umsetzung einer zentralen Wissensbasis für Simulationswissen in ANSYS Engineering Knowledge Manager. *ANSYS Conference and CADFEM Users' Meeting.* Bremen, 2015.

[P15] CARRO SAAVEDRA, C.; MARAHRENS, N.-J.; SCHWEIGERT, S.; KESTEL, P.; KREMER, S.; WARTZACK, S.; LINDEMANN, U.: Development of a Toolkit of Methods for Simulations in Product Development. *IEEE International Conference on Industrial Engineering and Engineering Management.* Bali, 2016.

[P16] BREITSPRECHER, T.; KESTEL, P.; KÜSTNER, C.; SPRÜGEL, T.; WARTZACK, S.: Einsatz von Data-Mining in modernen Produktentstehungsprozessen. *Zeitschrift für wirtschaftlichen Fabrikbetrieb.* (2015), Bd. 110, S. 744–750.

[P17] GOLLER, D.; HAUTSCH, S.; HEILMEIER, F.; KAISER, K.; KATONA, S.; KESTEL, P.; KOCH, M.; LINDEMANN, U.; OTTEN, D.; RIEG, F.; SAAVEDRA, C. C.; SCHMID, M.; SCHREYER, S.; SCHWEIGERT, S.; SPRÜGEL, T.; VOLK, W.; WARTZACK, S.; WICKEL, M.: *Erster Zwischenbericht des bayerischen Forschungsverbunds für effiziente Produkt- und Prozessentwicklung durch wissensbasierte Simulation.* LINDEMANN, U.; RIEG, F. (Hrsg.) 2014.

[P18] D'ALBERT, H.; GOLLER, D.; HAUTSCH, S.; HEILMEIER, F.; KATONA, S.; KESTEL, P.; KOCH, M.; LINDEMANN, U.; OTTEN, D.; RIEG, F.; SAAVEDRA, C. C.; SCHMID, M.; SCHMIDT, D. M.; SCHREYER, S.; SCHWEIGERT, S.; SPRÜGEL, T.; VOLK, W.; WARTZACK, S.: *Zweiter Zwischenbericht des bayerischen Forschungsverbunds für effiziente Produkt- und Prozessentwicklung durch wissensbasierte Simulation.* LINDEMANN, U.; RIEG, F. (Hrsg.) 2015.

[P19] D'ALBERT, H.; GOLLER, D.; HAUTSCH, S.; HEILMEIER, F.; KAMMERL, D.; KATONA, S.; KESTEL, P.; KOCH, M.; LINDEMANN, U.; OTTEN, D.; RIEG, F.; SAAVEDRA, C. C.; SCHMID, M.; SCHMIDT, D. M.; SCHREYER, S.; SCHWEIGERT, S.; SPRÜGEL, T.; VOLK, W.; WARTZACK, S.: *Abschlussbericht des bayerischen Forschungsverbunds für effiziente Produkt- und Prozessentwicklung durch wissensbasierte Simulation.* LINDEMANN, U.; RIEG, F. (Hrsg.) 2017.

[P20] D'ALBERT, H.; GOLLER, D.; HAUTSCH, S.; HEILMEIER, F.; KAMMERL, D.; KATONA, S.; KESTEL, P.; KOCH, M.; LINDEMANN, U.; OTTEN, D.; RIEG, F.; SAAVEDRA, C. C.; SCHMID, M.; SCHMIDT, D. M.; SCHREYER, S.; SCHWEIGERT, S.; SPRÜGEL, T.; VOLK, W.; WARTZACK, S.: *Effiziente Produkt- und Prozessentwicklung durch wissensbasierte Simulation - Ein Leitfaden für Praktiker.* LINDEMANN, U.; RIEG, F. (Hrsg.) 2017.

[P21] SCHON, C.; STAAB, S.; KÜGLER, P.; KESTEL, P.; SCHLEICH, B.; WARTZACK, S.: Metaproperty-guided Deletion from the Instance-Level of a Knowledge Base. *Knowledge Engineering and Knowledge Management.* Nancy, 2018, S. 407–423.

Verzeichnis promotionsbezogener, studentischer Arbeiten

[S1] KÜGLER, P.: *Automatisierte Akquisition von Berechnungswissen durch Text-Mining*. Bachelorarbeit am Lehrstuhl für Konstruktionstechnik, Friedrich-Alexander-Universität Erlangen-Nürnberg, 2014.

[S2] ZIEMANN, M.: *Text-Mining in automatisierten Wissensakquisitionsprozessen zur Unterstützung strukturmechanischer Finite-Elemente-Analysen*. Masterarbeit am Lehrstuhl für Konstruktionstechnik, Friedrich-Alexander-Universität Erlangen-Nürnberg, 2016.

[S3] DWORSCHAK, F.: *Text Mining in der Produktentwicklung*. Bachelorarbeit am Lehrstuhl für Konstruktionstechnik, Friedrich-Alexander-Universität Erlangen-Nürnberg, 2013.

[S4] HIERL, S.: *Einsatz von Text Mining in der Produktentwicklung*. Seminararbeit am Lehrstuhl für Konstruktionstechnik, Friedrich-Alexander-Universität Erlangen-Nürnberg, 2014.

[S5] KÜGLER, P.: *Akquisition und Formalisierung von Berechnungswissen für den Aufbau aussagekräftiger, strukturmechanischer Finite-Elemente-Analyse*. Projektarbeit am Lehrstuhl für Konstruktionstechnik, Friedrich-Alexander-Universität Erlangen-Nürnberg, 2016.

[S6] BRENNER, A.: *Feature-basierte Modellierung in automatisierten, konstruktionsbegleitenden Finite- Elemente-Analysen*. Projektarbeit am Lehrstuhl für Konstruktionstechnik, Friedrich-Alexander-Universität Erlangen-Nürnberg, 2017.

[S7] QUIN, F.: *Entwicklung semantisch höherwertiger CAE-Features für den automatisierten Aufbau aussagekräftiger Simulationsmodelle*. Bachelorarbeit am Lehrstuhl für Konstruktionstechnik, Friedrich-Alexander-Universität Erlangen-Nürnberg.

[S8] KÜGLER, P.: *Einsatz von Mechanismen des intentionalen Vergessens in ontologiebasierten Produktmodellen*. Masterarbeit am Lehrstuhl für Konstruktionstechnik, Friedrich-Alexander-Universität Erlangen-Nürnberg, 2017.

Reihenübersicht

Koordination der Reihe (Stand 2021):
Geschäftsstelle Maschinenbau, Dr.-Ing. Oliver Kreis, www.mb.fau.de/diss/

Im Rahmen der Reihe sind bisher die nachfolgenden Bände erschienen.

Band 1 – 52
Fertigungstechnik – Erlangen
ISSN 1431-6226
Carl Hanser Verlag, München

Band 53 – 307
Fertigungstechnik – Erlangen
ISSN 1431-6226
Meisenbach Verlag, Bamberg

ab Band 308
FAU Studien aus dem Maschinenbau
ISSN 2625-9974
FAU University Press, Erlangen

Die Zugehörigkeit zu den jeweiligen Lehrstühlen ist wie folgt gekennzeichnet:

Lehrstühle:

FAPS	Lehrstuhl für Fertigungsautomatisierung und Produktionssystematik
FMT	Lehrstuhl für Fertigungsmesstechnik
KTmfk	Lehrstuhl für Konstruktionstechnik
LFT	Lehrstuhl für Fertigungstechnologie
LPT	Lehrstuhl für Photonische Technologien
REP	Lehrstuhl für Ressourcen- und Energieeffiziente Produktionsmaschinen

Band 1: Andreas Hemberger
Innovationspotentiale in der rechnerintegrierten Produktion durch wissensbasierte Systeme
FAPS, 208 Seiten, 107 Bilder. 1988.
ISBN 3-446-15234-2.

Band 2: Detlef Classe
Beitrag zur Steigerung der Flexibilität automatisierter Montagesysteme durch Sensorintegration und erweiterte Steuerungskonzepte
FAPS, 194 Seiten, 70 Bilder. 1988.
ISBN 3-446-15529-5.

Band 3: Friedrich-Wilhelm Nolting
Projektierung von Montagesystemen
FAPS, 201 Seiten, 107 Bilder, 1 Tab. 1989.
ISBN 3-446-15541-4.

Band 4: Karsten Schlüter
Nutzungsgradsteigerung von Montagesystemen durch den Einsatz der Simulationstechnik
FAPS, 177 Seiten, 97 Bilder. 1989.
ISBN 3-446-15542-2.

Band 5: Shir-Kuan Lin
Aufbau von Modellen zur Lageregelung von Industrierobotern
FAPS, 168 Seiten, 46 Bilder. 1989.
ISBN 3-446-15546-5.

Band 6: Rudolf Nuss
Untersuchungen zur Bearbeitungsqualität im Fertigungssystem Laserstrahlschneiden
LFT, 206 Seiten, 115 Bilder, 6 Tab. 1989.
ISBN 3-446-15783-2.

Band 7: Wolfgang Scholz
Modell zur datenbankgestützten Planung automatisierter Montageanlagen
FAPS, 194 Seiten, 89 Bilder. 1989.
ISBN 3-446-15825-1.

Band 8: Hans-Jürgen Wißmeier
Beitrag zur Beurteilung des Bruchverhaltens von Hartmetall-Fließpreßmatrizen
LFT, 179 Seiten, 99 Bilder, 9 Tab. 1989.
ISBN 3-446-15921-5.

Band 9: Rainer Eisele
Konzeption und Wirtschaftlichkeit von Planungssystemen in der Produktion
FAPS, 183 Seiten, 86 Bilder. 1990.
ISBN 3-446-16107-4.

Band 10: Rolf Pfeiffer
Technologisch orientierte Montageplanung am Beispiel der Schraubtechnik
FAPS, 216 Seiten, 102 Bilder, 16 Tab. 1990.
ISBN 3-446-16161-9.

Band 11: Herbert Fischer
Verteilte Planungssysteme zur Flexibilitätssteigerung der rechnerintegrierten Teilefertigung
FAPS, 201 Seiten, 82 Bilder. 1990.
ISBN 3-446-16105-8.

Band 12: Gerhard Kleineidam
CAD/CAP: Rechnergestützte Montagefeinplanung
FAPS, 203 Seiten, 107 Bilder. 1990.
ISBN 3-446-16112-0.

Band 13: Frank Vollertsen
Pulvermetallurgische Verarbeitung eines übereutektoiden verschleißfesten Stahls
LFT, XIII u. 217 Seiten, 67 Bilder, 34 Tab. 1990. ISBN 3-446-16133-3.

Band 14: Stephan Biermann
Untersuchungen zur Anlagen- und Prozeßdiagnostik für das Schneiden mit CO2-Hochleistungslasern
LFT, VIII u. 170 Seiten, 93 Bilder, 4 Tab. 1991. ISBN 3-446-16269-0.

Band 15: Uwe Geißler
Material- und Datenfluß in einer flexiblen Blechbearbeitungszelle
LFT, 124 Seiten, 41 Bilder, 7 Tab. 1991. ISBN 3-446-16358-1.

Band 16: Frank Oswald Hake
Entwicklung eines rechnergestützten Diagnosesystems für automatisierte Montagezellen
FAPS, XIV u. 166 Seiten, 77 Bilder. 1991. ISBN 3-446-16428-6.

Band 17: Herbert Reichel
Optimierung der Werkzeugbereitstellung durch rechnergestützte Arbeitsfolgenbestimmung
FAPS, 198 Seiten, 73 Bilder, 2 Tab. 1991. ISBN 3-446-16453-7.

Band 18: Josef Scheller
Modellierung und Einsatz von Softwaresystemen für rechnergeführte Montagezellen
FAPS, 198 Seiten, 65 Bilder. 1991. ISBN 3-446-16454-5.

Band 19: Arnold vom Ende
Untersuchungen zum Biegeumforme mit elastischer Matrize
LFT, 166 Seiten, 55 Bilder, 13 Tab. 1991. ISBN 3-446-16493-6.

Band 20: Joachim Schmid
Beitrag zum automatisierten Bearbeiten von Keramikguß mit Industrierobotern
FAPS, XIV u. 176 Seiten, 111 Bilder, 6 Tab. 1991. ISBN 3-446-16560-6.

Band 21: Egon Sommer
Multiprozessorsteuerung für kooperierende Industrieroboter in Montagezellen
FAPS, 188 Seiten, 102 Bilder. 1991. ISBN 3-446-17062-6.

Band 22: Georg Geyer
Entwicklung problemspezifischer Verfahrensketten in der Montage
FAPS, 192 Seiten, 112 Bilder. 1991. ISBN 3-446-16552-5.

Band 23: Rainer Flohr
Beitrag zur optimalen Verbindungstechnik in der Oberflächenmontage (SMT)
FAPS, 186 Seiten, 79 Bilder. 1991. ISBN 3-446-16568-1.

Band 24: Alfons Rief
Untersuchungen zur Verfahrensfolge Laserstrahlschneiden und -schweißen in der Rohkarosseriefertigung
LFT, VI u. 145 Seiten, 58 Bilder, 5 Tab. 1991. ISBN 3-446-16593-2.

Band 25: Christoph Thim
Rechnerunterstützte Optimierung von Materialflußstrukturen in der Elektronikmontage durch Simulation
FAPS, 188 Seiten, 74 Bilder. 1992.
ISBN 3-446-17118-5.

Band 26: Roland Müller
CO2 -Laserstrahlschneiden von kurzglasverstärkten Verbundwerkstoffen
LFT, 141 Seiten, 107 Bilder, 4 Tab. 1992.
ISBN 3-446-17104-5.

Band 27: Günther Schäfer
Integrierte Informationsverarbeitung bei der Montageplanung
FAPS, 195 Seiten, 76 Bilder. 1992.
ISBN 3-446-17117-7.

Band 28: Martin Hoffmann
Entwicklung einer CAD/CAM-Prozeßkette für die Herstellung von Blechbiegeteilen
LFT, 149 Seiten, 89 Bilder. 1992.
ISBN 3-446-17154-1.

Band 29: Peter Hoffmann
Verfahrensfolge Laserstrahlschneiden und -schweißen: Prozeßführung und Systemtechnik in der 3D-Laserstrahlbearbeitung von Blechformteilen
LFT, 186 Seiten, 92 Bilder, 10 Tab. 1992.
ISBN 3-446-17153-3.

Band 30: Olaf Schrödel
Flexible Werkstattsteuerung mit objektorientierten Softwarestrukturen
FAPS, 180 Seiten, 84 Bilder. 1992.
ISBN 3-446-17242-4.

Band 31: Hubert Reinisch
Planungs- und Steuerungswerkzeuge zur impliziten Geräteprogrammierung in Roboterzellen
FAPS, XI u. 212 Seiten, 112 Bilder. 1992.
ISBN 3-446-17380-3.

Band 32: Brigitte Bärnreuther
Ein Beitrag zur Bewertung des Kommunikationsverhaltens von Automatisierungsgeräten in flexiblen Produktionszellen
FAPS, XI u. 179 Seiten, 71 Bilder. 1992.
ISBN 3-446-17451-6.

Band 33: Joachim Hutfless
Laserstrahlregelung und Optikdiagnostik in der Strahlführung einer CO2-Hochleistungslaseranlage
LFT, 175 Seiten, 70 Bilder, 17 Tab. 1993.
ISBN 3-446-17532-6.

Band 34: Uwe Günzel
Entwicklung und Einsatz eines Simulationsverfahrens für operative und strategische Probleme der Produktionsplanung und -steuerung
FAPS, XIV u. 170 Seiten, 66 Bilder, 5 Tab. 1993. ISBN 3-446-17604-7.

Band 35: Bertram Ehmann
Operatives Fertigungscontrolling durch Optimierung auftragsbezogener Bearbeitungsabläufe in der Elektronikfertigung
FAPS, XV u. 167 Seiten, 114 Bilder. 1993.
ISBN 3-446-17658-6.

Band 36: Harald Kolléra
Entwicklung eines benutzerorientierten Werkstattprogrammiersystems für das Laserstrahlschneiden
LFT, 129 Seiten, 66 Bilder, 1 Tab. 1993.
ISBN 3-446-17719-1.

Band 37: Stephanie Abels
Modellierung und Optimierung von Montageanlagen in einem integrierten Simulationssystem
FAPS, 188 Seiten, 88 Bilder. 1993.
ISBN 3-446-17731-0.

Band 38: Robert Schmidt-Hebbel
Laserstrahlbohren durchflußbestimmender Durchgangslöcher
LFT, 145 Seiten, 63 Bilder, 11 Tab. 1993.
ISBN 3-446-17778-7.

Band 39: Norbert Lutz
Oberflächenfeinbearbeitung keramischer Werkstoffe mit XeCl-Excimerlaserstrahlung
LFT, 187 Seiten, 98 Bilder, 29 Tab. 1994.
ISBN 3-446-17970-4.

Band 40: Konrad Grampp
Rechnerunterstützung bei Test und Schulung an Steuerungssoftware von SMD-Bestücklinien
FAPS, 178 Seiten, 88 Bilder. 1995.
ISBN 3-446-18173-3.

Band 41: Martin Koch
Wissensbasierte Unterstützung der Angebotsbearbeitung in der Investitionsgüterindustrie
FAPS, 169 Seiten, 68 Bilder. 1995.
ISBN 3-446-18174-1.

Band 42: Armin Gropp
Anlagen- und Prozeßdiagnostik beim Schneiden mit einem gepulsten Nd:YAG-Laser
LFT, 160 Seiten, 88 Bilder, 7 Tab. 1995.
ISBN 3-446-18241-1.

Band 43: Werner Heckel
Optische 3D-Konturerfassung und on-line Biegewinkelmessung mit dem Lichtschnittverfahren
LFT, 149 Seiten, 43 Bilder, 11 Tab. 1995.
ISBN 3-446-18243-8.

Band 44: Armin Rothhaupt
Modulares Planungssystem zur Optimierung der Elektronikfertigung
FAPS, 180 Seiten, 101 Bilder. 1995.
ISBN 3-446-18307-8.

Band 45: Bernd Zöllner
Adaptive Diagnose in der Elektronikproduktion
FAPS, 195 Seiten, 74 Bilder, 3 Tab. 1995.
ISBN 3-446-18308-6.

Band 46: Bodo Vormann
Beitrag zur automatisierten Handhabungsplanung komplexer Blechbiegeteile
LFT, 126 Seiten, 89 Bilder, 3 Tab. 1995.
ISBN 3-446-18345-0.

Band 47: Peter Schnepf
Zielkostenorientierte Montageplanung
FAPS, 144 Seiten, 75 Bilder. 1995.
ISBN 3-446-18397-3.

Band 48: Rainer Klotzbücher
Konzept zur rechnerintegrierten Materialversorgung in flexiblen Fertigungssystemen
FAPS, 156 Seiten, 62 Bilder. 1995.
ISBN 3-446-18412-0.

Band 49: Wolfgang Greska
Wissensbasierte Analyse und Klassifizierung von Blechteilen
LFT, 144 Seiten, 96 Bilder. 1995.
ISBN 3-446-18462-7.

Band 50: Jörg Franke
Integrierte Entwicklung neuer Produkt- und Produktionstechnologien für räumliche spritzgegossene Schaltungsträger (3-D MID)
FAPS, 196 Seiten, 86 Bilder, 4 Tab. 1995.
ISBN 3-446-18448-1.

Band 51: Franz-Josef Zeller
Sensorplanung und schnelle Sensorregelung für Industrieroboter
FAPS, 190 Seiten, 102 Bilder, 9 Tab. 1995.
ISBN 3-446-18601-8.

Band 52: Michael Solvie
Zeitbehandlung und Multimedia-Unterstützung in Feldkommunikationssystemen
FAPS, 200 Seiten, 87 Bilder, 35 Tab. 1996.
ISBN 3-446-18607-7.

Band 53: Robert Hopperdietzel
Reengineering in der Elektro- und Elektronikindustrie
FAPS, 180 Seiten, 109 Bilder, 1 Tab. 1996.
ISBN 3-87525-070-2.

Band 54: Thomas Rebhahn
Beitrag zur Mikromaterialbearbeitung mit Excimerlasern - Systemkomponenten und Verfahrensoptimierungen
LFT, 148 Seiten, 61 Bilder, 10 Tab. 1996.
ISBN 3-87525-075-3.

Band 55: Henning Hanebuth
Laserstrahlhartlöten mit Zweistrahltechnik
LFT, 157 Seiten, 58 Bilder, 11 Tab. 1996.
ISBN 3-87525-074-5.

Band 56: Uwe Schönherr
Steuerung und Sensordatenintegration für flexible Fertigungszellen mit kooperierenden Robotern
FAPS, 188 Seiten, 116 Bilder, 3 Tab. 1996.
ISBN 3-87525-076-1.

Band 57: Stefan Holzer
Berührungslose Formgebung mit Laserstrahlung
LFT, 162 Seiten, 69 Bilder, 11 Tab. 1996.
ISBN 3-87525-079-6.

Band 58: Markus Schultz
Fertigungsqualität beim 3D-Laserstrahlschweißen von Blechformteilen
LFT, 165 Seiten, 88 Bilder, 9 Tab. 1997.
ISBN 3-87525-080-X.

Band 59: Thomas Krebs
Integration elektromechanischer CA-Anwendungen über einem STEP-Produktmodell
FAPS, 198 Seiten, 58 Bilder, 8 Tab. 1997.
ISBN 3-87525-081-8.

Band 60: Jürgen Sturm
Prozeßintegrierte Qualitätssicherung in der Elektronikproduktion
FAPS, 167 Seiten, 112 Bilder, 5 Tab. 1997.
ISBN 3-87525-082-6.

Band 61: Andreas Brand
Prozesse und Systeme zur Bestückung räumlicher elektronischer Baugruppen (3D-MID)
FAPS, 182 Seiten, 100 Bilder. 1997.
ISBN 3-87525-087-7.

Band 62: Michael Kauf
Regelung der Laserstrahlleistung und der Fokusparameter einer CO2-Hochleistungslaseranlage
LFT, 140 Seiten, 70 Bilder, 5 Tab. 1997.
ISBN 3-87525-083-4.

Band 63: Peter Steinwasser
Modulares Informationsmanagement in der integrierten Produkt- und Prozeßplanung
FAPS, 190 Seiten, 87 Bilder. 1997.
ISBN 3-87525-084-2.

Band 64: Georg Liedl
Integriertes Automatisierungskonzept für den flexiblen Materialfluß in der Elektronikproduktion
FAPS, 196 Seiten, 96 Bilder, 3 Tab. 1997.
ISBN 3-87525-086-9.

Band 65: Andreas Otto
Transiente Prozesse beim Laserstrahlschweißen
LFT, 132 Seiten, 62 Bilder, 1 Tab. 1997.
ISBN 3-87525-089-3.

Band 66: Wolfgang Blöchl
Erweiterte Informationsbereitstellung an offenen CNC-Steuerungen zur Prozeß- und Programmoptimierung
FAPS, 168 Seiten, 96 Bilder. 1997.
ISBN 3-87525-091-5.

Band 67: Klaus-Uwe Wolf
Verbesserte Prozeßführung und Prozeßplanung zur Leistungs- und Qualitätssteigerung beim Spulenwickeln
FAPS, 186 Seiten, 125 Bilder. 1997.
ISBN 3-87525-092-3.

Band 68: Frank Backes
Technologieorientierte Bahnplanung für die 3D-Laserstrahlbearbeitung
LFT, 138 Seiten, 71 Bilder, 2 Tab. 1997.
ISBN 3-87525-093-1.

Band 69: Jürgen Kraus
Laserstrahlumformen von Profilen
LFT, 137 Seiten, 72 Bilder, 8 Tab. 1997.
ISBN 3-87525-094-X.

Band 70: Norbert Neubauer
Adaptive Strahlführungen für CO2-Laseranlagen
LFT, 120 Seiten, 50 Bilder, 3 Tab. 1997.
ISBN 3-87525-095-8.

Band 71: Michael Steber
Prozeßoptimierter Betrieb flexibler Schraubstationen in der automatisierten Montage
FAPS, 168 Seiten, 78 Bilder, 3 Tab. 1997.
ISBN 3-87525-096-6.

Band 72: Markus Pfestorf
Funktionale 3D-Oberflächenkenngrößen in der Umformtechnik
LFT, 162 Seiten, 84 Bilder, 15 Tab. 1997.
ISBN 3-87525-097-4.

Band 73: Volker Franke
Integrierte Planung und Konstruktion von Werkzeugen für die Biegebearbeitung
LFT, 143 Seiten, 81 Bilder. 1998.
ISBN 3-87525-098-2.

Band 74: Herbert Scheller
Automatisierte Demontagesysteme und recyclinggerechte Produktgestaltung elektronischer Baugruppen
FAPS, 184 Seiten, 104 Bilder, 17 Tab. 1998.
ISBN 3-87525-099-0.

Band 75: Arthur Meßner
Kaltmassivumformung metallischer Kleinstteile – Werkstoffverhalten, Wirkflächenreibung, Prozeßauslegung
LFT, 164 Seiten, 92 Bilder, 14 Tab. 1998.
ISBN 3-87525-100-8.

Band 76: Mathias Glasmacher
Prozeß- und Systemtechnik zum Laserstrahl-Mikroschweißen
LFT, 184 Seiten, 104 Bilder, 12 Tab. 1998.
ISBN 3-87525-101-6.

Band 77: Michael Schwind
Zerstörungsfreie Ermittlung mechanischer Eigenschaften von Feinblechen mit dem Wirbelstromverfahren
LFT, 124 Seiten, 68 Bilder, 8 Tab. 1998.
ISBN 3-87525-102-4.

Band 78: Manfred Gerhard
Qualitätssteigerung in der Elektronikproduktion durch Optimierung der Prozeßführung beim Löten komplexer Baugruppen
FAPS, 179 Seiten, 113 Bilder, 7 Tab. 1998.
ISBN 3-87525-103-2.

Band 79: Elke Rauh
Methodische Einbindung der Simulation in die betrieblichen Planungs- und Entscheidungsabläufe
FAPS, 192 Seiten, 114 Bilder, 4 Tab. 1998.
ISBN 3-87525-104-0.

Band 80: Sorin Niederkorn
Meßeinrichtung zur Untersuchung der Wirkflächenreibung bei umformtechnischen Prozessen
LFT, 99 Seiten, 46 Bilder, 6 Tab. 1998.
ISBN 3-87525-105-9.

Band 81: Stefan Schuberth
Regelung der Fokuslage beim Schweißen mit CO2-Hochleistungslasern unter Einsatz von adaptiven Optiken
LFT, 140 Seiten, 64 Bilder, 3 Tab. 1998.
ISBN 3-87525-106-7.

Band 82: Armando Walter Colombo
Development and Implementation of Hierarchical Control Structures of Flexible Production Systems Using High Level Petri Nets
FAPS, 216 Seiten, 86 Bilder. 1998.
ISBN 3-87525-109-1.

Band 83: Otto Meedt
Effizienzsteigerung bei Demontage und Recycling durch flexible Demontagetechnologien und optimierte Produktgestaltung
FAPS, 186 Seiten, 103 Bilder. 1998.
ISBN 3-87525-108-3.

Band 84: Knuth Götz
Modelle und effiziente Modellbildung zur Qualitätssicherung in der Elektronikproduktion
FAPS, 212 Seiten, 129 Bilder, 24 Tab. 1998.
ISBN 3-87525-112-1.

Band 85: Ralf Luchs
Einsatzmöglichkeiten leitender Klebstoffe zur zuverlässigen Kontaktierung elektronischer Bauelemente in der SMT
FAPS, 176 Seiten, 126 Bilder, 30 Tab. 1998.
ISBN 3-87525-113-7.

Band 86: Frank Pöhlau
Entscheidungsgrundlagen zur Einführung räumlicher spritzgegossener Schaltungsträger (3-D MID)
FAPS, 144 Seiten, 99 Bilder. 1999.
ISBN 3-87525-114-8.

Band 87: Roland T. A. Kals
Fundamentals on the miniaturization of sheet metal working processes
LFT, 128 Seiten, 58 Bilder, 11 Tab. 1999.
ISBN 3-87525-115-6.

Band 88: Gerhard Luhn
Implizites Wissen und technisches Handeln am Beispiel der Elektronikproduktion
FAPS, 252 Seiten, 61 Bilder, 1 Tab. 1999.
ISBN 3-87525-116-4.

Band 89: Axel Sprenger
Adaptives Streckbiegen von Aluminium-Strangpreßprofilen
LFT, 114 Seiten, 63 Bilder, 4 Tab. 1999.
ISBN 3-87525-117-2.

Band 90: Hans-Jörg Pucher
Untersuchungen zur Prozeßfolge Umformen, Bestücken und Laserstrahllöten von Mikrokontakten
LFT, 158 Seiten, 69 Bilder, 9 Tab. 1999.
ISBN 3-87525-119-9.

Band 91: Horst Arnet
Profilbiegen mit kinematischer Gestalterzeugung
LFT, 128 Seiten, 67 Bilder, 7 Tab. 1999.
ISBN 3-87525-120-2.

Band 92: Doris Schubart
Prozeßmodellierung und Technologieentwicklung beim Abtragen mit CO2-Laserstrahlung
LFT, 133 Seiten, 57 Bilder, 13 Tab. 1999.
ISBN 3-87525-122-9.

Band 93: Adrianus L. P. Coremans
Laserstrahlsintern von Metallpulver - Prozeßmodellierung, Systemtechnik, Eigenschaften laserstrahlgesinterter Metallkörper
LFT, 184 Seiten, 108 Bilder, 12 Tab. 1999.
ISBN 3-87525-124-5.

Band 94: Hans-Martin Biehler
Optimierungskonzepte für Qualitätsdatenverarbeitung und Informationsbereitstellung in der Elektronikfertigung
FAPS, 194 Seiten, 105 Bilder. 1999.
ISBN 3-87525-126-1.

Band 95: Wolfgang Becker
Oberflächenausbildung und tribologische Eigenschaften excimerlaserstrahlbearbeiteter Hochleistungskeramiken
LFT, 175 Seiten, 71 Bilder, 3 Tab. 1999.
ISBN 3-87525-127-X.

Band 96: Philipp Hein
Innenhochdruck-Umformen von Blechpaaren: Modellierung, Prozeßauslegung und Prozeßführung
LFT, 129 Seiten, 57 Bilder, 7 Tab. 1999.
ISBN 3-87525-128-8.

Band 97: Gunter Beitinger
Herstellungs- und Prüfverfahren für thermoplastische Schaltungsträger
FAPS, 169 Seiten, 92 Bilder, 20 Tab. 1999.
ISBN 3-87525-129-6.

Band 98: Jürgen Knoblach
Beitrag zur rechnerunterstützten verursachungsgerechten Angebotskalkulation von Blechteilen mit Hilfe wissensbasierter Methoden
LFT, 155 Seiten, 53 Bilder, 26 Tab. 1999.
ISBN 3-87525-130-X.

Band 99: Frank Breitenbach
Bildverarbeitungssystem zur Erfassung der Anschlußgeometrie elektronischer SMT-Bauelemente
LFT, 147 Seiten, 92 Bilder, 12 Tab. 2000.
ISBN 3-87525-131-8.

Band 100: Bernd Falk
Simulationsbasierte Lebensdauervorhersage für Werkzeuge der Kaltmassivumformung
LFT, 134 Seiten, 44 Bilder, 15 Tab. 2000.
ISBN 3-87525-136-9.

Band 101: Wolfgang Schlögl
Integriertes Simulationsdaten-Management für Maschinenentwicklung und Anlagenplanung
FAPS, 169 Seiten, 101 Bilder, 20 Tab. 2000.
ISBN 3-87525-137-7.

Band 102: Christian Hinsel
Ermüdungsbruchversagen hartstoffbeschichteter Werkzeugstähle in der Kaltmassivumformung
LFT, 130 Seiten, 80 Bilder, 14 Tab. 2000.
ISBN 3-87525-138-5.

Band 103: Stefan Bobbert
Simulationsgestützte Prozessauslegung für das Innenhochdruck-Umformen von Blechpaaren
LFT, 123 Seiten, 77 Bilder. 2000.
ISBN 3-87525-145-8.

Band 104: Harald Rottbauer
Modulares Planungswerkzeug zum Produktionsmanagement in der Elektronikproduktion
FAPS, 166 Seiten, 106 Bilder. 2001.
ISBN 3-87525-139-3.

Band 105: Thomas Hennige
Flexible Formgebung von Blechen durch Laserstrahlumformen
LFT, 119 Seiten, 50 Bilder. 2001.
ISBN 3-87525-140-7.

Band 106: Thomas Menzel
Wissensbasierte Methoden für die rechnergestützte Charakterisierung und Bewertung innovativer Fertigungsprozesse
LFT, 152 Seiten, 71 Bilder. 2001.
ISBN 3-87525-142-3.

Band 107: Thomas Stöckel
Kommunikationstechnische Integration der Prozeßebene in Produktionssysteme durch Middleware-Frameworks
FAPS, 147 Seiten, 65 Bilder, 5 Tab. 2001.
ISBN 3-87525-143-1.

Band 108: Frank Pitter
Verfügbarkeitssteigerung von Werkzeugmaschinen durch Einsatz mechatronischer Sensorlösungen
FAPS, 158 Seiten, 131 Bilder, 8 Tab. 2001.
ISBN 3-87525-144-X.

Band 109: Markus Korneli
Integration lokaler CAP-Systeme in einen globalen Fertigungsdatenverbund
FAPS, 121 Seiten, 53 Bilder, 11 Tab. 2001.
ISBN 3-87525-146-6.

Band 110: Burkhard Müller
Laserstrahljustieren mit Excimer-Lasern - Prozeßparameter und Modelle zur Aktorkonstruktion
LFT, 128 Seiten, 36 Bilder, 9 Tab. 2001.
ISBN 3-87525-159-8.

Band 111: Jürgen Göhringer
Integrierte Telediagnose via Internet zum effizienten Service von Produktionssystemen
FAPS, 178 Seiten, 98 Bilder, 5 Tab. 2001.
ISBN 3-87525-147-4.

Band 112: Robert Feuerstein
Qualitäts- und kosteneffiziente Integration neuer Bauelementetechnologien in die Flachbaugruppenfertigung
FAPS, 161 Seiten, 99 Bilder, 10 Tab. 2001.
ISBN 3-87525-151-2.

Band 113: Marcus Reichenberger
Eigenschaften und Einsatzmöglichkeiten alternativer Elektroniklote in der Oberflächenmontage (SMT)
FAPS, 165 Seiten, 97 Bilder, 18 Tab. 2001.
ISBN 3-87525-152-0.

Band 114: Alexander Huber
Justieren vormontierter Systeme mit dem Nd:YAG-Laser unter Einsatz von Aktoren
LFT, 122 Seiten, 58 Bilder, 5 Tab. 2001.
ISBN 3-87525-153-9.

Band 115: Sami Krimi
Analyse und Optimierung von Montagesystemen in der Elektronikproduktion
FAPS, 155 Seiten, 88 Bilder, 3 Tab. 2001.
ISBN 3-87525-157-1.

Band 116: Marion Merklein
Laserstrahlumformen von Aluminiumwerkstoffen - Beeinflussung der Mikrostruktur und der mechanischen Eigenschaften
LFT, 122 Seiten, 65 Bilder, 15 Tab. 2001.
ISBN 3-87525-156-3.

Band 117: Thomas Collisi
Ein informationslogistisches Architekturkonzept zur Akquisition simulationsrelevanter Daten
FAPS, 181 Seiten, 105 Bilder, 7 Tab. 2002.
ISBN 3-87525-164-4.

Band 118: Markus Koch
Rationalisierung und ergonomische Optimierung im Innenausbau durch den Einsatz moderner Automatisierungstechnik
FAPS, 176 Seiten, 98 Bilder, 9 Tab. 2002.
ISBN 3-87525-165-2.

Band 119: Michael Schmidt
Prozeßregelung für das Laserstrahl-Punktschweißen in der Elektronikproduktion
LFT, 152 Seiten, 71 Bilder, 3 Tab. 2002.
ISBN 3-87525-166-0.

Band 120: Nicolas Tiesler
Grundlegende Untersuchungen zum Fließpressen metallischer Kleinstteile
LFT, 126 Seiten, 78 Bilder, 12 Tab. 2002.
ISBN 3-87525-175-X.

Band 121: Lars Pursche
Methoden zur technologieorientierten Programmierung für die 3D-Lasermikrobearbeitung
LFT, 111 Seiten, 39 Bilder, 0 Tab. 2002.
ISBN 3-87525-183-0.

Band 122: Jan-Oliver Brassel
Prozeßkontrolle beim Laserstrahl-Mikroschweißen
LFT, 148 Seiten, 72 Bilder, 12 Tab. 2002.
ISBN 3-87525-181-4.

Band 123: Mark Geisel
Prozeßkontrolle und -steuerung beim Laserstrahlschweißen mit den Methoden der nichtlinearen Dynamik
LFT, 135 Seiten, 46 Bilder, 2 Tab. 2002.
ISBN 3-87525-180-6.

Band 124: Gerd Eßer
Laserstrahlunterstützte Erzeugung metallischer Leiterstrukturen auf Thermoplastsubstraten für die MID-Technik
LFT, 148 Seiten, 60 Bilder, 6 Tab. 2002.
ISBN 3-87525-171-7.

Band 125: Marc Fleckenstein
Qualität laserstrahl-gefügter Mikroverbindungen elektronischer Kontakte
LFT, 159 Seiten, 77 Bilder, 7 Tab. 2002.
ISBN 3-87525-170-9.

Band 126: Stefan Kaufmann
Grundlegende Untersuchungen zum Nd:YAG- Laserstrahlfügen von Silizium für Komponenten der Optoelektronik
LFT, 159 Seiten, 100 Bilder, 6 Tab. 2002.
ISBN 3-87525-172-5.

Band 127: Thomas Fröhlich
Simultanes Löten von Anschlußkontakten elektronischer Bauelemente mit Diodenlaserstrahlung
LFT, 143 Seiten, 75 Bilder, 6 Tab. 2002.
ISBN 3-87525-186-5.

Band 128: Achim Hofmann
Erweiterung der Formgebungsgrenzen beim Umformen von Aluminiumwerkstoffen durch den Einsatz prozessangepasster Platinen
LFT, 113 Seiten, 58 Bilder, 4 Tab. 2002.
ISBN 3-87525-182-2.

Band 129: Ingo Kriebitzsch
3 - D MID Technologie in der Automobilelektronik
FAPS, 129 Seiten, 102 Bilder, 10 Tab. 2002.
ISBN 3-87525-169-5.

Band 130: Thomas Pohl
Fertigungsqualität und Umformbarkeit laserstrahlgeschweißter Formplatinen aus Aluminiumlegierungen
LFT, 133 Seiten, 93 Bilder, 12 Tab. 2002.
ISBN 3-87525-173-3.

Band 131: Matthias Wenk
Entwicklung eines konfigurierbaren Steuerungssystems für die flexible Sensorführung von Industrierobotern
FAPS, 167 Seiten, 85 Bilder, 1 Tab. 2002.
ISBN 3-87525-174-1.

Band 132: Matthias Negendanck
Neue Sensorik und Aktorik für Bearbeitungsköpfe zum Laserstrahlschweißen
LFT, 116 Seiten, 60 Bilder, 14 Tab. 2002.
ISBN 3-87525-184-9.

Band 133: Oliver Kreis
Integrierte Fertigung - Verfahrensintegration durch Innenhochdruck-Umformen, Trennen und Laserstrahlschweißen in einem Werkzeug sowie ihre tele- und multimediale Präsentation
LFT, 167 Seiten, 90 Bilder, 43 Tab. 2002.
ISBN 3-87525-176-8.

Band 134: Stefan Trautner
Technische Umsetzung produktbezogener Instrumente der Umweltpolitik bei Elektro- und Elektronikgeräten
FAPS, 179 Seiten, 92 Bilder, 11 Tab. 2002.
ISBN 3-87525-177-6.

Band 135: Roland Meier
Strategien für einen produktorientierten Einsatz räumlicher spritzgegossener Schaltungsträger (3-D MID)
FAPS, 155 Seiten, 88 Bilder, 14 Tab. 2002.
ISBN 3-87525-178-4.

Band 136: Jürgen Wunderlich
Kostensimulation - Simulationsbasierte Wirtschaftlichkeitsregelung komplexer Produktionssysteme
FAPS, 202 Seiten, 119 Bilder, 17 Tab. 2002.
ISBN 3-87525-179-2.

Band 137: Stefan Novotny
Innenhochdruck-Umformen von Blechen aus Aluminium- und Magnesiumlegierungen bei erhöhter Temperatur
LFT, 132 Seiten, 82 Bilder, 6 Tab. 2002.
ISBN 3-87525-185-7.

Band 138: Andreas Licha
Flexible Montageautomatisierung zur Komplettmontage flächenhafter Produktstrukturen durch kooperierende Industrieroboter
FAPS, 158 Seiten, 87 Bilder, 8 Tab. 2003.
ISBN 3-87525-189-X.

Band 139: Michael Eisenbarth
Beitrag zur Optimierung der Aufbau- und Verbindungstechnik für mechatronische Baugruppen
FAPS, 207 Seiten, 141 Bilder, 9 Tab. 2003.
ISBN 3-87525-190-3.

Band 140: Frank Christoph
Durchgängige simulationsgestützte Planung von Fertigungseinrichtungen der Elektronikproduktion
FAPS, 187 Seiten, 107 Bilder, 9 Tab. 2003.
ISBN 3-87525-191-1.

Band 141: Hinnerk Hagenah
Simulationsbasierte Bestimmung der zu erwartenden Maßhaltigkeit für das Blechbiegen
LFT, 131 Seiten, 36 Bilder, 26 Tab. 2003.
ISBN 3-87525-192-X.

Band 142: Ralf Eckstein
Scherschneiden und Biegen metallischer Kleinstteile - Materialeinfluss und Materialverhalten
LFT, 148 Seiten, 71 Bilder, 19 Tab. 2003.
ISBN 3-87525-193-8.

Band 143: Frank H. Meyer-Pittroff
Excimerlaserstrahlbiegen dünner metallischer Folien mit homogener Lichtlinie
LFT, 138 Seiten, 60 Bilder, 16 Tab. 2003.
ISBN 3-87525-196-2.

Band 144: Andreas Kach
Rechnergestützte Anpassung von Laserstrahlschneidbahnen an Bauteilabweichungen
LFT, 139 Seiten, 69 Bilder, 11 Tab. 2004.
ISBN 3-87525-197-0.

Band 145: Stefan Hierl
System- und Prozeßtechnik für das simultane Löten mit Diodenlaserstrahlung von elektronischen Bauelementen
LFT, 124 Seiten, 66 Bilder, 4 Tab. 2004.
ISBN 3-87525-198-9.

Band 146: Thomas Neudecker
Tribologische Eigenschaften keramischer Blechumformwerkzeuge- Einfluss einer Oberflächenendbearbeitung mittels Excimerlaserstrahlung
LFT, 166 Seiten, 75 Bilder, 26 Tab. 2004.
ISBN 3-87525-200-4.

Band 147: Ulrich Wenger
Prozessoptimierung in der Wickeltechnik durch innovative maschinenbauliche und regelungstechnische Ansätze
FAPS, 132 Seiten, 88 Bilder, 0 Tab. 2004.
ISBN 3-87525-203-9.

Band 148: Stefan Slama
Effizienzsteigerung in der Montage durch marktorientierte Montagestrukturen und erweiterte Mitarbeiterkompetenz
FAPS, 188 Seiten, 125 Bilder, 0 Tab. 2004.
ISBN 3-87525-204-7.

Band 149: Thomas Wurm
Laserstrahljustieren mittels Aktoren-Entwicklung von Konzepten und Methoden für die rechnerunterstützte Modellierung und Optimierung von komplexen Aktorsystemen in der Mikrotechnik
LFT, 122 Seiten, 51 Bilder, 9 Tab. 2004.
ISBN 3-87525-206-3.

Band 150: Martino Celeghini
Wirkmedienbasierte Blechumformung: Grundlagenuntersuchungen zum Einfluss von Werkstoff und Bauteilgeometrie
LFT, 146 Seiten, 77 Bilder, 6 Tab. 2004.
ISBN 3-87525-207-1.

Band 151: Ralph Hohenstein
Entwurf hochdynamischer Sensor- und Regelsysteme für die adaptive Laserbearbeitung
LFT, 282 Seiten, 63 Bilder, 16 Tab. 2004.
ISBN 3-87525-210-1.

Band 152: Angelika Hutterer
Entwicklung prozessüberwachender Regelkreise für flexible Formgebungsprozesse
LFT, 149 Seiten, 57 Bilder, 2 Tab. 2005.
ISBN 3-87525-212-8.

Band 153: Emil Egerer
Massivumformen metallischer Kleinstteile bei erhöhter Prozesstemperatur
LFT, 158 Seiten, 87 Bilder, 10 Tab. 2005.
ISBN 3-87525-213-6.

Band 154: Rüdiger Holzmann
Strategien zur nachhaltigen Optimierung von Qualität und Zuverlässigkeit in der Fertigung hochintegrierter Flachbaugruppen
FAPS, 186 Seiten, 99 Bilder, 19 Tab. 2005.
ISBN 3-87525-217-9.

Band 155: Marco Nock
Biegeumformen mit Elastomerwerkzeugen Modellierung, Prozessauslegung und Abgrenzung des Verfahrens am Beispiel des Rohrbiegens
LFT, 164 Seiten, 85 Bilder, 13 Tab. 2005.
ISBN 3-87525-218-7.

Band 156: Frank Niebling
Qualifizierung einer Prozesskette zum Laserstrahlsintern metallischer Bauteile
LFT, 148 Seiten, 89 Bilder, 3 Tab. 2005.
ISBN 3-87525-219-5.

Band 157: Markus Meiler
Großserientauglichkeit trockenschmierstoffbeschichteter Aluminiumbleche im Presswerk Grundlegende Untersuchungen zur Tribologie, zum Umformverhalten und Bauteilversuche
LFT, 104 Seiten, 57 Bilder, 21 Tab. 2005.
ISBN 3-87525-221-7.

Band 158: Agus Sutanto
Solution Approaches for Planning of Assembly Systems in Three-Dimensional Virtual Environments
FAPS, 169 Seiten, 98 Bilder, 3 Tab. 2005.
ISBN 3-87525-220-9.

Band 159: Matthias Boiger
Hochleistungssysteme für die Fertigung elektronischer Baugruppen auf der Basis flexibler Schaltungsträger
FAPS, 175 Seiten, 111 Bilder, 8 Tab. 2005.
ISBN 3-87525-222-5.

Band 160: Matthias Pitz
Laserunterstütztes Biegen höchstfester Mehrphasenstähle
LFT, 120 Seiten, 73 Bilder, 11 Tab. 2005.
ISBN 3-87525-223-3.

Band 161: Meik Vahl
Beitrag zur gezielten Beeinflussung des Werkstoffflusses beim Innenhochdruck-Umformen von Blechen
LFT, 165 Seiten, 94 Bilder, 15 Tab. 2005.
ISBN 3-87525-224-1.

Band 162: Peter K. Kraus
Plattformstrategien - Realisierung einer varianz- und kostenoptimierten Wertschöpfung
FAPS, 181 Seiten, 95 Bilder, 0 Tab. 2005.
ISBN 3-87525-226-8.

Band 163: Adrienn Cser
Laserstrahlschmelzabtrag - Prozessanalyse und -modellierung
LFT, 146 Seiten, 79 Bilder, 3 Tab. 2005.
ISBN 3-87525-227-6.

Band 164: Markus C. Hahn
Grundlegende Untersuchungen zur Herstellung von Leichtbauverbundstrukturen mit Aluminiumschaumkern
LFT, 143 Seiten, 60 Bilder, 16 Tab. 2005.
ISBN 3-87525-228-4.

Band 165: Gordana Michos
Mechatronische Ansätze zur Optimierung von Vorschubachsen
FAPS, 146 Seiten, 87 Bilder, 17 Tab. 2005.
ISBN 3-87525-230-6.

Band 166: Markus Stark
Auslegung und Fertigung hochpräziser Faser-Kollimator-Arrays
LFT, 158 Seiten, 115 Bilder, 11 Tab. 2005.
ISBN 3-87525-231-4.

Band 167: Yurong Zhou
Kollaboratives Engineering Management in der integrierten virtuellen Entwicklung der Anlagen für die Elektronikproduktion
FAPS, 156 Seiten, 84 Bilder, 6 Tab. 2005.
ISBN 3-87525-232-2.

Band 168: Werner Enser
Neue Formen permanenter und lösbarer elektrischer Kontaktierungen für mechatronische Baugruppen
FAPS, 190 Seiten, 112 Bilder, 5 Tab. 2005.
ISBN 3-87525-233-0.

Band 169: Katrin Melzer
Integrierte Produktpolitik bei elektrischen und elektronischen Geräten zur Optimierung des Product-Life-Cycle
FAPS, 155 Seiten, 91 Bilder, 17 Tab. 2005.
ISBN 3-87525-234-9.

Band 170: Alexander Putz
Grundlegende Untersuchungen zur Erfassung der realen Vorspannung von armierten Kaltfließpresswerkzeugen mittels Ultraschall
LFT, 137 Seiten, 71 Bilder, 15 Tab. 2006.
ISBN 3-87525-237-3.

Band 171: Martin Prechtl
Automatisiertes Schichtverfahren für metallische Folien - System- und Prozesstechnik
LFT, 154 Seiten, 45 Bilder, 7 Tab. 2006.
ISBN 3-87525-238-1.

Band 172: Markus Meidert
Beitrag zur deterministischen Lebensdauerabschätzung von Werkzeugen der Kaltmassivumformung
LFT, 131 Seiten, 78 Bilder, 9 Tab. 2006.
ISBN 3-87525-239-X.

Band 173: Bernd Müller
Robuste, automatisierte Montagesysteme durch adaptive Prozessführung und montageübergreifende Fehlerprävention am Beispiel flächiger Leichtbauteile
FAPS, 147 Seiten, 77 Bilder, 0 Tab. 2006.
ISBN 3-87525-240-3.

Band 174: Alexander Hofmann
Hybrides Laserdurchstrahlschweißen von Kunststoffen
LFT, 136 Seiten, 72 Bilder, 4 Tab. 2006.
ISBN 978-3-87525-243-9.

Band 175: Peter Wölflick
Innovative Substrate und Prozesse mit feinsten Strukturen für bleifreie Mechatronik-Anwendungen
FAPS, 177 Seiten, 148 Bilder, 24 Tab. 2006.
ISBN 978-3-87525-246-0.

Band 176: Attila Komlodi
Detection and Prevention of Hot Cracks during Laser Welding of Aluminium Alloys Using Advanced Simulation Methods
LFT, 155 Seiten, 89 Bilder, 14 Tab. 2006.
ISBN 978-3-87525-248-4.

Band 177: Uwe Popp
Grundlegende Untersuchungen zum Laserstrahlstrukturieren von Kaltmassivumformwerkzeugen
LFT, 140 Seiten, 67 Bilder, 16 Tab. 2006.
ISBN 978-3-87525-249-1.

Band 178: Veit Rückel
Rechnergestützte Ablaufplanung und Bahngenerierung Für kooperierende Industrieroboter
FAPS, 148 Seiten, 75 Bilder, 7 Tab. 2006.
ISBN 978-3-87525-250-7.

Band 179: Manfred Dirscherl
Nicht-thermische Mikrojustiertechnik mittels ultrakurzer Laserpulse
LFT, 154 Seiten, 69 Bilder, 10 Tab. 2007.
ISBN 978-3-87525-251-4.

Band 180: Yong Zhuo
Entwurf eines rechnergestützten integrierten Systems für Konstruktion und Fertigungsplanung räumlicher spritzgegossener Schaltungsträger (3D-MID)
FAPS, 181 Seiten, 95 Bilder, 5 Tab. 2007.
ISBN 978-3-87525-253-8.

Band 181: Stefan Lang
Durchgängige Mitarbeiterinformation zur Steigerung von Effizienz und Prozesssicherheit in der Produktion
FAPS, 172 Seiten, 93 Bilder. 2007.
ISBN 978-3-87525-257-6.

Band 182: Hans-Joachim Krauß
Laserstrahlinduzierte Pyrolyse präkeramischer Polymere
LFT, 171 Seiten, 100 Bilder. 2007.
ISBN 978-3-87525-258-3.

Band 183: Stefan Junker
Technologien und Systemlösungen für die flexibel automatisierte Bestückung permanent erregter Läufer mit oberflächenmontierten Dauermagneten
FAPS, 173 Seiten, 75 Bilder. 2007.
ISBN 978-3-87525-259-0.

Band 184: Rainer Kohlbauer
Wissensbasierte Methoden für die simulationsgestützte Auslegung wirkmedienbasierter Blechumformprozesse
LFT, 135 Seiten, 50 Bilder. 2007.
ISBN 978-3-87525-260-6.

Band 185: Klaus Lamprecht
Wirkmedienbasierte Umformung tiefgezogener Vorformen unter besonderer Berücksichtigung maßgeschneiderter Halbzeuge
LFT, 137 Seiten, 81 Bilder. 2007.
ISBN 978-3-87525-265-1.

Band 186: Bernd Zolleiß
Optimierte Prozesse und Systeme für die Bestückung mechatronischer Baugruppen
FAPS, 180 Seiten, 117 Bilder. 2007.
ISBN 978-3-87525-266-8.

Band 187: Michael Kerausch
Simulationsgestützte Prozessauslegung für das Umformen lokal wärmebehandelter Aluminiumplatinen
LFT, 146 Seiten, 76 Bilder, 7 Tab. 2007.
ISBN 978-3-87525-267-5.

Band 188: Matthias Weber
Unterstützung der Wandlungsfähigkeit von Produktionsanlagen durch innovative Softwaresysteme
FAPS, 183 Seiten, 122 Bilder, 3 Tab. 2007.
ISBN 978-3-87525-269-9.

Band 189: Thomas Frick
Untersuchung der prozessbestimmenden Strahl-Stoff-Wechselwirkungen beim Laserstrahlschweißen von Kunststoffen
LFT, 104 Seiten, 62 Bilder, 8 Tab. 2007.
ISBN 978-3-87525-268-2.

Band 190: Joachim Hecht
Werkstoffcharakterisierung und Prozessauslegung für die wirkmedienbasierte Doppelblech-Umformung von Magnesiumlegierungen
LFT, 107 Seiten, 91 Bilder, 2 Tab. 2007.
ISBN 978-3-87525-270-5.

Band 191: Ralf Völkl
Stochastische Simulation zur Werkzeuglebensdaueroptimierung und Präzisionsfertigung in der Kaltmassivumformung
LFT, 178 Seiten, 75 Bilder, 12 Tab. 2008.
ISBN 978-3-87525-272-9.

Band 192: Massimo Tolazzi
Innenhochdruck-Umformen verstärkter Blech-Rahmenstrukturen
LFT, 164 Seiten, 85 Bilder, 7 Tab. 2008.
ISBN 978-3-87525-273-6.

Band 193: Cornelia Hoff
Untersuchung der Prozesseinflussgrößen beim Presshärten des höchstfesten Vergütungsstahls 22MnB5
LFT, 133 Seiten, 92 Bilder, 5 Tab. 2008.
ISBN 978-3-87525-275-0.

Band 194: Christian Alvarez
Simulationsgestützte Methoden zur effizienten Gestaltung von Lötprozessen in der Elektronikproduktion
FAPS, 149 Seiten, 86 Bilder, 8 Tab. 2008.
ISBN 978-3-87525-277-4.

Band 195: Andreas Kunze
Automatisierte Montage von makromechatronischen Modulen zur flexiblen Integration in hybride Pkw-Bordnetzsysteme
FAPS, 160 Seiten, 90 Bilder, 14 Tab. 2008.
ISBN 978-3-87525-278-1.

Band 196: Wolfgang Hußnätter
Grundlegende Untersuchungen zur experimentellen Ermittlung und zur Modellierung von Fließortkurven bei erhöhten Temperaturen
LFT, 152 Seiten, 73 Bilder, 21 Tab. 2008.
ISBN 978-3-87525-279-8.

Band 197: Thomas Bigl
Entwicklung, angepasste Herstellungsverfahren und erweiterte Qualitätssicherung von einsatzgerechten elektronischen Baugruppen
FAPS, 175 Seiten, 107 Bilder, 14 Tab. 2008.
ISBN 978-3-87525-280-4.

Band 198: Stephan Roth
Grundlegende Untersuchungen zum Excimerlaserstrahl-Abtragen unter Flüssigkeitsfilmen
LFT, 113 Seiten, 47 Bilder, 14 Tab. 2008.
ISBN 978-3-87525-281-1.

Band 199: Artur Giera
Prozesstechnische Untersuchungen zum Rührreibschweißen metallischer Werkstoffe
LFT, 179 Seiten, 104 Bilder, 36 Tab. 2008.
ISBN 978-3-87525-282-8.

Band 200: Jürgen Lechler
Beschreibung und Modellierung des Werkstoffverhaltens von presshärtbaren Bor-Manganstählen
LFT, 154 Seiten, 75 Bilder, 12 Tab. 2009.
ISBN 978-3-87525-286-6.

Band 201: Andreas Blankl
Untersuchungen zur Erhöhung der Prozessrobustheit bei der Innenhochdruck-Umformung von flächigen Halbzeugen mit vor- bzw. nachgeschalteten Laserstrahlfügeoperationen
LFT, 120 Seiten, 68 Bilder, 9 Tab. 2009.
ISBN 978-3-87525-287-3.

Band 202: Andreas Schaller
Modellierung eines nachfrageorientierten Produktionskonzeptes für mobile Telekommunikationsgeräte
FAPS, 120 Seiten, 79 Bilder, 0 Tab. 2009.
ISBN 978-3-87525-289-7.

Band 203: Claudius Schimpf
Optimierung von Zuverlässigkeitsuntersuchungen, Prüfabläufen und Nacharbeitsprozessen in der Elektronikproduktion
FAPS, 162 Seiten, 90 Bilder, 14 Tab. 2009.
ISBN 978-3-87525-290-3.

Band 204: Simon Dietrich
Sensoriken zur Schwerpunktslagebestimmung der optischen Prozessemissionen beim Laserstrahltiefschweißen
LFT, 138 Seiten, 70 Bilder, 5 Tab. 2009.
ISBN 978-3-87525-292-7.

Band 205: Wolfgang Wolf
Entwicklung eines agentenbasierten Steuerungssystems zur Materialflussorganisation im wandelbaren Produktionsumfeld
FAPS, 167 Seiten, 98 Bilder. 2009.
ISBN 978-3-87525-293-4.

Band 206: Steffen Polster
Laserdurchstrahlschweißen transparenter Polymerbauteile
LFT, 160 Seiten, 92 Bilder, 13 Tab. 2009.
ISBN 978-3-87525-294-1.

Band 207: Stephan Manuel Dörfler
Rührreibschweißen von walzplattiertem Halbzeug und Aluminiumblech zur Herstellung flächiger Aluminiumschaum-Sandwich-Verbundstrukturen
LFT, 190 Seiten, 98 Bilder, 5 Tab. 2009.
ISBN 978-3-87525-295-8.

Band 208: Uwe Vogt
Seriennahe Auslegung von Aluminium Tailored Heat Treated Blanks
LFT, 151 Seiten, 68 Bilder, 26 Tab. 2009.
ISBN 978-3-87525-296-5.

Band 209: Till Laumann
Qualitative und quantitative Bewertung der Crashtauglichkeit von höchstfesten Stählen
LFT, 117 Seiten, 69 Bilder, 7 Tab. 2009.
ISBN 978-3-87525-299-6.

Band 210: Alexander Diehl
Größeneffekte bei Biegeprozessen-Entwicklung einer Methodik zur Identifikation und Quantifizierung
LFT, 180 Seiten, 92 Bilder, 12 Tab. 2010.
ISBN 978-3-87525-302-3.

Band 211: Detlev Staud
Effiziente Prozesskettenauslegung für das Umformen lokal wärmebehandelter und geschweißter Aluminiumbleche
LFT, 164 Seiten, 72 Bilder, 12 Tab. 2010.
ISBN 978-3-87525-303-0.

Band 212: Jens Ackermann
Prozesssicherung beim Laserdurchstrahlschweißen thermoplastischer Kunststoffe
LPT, 129 Seiten, 74 Bilder, 13 Tab. 2010.
ISBN 978-3-87525-305-4.

Band 213: Stephan Weidel
Grundlegende Untersuchungen zum Kontaktzustand zwischen Werkstück und Werkzeug bei umformtechnischen Prozessen unter tribologischen Gesichtspunkten
LFT, 144 Seiten, 67 Bilder, 11 Tab. 2010.
ISBN 978-3-87525-307-8.

Band 214: Stefan Geißdörfer
Entwicklung eines mesoskopischen Modells zur Abbildung von Größeneffekten in der Kaltmassivumformung mit Methoden der FE-Simulation
LFT, 133 Seiten, 83 Bilder, 11 Tab. 2010.
ISBN 978-3-87525-308-5.

Band 215: Christian Matzner
Konzeption produktspezifischer Lösungen zur Robustheitssteigerung elektronischer Systeme gegen die Einwirkung von Betauung im Automobil
FAPS, 165 Seiten, 93 Bilder, 14 Tab. 2010.
ISBN 978-3-87525-309-2.

Band 216: Florian Schüßler
Verbindungs- und Systemtechnik für thermisch hochbeanspruchte und miniaturisierte elektronische Baugruppen
FAPS, 184 Seiten, 93 Bilder, 18 Tab. 2010.
ISBN 978-3-87525-310-8.

Band 217: Massimo Cojutti
Strategien zur Erweiterung der Prozessgrenzen bei der Innhochdruck-Umformung von Rohren und Blechpaaren
LFT, 125 Seiten, 56 Bilder, 9 Tab. 2010.
ISBN 978-3-87525-312-2.

Band 218: Raoul Plettke
Mehrkriterielle Optimierung komplexer Aktorsysteme für das Laserstrahljustieren
LFT, 152 Seiten, 25 Bilder, 3 Tab. 2010.
ISBN 978-3-87525-315-3.

Band 219: Andreas Dobroschke
Flexible Automatisierungslösungen für die Fertigung wickeltechnischer Produkte
FAPS, 184 Seiten, 109 Bilder, 18 Tab. 2011.
ISBN 978-3-87525-317-7.

Band 220: Azhar Zam
Optical Tissue Differentiation for Sensor-Controlled Tissue-Specific Laser Surgery
LPT, 99 Seiten, 45 Bilder, 8 Tab. 2011.
ISBN 978-3-87525-318-4.

Band 221: Michael Rösch
Potenziale und Strategien zur Optimierung des Schablonendruckprozesses in der Elektronikproduktion
FAPS, 192 Seiten, 127 Bilder, 19 Tab. 2011.
ISBN 978-3-87525-319-1.

Band 222: Thomas Rechtenwald
Quasi-isothermes Laserstrahlsintern von Hochtemperatur-Thermoplasten - Eine Betrachtung werkstoff-prozessspezifischer Aspekte am Beispiel PEEK
LPT, 150 Seiten, 62 Bilder, 8 Tab. 2011.
ISBN 978-3-87525-320-7.

Band 223: Daniel Craiovan
Prozesse und Systemlösungen für die SMT-Montage optischer Bauelemente auf Substrate mit integrierten Lichtwellenleitern
FAPS, 165 Seiten, 85 Bilder, 8 Tab. 2011.
ISBN 978-3-87525-324-5.

Band 224: Kay Wagner
Beanspruchungsangepasste Kaltmassivumformwerkzeuge durch lokal optimierte Werkzeugoberflächen
LFT, 147 Seiten, 103 Bilder, 17 Tab. 2011.
ISBN 978-3-87525-325-2.

Band 225: Martin Brandhuber
Verbesserung der Prognosegüte des Versagens von Punktschweißverbindungen bei höchstfesten Stahlgüten
LFT, 155 Seiten, 91 Bilder, 19 Tab. 2011.
ISBN 978-3-87525-327-6.

Band 226: Peter Sebastian Feuser
Ein Ansatz zur Herstellung von pressgehärteten Karosseriekomponenten mit maßgeschneiderten mechanischen Eigenschaften: Temperierte Umformwerkzeuge. Prozessfenster, Prozesssimuation und funktionale Untersuchung
LFT, 195 Seiten, 97 Bilder, 60 Tab. 2012.
ISBN 978-3-87525-328-3.

Band 227: Murat Arbak
Material Adapted Design of Cold Forging Tools Exemplified by Powder Metallurgical Tool Steels and Ceramics
LFT, 109 Seiten, 56 Bilder, 8 Tab. 2012.
ISBN 978-3-87525-330-6.

Band 228: Indra Pitz
Beschleunigte Simulation des Laserstrahlumformens von Aluminiumblechen
LPT, 137 Seiten, 45 Bilder, 27 Tab. 2012.
ISBN 978-3-87525-333-7.

Band 229: Alexander Grimm
Prozessanalyse und -überwachung des Laserstrahlhartlötens mittels optischer Sensorik
LPT, 125 Seiten, 61 Bilder, 5 Tab. 2012.
ISBN 978-3-87525-334-4.

Band 230: Markus Kaupper
Biegen von höhenfesten Stahlblechwerkstoffen - Umformverhalten und Grenzen der Biegbarkeit
LFT, 160 Seiten, 57 Bilder, 10 Tab. 2012.
ISBN 978-3-87525-339-9.

Band 231: Thomas Kroiß
Modellbasierte Prozessauslegung für die Kaltmassivumformung unter Brücksichtigung der Werkzeug- und Pressenauffederung
LFT, 169 Seiten, 50 Bilder, 19 Tab. 2012.
ISBN 978-3-87525-341-2.

Band 232: Christian Goth
Analyse und Optimierung der Entwicklung und Zuverlässigkeit räumlicher Schaltungsträger (3D-MID)
FAPS, 176 Seiten, 102 Bilder, 22 Tab. 2012.
ISBN 978-3-87525-340-5.

Band 233: Christian Ziegler
Ganzheitliche Automatisierung mechatronischer Systeme in der Medizin am Beispiel Strahlentherapie
FAPS, 170 Seiten, 71 Bilder, 19 Tab. 2012.
ISBN 978-3-87525-342-9.

Band 234: Florian Albert
Automatisiertes Laserstrahllöten und -reparaturlöten elektronischer Baugruppen
LPT, 127 Seiten, 78 Bilder, 11 Tab. 2012.
ISBN 978-3-87525-344-3.

Band 235: Thomas Stöhr
Analyse und Beschreibung des mechanischen Werkstoffverhaltens von presshärtbaren Bor-Manganstählen
LFT, 118 Seiten, 74 Bilder, 18 Tab. 2013.
ISBN 978-3-87525-346-7.

Band 236: Christian Kägeler
Prozessdynamik beim Laserstrahlschweißen verzinkter Stahlbleche im Überlappstoß
LPT, 145 Seiten, 80 Bilder, 3 Tab. 2013.
ISBN 978-3-87525-347-4.

Band 237: Andreas Sulzberger
Seriennahe Auslegung der Prozesskette zur wärmeunterstützten Umformung von Aluminiumblechwerkstoffen
LFT, 153 Seiten, 87 Bilder, 17 Tab. 2013.
ISBN 978-3-87525-349-8.

Band 238: Simon Opel
Herstellung prozessangepasster Halbzeuge mit variabler Blechdicke durch die Anwendung von Verfahren der Blechmassivumformung
LFT, 165 Seiten, 108 Bilder, 27 Tab. 2013.
ISBN 978-3-87525-350-4.

Band 239: Rajesh Kanawade
In-vivo Monitoring of Epithelium Vessel and Capillary Density for the Application of Detection of Clinical Shock and Early Signs of Cancer Development
LPT, 124 Seiten, 58 Bilder, 15 Tab. 2013.
ISBN 978-3-87525-351-1.

Band 240: Stephan Busse
Entwicklung und Qualifizierung eines Schneidclinchverfahrens
LFT, 119 Seiten, 86 Bilder, 20 Tab. 2013.
ISBN 978-3-87525-352-8.

Band 241: Karl-Heinz Leitz
Mikro- und Nanostrukturierung mit kurz und ultrakurz gepulster Laserstrahlung
LPT, 154 Seiten, 71 Bilder, 9 Tab. 2013.
ISBN 978-3-87525-355-9.

Band 242: Markus Michl
Webbasierte Ansätze zur ganzheitlichen technischen Diagnose
FAPS, 182 Seiten, 62 Bilder, 20 Tab. 2013.
ISBN 978-3-87525-356-6.

Band 243: Vera Sturm
Einfluss von Chargenschwankungen auf die Verarbeitungsgrenzen von Stahlwerkstoffen
LFT, 113 Seiten, 58 Bilder, 9 Tab. 2013.
ISBN 978-3-87525-357-3.

Band 244: Christian Neudel
Mikrostrukturelle und mechanisch-technologische Eigenschaften widerstandspunktgeschweißter Aluminium-Stahl-Verbindungen für den Fahrzeugbau
LFT, 178 Seiten, 171 Bilder, 31 Tab. 2014.
ISBN 978-3-87525-358-0.

Band 245: Anja Neumann
Konzept zur Beherrschung der Prozessschwankungen im Presswerk
LFT, 162 Seiten, 68 Bilder, 15 Tab. 2014.
ISBN 978-3-87525-360-3.

Band 246: Ulf-Hermann Quentin
Laserbasierte Nanostrukturierung mit optisch positionierten Mikrolinsen
LPT, 137 Seiten, 89 Bilder, 6 Tab. 2014.
ISBN 978-3-87525-361-0.

Band 247: Erik Lamprecht
Der Einfluss der Fertigungsverfahren auf die Wirbelstromverluste von Stator-Einzelzahnblechpaketen für den Einsatz in Hybrid- und Elektrofahrzeugen
FAPS, 148 Seiten, 138 Bilder, 4 Tab. 2014.
ISBN 978-3-87525-362-7.

Band 248: Sebastian Rösel
Wirkmedienbasierte Umformung von Blechhalbzeugen unter Anwendung magnetorheologischer Flüssigkeiten als kombiniertes Wirk- und Dichtmedium
LFT, 148 Seiten, 61 Bilder, 12 Tab. 2014.
ISBN 978-3-87525-363-4.

Band 249: Paul Hippchen
Simulative Prognose der Geometrie indirekt pressgehärteter Karosseriebauteile für die industrielle Anwendung
LFT, 163 Seiten, 89 Bilder, 12 Tab. 2014.
ISBN 978-3-87525-364-1.

Band 250: Martin Zubeil
Versagensprognose bei der Prozess simulation von Biegeumform- und Falzverfahren
LFT, 171 Seiten, 90 Bilder, 5 Tab. 2014.
ISBN 978-3-87525-365-8.

Band 251: Alexander Kühl
Flexible Automatisierung der Statorenmontage mit Hilfe einer universellen ambidexteren Kinematik
FAPS, 142 Seiten, 60 Bilder, 26 Tab. 2014.
ISBN 978-3-87525-367-2.

Band 252: Thomas Albrecht
Optimierte Fertigungstechnologien für Rotoren getriebeintegrierter PM-Synchronmotoren von Hybridfahrzeugen
FAPS, 198 Seiten, 130 Bilder, 38 Tab. 2014.
ISBN 978-3-87525-368-9.

Band 253: Florian Risch
Planning and Production Concepts for Contactless Power Transfer Systems for Electric Vehicles
FAPS, 185 Seiten, 125 Bilder, 13 Tab. 2014.
ISBN 978-3-87525-369-6.

Band 254: Markus Weigl
Laserstrahlschweißen von Mischverbindungen aus austenitischen und ferritischen korrosionsbeständigen Stahlwerkstoffen
LPT, 184 Seiten, 110 Bilder, 6 Tab. 2014.
ISBN 978-3-87525-370-2.

Band 255: Johannes Noneder
Beanspruchungserfassung für die Validierung von FE-Modellen zur Auslegung von Massivumformwerkzeugen
LFT, 161 Seiten, 65 Bilder, 14 Tab. 2014.
ISBN 978-3-87525-371-9.

Band 256: Andreas Reinhardt
Ressourceneffiziente Prozess- und Produktionstechnologie für flexible Schaltungsträger
FAPS, 123 Seiten, 69 Bilder, 19 Tab. 2014.
ISBN 978-3-87525-373-3.

Band 257: Tobias Schmuck
Ein Beitrag zur effizienten Gestaltung globaler Produktions- und Logistiknetzwerke mittels Simulation
FAPS, 151 Seiten, 74 Bilder. 2014.
ISBN 978-3-87525-374-0.

Band 258: Bernd Eichenhüller
Untersuchungen der Effekte und Wechselwirkungen charakteristischer Einflussgrößen auf das Umformverhalten bei Mikroumformprozessen
LFT, 127 Seiten, 29 Bilder, 9 Tab. 2014.
ISBN 978-3-87525-375-7.

Band 259: Felix Lütteke
Vielseitiges autonomes Transportsystem basierend auf Weltmodellerstellung mittels Datenfusion von Deckenkameras und Fahrzeugsensoren
FAPS, 152 Seiten, 54 Bilder, 20 Tab. 2014.
ISBN 978-3-87525-376-4.

Band 260: Martin Grüner
Hochdruck-Blechumformung mit formlos festen Stoffen als Wirkmedium
LFT, 144 Seiten, 66 Bilder, 29 Tab. 2014.
ISBN 978-3-87525-379-5.

Band 261: Christian Brock
Analyse und Regelung des Laserstrahltiefschweißprozesses durch Detektion der Metalldampffackelposition
LPT, 126 Seiten, 65 Bilder, 3 Tab. 2015.
ISBN 978-3-87525-380-1.

Band 262: Peter Vatter
Sensitivitätsanalyse des 3-Rollen-Schubbiegens auf Basis der Finite Elemente Methode
LFT, 145 Seiten, 57 Bilder, 26 Tab. 2015.
ISBN 978-3-87525-381-8.

Band 263: Florian Klämpfl
Planung von Laserbestrahlungen durch simulationsbasierte Optimierung
LPT, 169 Seiten, 78 Bilder, 32 Tab. 2015.
ISBN 978-3-87525-384-9.

Band 264: Matthias Domke
Transiente physikalische Mechanismen bei der Laserablation von dünnen Metallschichten
LPT, 133 Seiten, 43 Bilder, 3 Tab. 2015.
ISBN 978-3-87525-385-6.

Band 265: Johannes Götz
Community-basierte Optimierung des Anlagenengineerings
FAPS, 177 Seiten, 80 Bilder, 30 Tab. 2015.
ISBN 978-3-87525-386-3.

Band 266: Hung Nguyen
Qualifizierung des Potentials von Verfestigungseffekten zur Erweiterung des Umformvermögens aushärtbarer Aluminiumlegierungen
LFT, 137 Seiten, 57 Bilder, 16 Tab. 2015.
ISBN 978-3-87525-387-0.

Band 267: Andreas Kuppert
Erweiterung und Verbesserung von Versuchs- und Auswertetechniken für die Bestimmung von Grenzformänderungskurven
LFT, 138 Seiten, 82 Bilder, 2 Tab. 2015.
ISBN 978-3-87525-388-7.

Band 268: Kathleen Klaus
Erstellung eines Werkstofforientierten Fertigungsprozessfensters zur Steigerung des Formgebungsvermögens von Aluminiumlegierungen unter Anwendung einer zwischengeschalteten Wärmebehandlung
LFT, 154 Seiten, 70 Bilder, 8 Tab. 2015.
ISBN 978-3-87525-391-7.

Band 269: Thomas Svec
Untersuchungen zur Herstellung von funktionsoptimierten Bauteilen im partiellen Presshärtprozess mittels lokal unterschiedlich temperierter Werkzeuge
LFT, 166 Seiten, 87 Bilder, 15 Tab. 2015.
ISBN 978-3-87525-392-4.

Band 270: Tobias Schrader
Grundlegende Untersuchungen zur Verschleißcharakterisierung beschichteter Kaltmassivumformwerkzeuge
LFT, 164 Seiten, 55 Bilder, 11 Tab. 2015.
ISBN 978-3-87525-393-1.

Band 271: Matthäus Brela
Untersuchung von Magnetfeld-Messmethoden zur ganzheitlichen Wertschöpfungsoptimierung und Fehlerdetektion an magnetischen Aktoren
FAPS, 170 Seiten, 97 Bilder, 4 Tab. 2015.
ISBN 978-3-87525-394-8.

Band 272: Michael Wieland
Entwicklung einer Methode zur Prognose adhäsiven Verschleißes an Werkzeugen für das direkte Presshärten
LFT, 156 Seiten, 84 Bilder, 9 Tab. 2015.
ISBN 978-3-87525-395-5.

Band 273: René Schramm
Strukturierte additive Metallisierung durch kaltaktives Atmosphärendruckplasma
FAPS, 136 Seiten, 62 Bilder, 15 Tab. 2015.
ISBN 978-3-87525-396-2.

Band 274: Michael Lechner
Herstellung beanspruchungsangepasster Aluminiumblechhalbzeuge durch eine maßgeschneiderte Variation der Abkühlgeschwindigkeit nach Lösungsglühen
LFT, 136 Seiten, 62 Bilder, 15 Tab. 2015.
ISBN 978-3-87525-397-9.

Band 275: Kolja Andreas
Einfluss der Oberflächenbeschaffenheit auf das Werkzeugeinsatzverhalten beim Kaltfließpressen
LFT, 169 Seiten, 76 Bilder, 4 Tab. 2015.
ISBN 978-3-87525-398-6.

Band 276: Marcus Baum
Laser Consolidation of ITO Nanoparticles for the Generation of Thin Conductive Layers on Transparent Substrates
LPT, 158 Seiten, 75 Bilder, 3 Tab. 2015.
ISBN 978-3-87525-399-3.

Band 277: Thomas Schneider
Umformtechnische Herstellung dünnwandiger Funktionsbauteile aus Feinblech durch Verfahren der Blechmassivumformung
LFT, 188 Seiten, 95 Bilder, 7 Tab. 2015.
ISBN 978-3-87525-401-3.

Band 278: Jochen Merhof
Sematische Modellierung automatisierter Produktionssysteme zur Verbesserung der IT-Integration zwischen Anlagen-Engineering und Steuerungsebene
FAPS, 157 Seiten, 88 Bilder, 8 Tab. 2015.
ISBN 978-3-87525-402-0.

Band 279: Fabian Zöller
Erarbeitung von Grundlagen zur Abbildung des tribologischen Systems in der Umformsimulation
LFT, 126 Seiten, 51 Bilder, 3 Tab. 2016.
ISBN 978-3-87525-403-7.

Band 280: Christian Hezler
Einsatz technologischer Versuche zur Erweiterung der Versagensvorhersage bei Karosseriebauteilen aus höchstfesten Stählen
LFT, 147 Seiten, 63 Bilder, 44 Tab. 2016.
ISBN 978-3-87525-404-4.

Band 281: Jochen Bönig
Integration des Systemverhaltens von Automobil-Hochvoltleitungen in die virtuelle Absicherung durch strukturmechanische Simulation
FAPS, 177 Seiten, 107 Bilder, 17 Tab. 2016.
ISBN 978-3-87525-405-1.

Band 282: Johannes Kohl
Automatisierte Datenerfassung für diskret ereignisorientierte Simulationen in der energieflexibelen Fabrik
FAPS, 160 Seiten, 80 Bilder, 27 Tab. 2016.
ISBN 978-3-87525-406-8.

Band 283: Peter Bechtold
Mikroschockwellenumformung mittels ultrakurzer Laserpulse
LPT, 155 Seiten, 59 Bilder, 10 Tab. 2016.
ISBN 978-3-87525-407-5.

Band 284: Stefan Berger
Laserstrahlschweißen thermoplastischer Kohlenstofffaserverbundwerkstoffe mit spezifischem Zusatzdraht
LPT, 118 Seiten, 68 Bilder, 9 Tab. 2016.
ISBN 978-3-87525-408-2.

Band 285: Martin Bornschlegl
Methods-Energy Measurement - Eine Methode zur Energieplanung für Fügeverfahren im Karosseriebau
FAPS, 136 Seiten, 72 Bilder, 46 Tab. 2016.
ISBN 978-3-87525-409-9.

Band 286: Tobias Rackow
Erweiterung des Unternehmenscontrollings um die Dimension Energie
FAPS, 164 Seiten, 82 Bilder, 29 Tab. 2016.
ISBN 978-3-87525-410-5.

Band 287: Johannes Koch
Grundlegende Untersuchungen zur Herstellung zyklisch-symmetrischer Bauteile mit Nebenformelementen durch Blechmassivumformung
LFT, 125 Seiten, 49 Bilder, 17 Tab. 2016.
ISBN 978-3-87525-411-2.

Band 288: Hans Ulrich Vierzigmann
Beitrag zur Untersuchung der tribologischen Bedingungen in der Blechmassivumformung - Bereitstellung von tribologischen Modellversuchen und Realisierung von Tailored Surfaces
LFT, 174 Seiten, 102 Bilder, 34 Tab. 2016.
ISBN 978-3-87525-412-9.

Band 289: Thomas Senner
Methodik zur virtuellen Absicherung der formgebenden Operation des Nasspressprozesses von Gelege-Mehrschichtverbunden
LFT, 156 Seiten, 96 Bilder, 21 Tab. 2016.
ISBN 978-3-87525-414-3.

Band 290: Sven Kreitlein
Der grundoperationsspezifische Mindestenergiebedarf als Referenzwert zur Bewertung der Energieeffizienz in der Produktion
FAPS, 185 Seiten, 64 Bilder, 30 Tab. 2016.
ISBN 978-3-87525-415-0.

Band 291: Christian Roos
Remote-Laserstrahlschweißen verzinkter Stahlbleche in Kehlnahtgeometrie
LPT, 123 Seiten, 52 Bilder, 0 Tab. 2016.
ISBN 978-3-87525-416-7.

Band 292: Alexander Kahrimanidis
Thermisch unterstützte Umformung von Aluminiumblechen
LFT, 165 Seiten, 103 Bilder, 18 Tab. 2016.
ISBN 978-3-87525-417-4.

Band 293: Jan Tremel
Flexible Systems for Permanent Magnet Assembly and Magnetic Rotor Measurement / Flexible Systeme zur Montage von Permanentmagneten und zur Messung magnetischer Rotoren
FAPS, 152 Seiten, 91 Bilder, 12 Tab. 2016.
ISBN 978-3-87525-419-8.

Band 294: Ioannis Tsoupis
Schädigungs- und Versagensverhalten hochfester Leichtbauwerkstoffe unter Biegebeanspruchung
LFT, 176 Seiten, 51 Bilder, 6 Tab. 2017.
ISBN 978-3-87525-420-4.

Band 295: Sven Hildering
Grundlegende Untersuchungen zum Prozessverhalten von Silizium als Werkzeugwerkstoff für das Mikroscherschneiden metallischer Folien
LFT, 177 Seiten, 74 Bilder, 17 Tab. 2017.
ISBN 978-3-87525-422-8.

Band 296: Sasia Mareike Hertweck
Zeitliche Pulsformung in der Lasermikromaterialbearbeitung – Grundlegende Untersuchungen und Anwendungen
LPT, 146 Seiten, 67 Bilder, 5 Tab. 2017.
ISBN 978-3-87525-423-5.

Band 297: Paryanto
Mechatronic Simulation Approach for the Process Planning of Energy-Efficient Handling Systems
FAPS, 162 Seiten, 86 Bilder, 13 Tab. 2017.
ISBN 978-3-87525-424-2.

Band 298: Peer Stenzel
Großserientaugliche Nadelwickeltechnik für verteilte Wicklungen im Anwendungsfall der E-Traktionsantriebe
FAPS, 239 Seiten, 147 Bilder, 20 Tab. 2017.
ISBN 978-3-87525-425-9.

Band 299: Mario Lušić
Ein Vorgehensmodell zur Erstellung montageführender Werkerinformationssysteme simultan zum Produktentstehungsprozess
FAPS, 174 Seiten, 79 Bilder, 22 Tab. 2017.
ISBN 978-3-87525-426-6.

Band 300: Arnd Buschhaus
Hochpräzise adaptive Steuerung und Regelung robotergeführter Prozesse
FAPS, 202 Seiten, 96 Bilder, 4 Tab. 2017.
ISBN 978-3-87525-427-3.

Band 301: Tobias Laumer
Erzeugung von thermoplastischen Werkstoffverbunden mittels simultanem, intensitätsselektivem Laserstrahlschmelzen
LPT, 140 Seiten, 82 Bilder, 0 Tab. 2017.
ISBN 978-3-87525-428-0.

Band 302: Nora Unger
Untersuchung einer thermisch unterstützten Fertigungskette zur Herstellung umgeformter Bauteile aus der höherfesten Aluminiumlegierung EN AW-7020
LFT, 142 Seiten, 53 Bilder, 8 Tab. 2017.
ISBN 978-3-87525-429-7.

Band 303: Tommaso Stellin
Design of Manufacturing Processes for the Cold Bulk Forming of Small Metal Components from Metal Strip
LFT, 146 Seiten, 67 Bilder, 7 Tab. 2017.
ISBN 978-3-87525-430-3.

Band 304: Bassim Bachy
Experimental Investigation, Modeling, Simulation and Optimization of Molded Interconnect Devices (MID) Based on Laser Direct Structuring (LDS) / Experimentelle Untersuchung, Modellierung, Simulation und Optimierung von Molded Interconnect Devices (MID) basierend auf Laser Direktstrukturierung (LDS)
FAPS, 168 Seiten, 120 Bilder, 26 Tab. 2017.
ISBN 978-3-87525-431-0.

Band 305: Michael Spahr
Automatisierte Kontaktierungsverfahren für flachleiterbasierte Pkw-Bordnetzsysteme
FAPS, 197 Seiten, 98 Bilder, 17 Tab. 2017.
ISBN 978-3-87525-432-7.

Band 306: Sebastian Suttner
Charakterisierung und Modellierung des spannungszustandsabhängigen Werkstoffverhaltens der Magnesiumlegierung AZ31B für die numerische Prozessauslegung
LFT, 150 Seiten, 84 Bilder, 19 Tab. 2017.
ISBN 978-3-87525-433-4.

Band 307: Bhargav Potdar
A reliable methodology to deduce thermo-mechanical flow behaviour of hot stamping steels
LFT, 203 Seiten, 98 Bilder, 27 Tab. 2017.
ISBN 978-3-87525-436-5.

Band 308: Maria Löffler
Steuerung von Blechmassivumformprozessen durch maßgeschneiderte tribologische Systeme
LFT, viii u. 166 Seiten, 90 Bilder, 5 Tab. 2018. ISBN 978-3-96147-133-1.

Band 309: Martin Müller
Untersuchung des kombinierten Trenn- und Umformprozesses beim Fügen artungleicher Werkstoffe mittels Schneidclinchverfahren
LFT, xi u. 149 Seiten, 89 Bilder, 6 Tab. 2018. ISBN: 978-3-96147-135-5.

Band 310: Christopher Kästle
Qualifizierung der Kupfer-Drahtbondtechnologie für integrierte Leistungsmodule in harschen Umgebungsbedingungen
FAPS, xii u. 167 Seiten, 70 Bilder, 18 Tab. 2018. ISBN 978-3-96147-145-4.

Band 311: Daniel Vipavc
Eine Simulationsmethode für das 3-Rollen-Schubbiegen
LFT, xiii u. 121 Seiten, 56 Bilder, 17 Tab. 2018. ISBN 978-3-96147-147-8.

Band 312: Christina Ramer
Arbeitsraumüberwachung und autonome Bahnplanung für ein sicheres und flexibles Roboter-Assistenzsystem in der Fertigung
FAPS, xiv u. 188 Seiten, 57 Bilder, 9 Tab. 2018. ISBN 978-3-96147-153-9.

Band 313: Miriam Rauer
Der Einfluss von Poren auf die Zuverlässigkeit der Lötverbindungen von Hochleistungs-Leuchtdioden
FAPS, xii u. 209 Seiten, 108 Bilder, 21 Tab. 2018. ISBN 978-3-96147-157-7.

Band 314: Felix Tenner
Kamerabasierte Untersuchungen der Schmelze und Gasströmungen beim Laserstrahlschweißen verzinkter Stahlbleche
LPT, xxiii u. 184 Seiten, 94 Bilder, 7 Tab. 2018. ISBN 978-3-96147-160-7.

Band 315: Aarief Syed-Khaja
Diffusion Soldering for High-temperature Packaging of Power Electronics
FAPS, x u. 202 Seiten, 144 Bilder, 32 Tab. 2018. ISBN 978-3-87525-162-1.

Band 316: Adam Schaub
Grundlagenwissenschaftliche Untersuchung der kombinierten Prozesskette aus Umformen und Additive Fertigung
LFT, xi u. 192 Seiten, 72 Bilder, 27 Tab. 2019. ISBN 978-3-96147-166-9.

Band 317: Daniel Gröbel
Herstellung von Nebenformelementen unterschiedlicher Geometrie an Blechen mittels Fließpressverfahren der Blechmassivumformung
LFT, x u. 165 Seiten, 96 Bilder, 13 Tab. 2019. ISBN 978-3-96147-168-3.

Band 318: Philipp Hildenbrand
Entwicklung einer Methodik zur Herstellung von Tailored Blanks mit definierten Halbzeugeigenschaften durch einen Taumelprozess
LFT, ix u. 153 Seiten, 77 Bilder, 4 Tab. 2019. ISBN 978-3-96147-174-4.

Band 319: Tobias Konrad
Simulative Auslegung der Spann- und Fixierkonzepte im Karosserierohbau: Bewertung der Baugruppenmaßhaltigkeit unter Berücksichtigung schwankender Einflussgrößen
LFT, x u. 203 Seiten, 134 Bilder, 32 Tab. 2019. ISBN 978-3-96147-176-8.

Band 320: David Meinel
Architektur applikationsspezifischer Multi-Physics-Simulationskonfiguratoren am Beispiel modularer Triebzüge
FAPS, xii u. 166 Seiten, 82 Bilder, 25 Tab. 2019. ISBN 978-3-96147-184-3.

Band 321: Andrea Zimmermann
Grundlegende Untersuchungen zum Einfluss fertigungsbedingter Eigenschaften auf die Ermüdungsfestigkeit kaltmassivumgeformter Bauteile
LFT, ix u. 160 Seiten, 66 Bilder, 5 Tab. 2019. ISBN 978-3-96147-190-4.

Band 322: Christoph Amann
Simulative Prognose der Geometrie nassgepresster Karosseriebauteile aus Gelege-Mehrschichtverbunden
LFT, xvi u. 169 Seiten, 80 Bilder, 13 Tab. 2019. ISBN 978-3-96147-194-2.

Band 323: Jennifer Tenner
Realisierung schmierstofffreier Tiefziehprozesse durch maßgeschneiderte Werkzeugoberflächen
LFT, x u. 187 Seiten, 68 Bilder, 13 Tab. 2019. ISBN 978-3-96147-196-6.

Band 324: Susan Zöller
Mapping Individual Subjective Values to Product Design
KTmfk, xi u. 223 Seiten, 81 Bilder, 25 Tab. 2019. ISBN 978-3-96147-202-4.

Band 325: Stefan Lutz
Erarbeitung einer Methodik zur semiempirischen Ermittlung der Umwandlungskinetik durchhärtender Wälzlagerstähle für die Wärmebehandlungssimulation
LFT, xiv u. 189 Seiten, 75 Bilder, 32 Tab.
2019. ISBN 978-3-96147-209-3.

Band 326: Tobias Gnibl
Modellbasierte Prozesskettenabbildung rührreibgeschweißter Aluminiumhalbzeuge zur umformtechnischen Herstellung höchstfester Leichtbaustrukturteile
LFT, xii u. 167 Seiten, 68 Bilder, 17 Tab.
2019. ISBN 978-3-96147-217-8.

Band 327: Johannes Bürner
Technisch-wirtschaftliche Optionen zur Lastflexibilisierung durch intelligente elektrische Wärmespeicher
FAPS, xiv u. 233 Seiten, 89 Bilder, 27 Tab.
2019. ISBN 978-3-96147-219-2.

Band 328: Wolfgang Böhm
Verbesserung des Umformverhaltens von mehrlagigen Aluminiumblechwerkstoffen mit ultrafeinkörnigem Gefüge
LFT, ix u. 160 Seiten, 88 Bilder, 14 Tab.
2019. ISBN 978-3-96147-227-7.

Band 329: Stefan Landkammer
Grundsatzuntersuchungen, mathematische Modellierung und Ableitung einer Auslegungsmethodik für Gelenkantriebe nach dem Spinnenbeinprinzip
LFT, xii u. 200 Seiten, 83 Bilder, 13 Tab.
2019. ISBN 978-3-96147-229-1.

Band 330: Stephan Rapp
Pump-Probe-Ellipsometrie zur Messung transienter optischer Materialeigenschaften bei der Ultrakurzpuls-Lasermaterialbearbeitung
LPT, xi u. 143 Seiten, 49 Bilder, 2 Tab.
2019. ISBN 978-3-96147-235-2.

Band 331: Michael Scholz
Intralogistics Execution System mit integrierten autonomen, servicebasierten Transportentitäten
FAPS, xi u. 195 Seiten, 55 Bilder, 11 Tab.
2019. ISBN 978-3-96147-237-6.

Band 332: Eva Bogner
Strategien der Produktindividualisierung in der produzierenden Industrie im Kontext der Digitalisierung
FAPS, ix u. 201 Seiten, 55 Bilder, 28 Tab.
2019. ISBN 978-3-96147-246-8.

Band 333: Daniel Benjamin Krüger
Ein Ansatz zur CAD-integrierten muskuloskelettalen Analyse der Mensch-Maschine-Interaktion
KTmfk, x u. 217 Seiten, 102 Bilder, 7 Tab.
2019. ISBN 978-3-96147-250-5.

Band 334: Thomas Kuhn
Qualität und Zuverlässigkeit laserdirektstrukturierter mechatronisch integrierter Baugruppen (LDS-MID)
FAPS, ix u. 152 Seiten, 69 Bilder, 12 Tab.
2019. ISBN: 978-3-96147-252-9.

Band 335: Hans Fleischmann
Modellbasierte Zustands- und Prozessüberwachung auf Basis sozio-cyber-physischer Systeme
FAPS, xi u. 214 Seiten, 111 Bilder, 18 Tab.
2019. ISBN: 978-3-96147-256-7.

Band 336: Markus Michalski
Grundlegende Untersuchungen zum Prozess- und Werkstoffverhalten bei schwingungsüberlagerter Umformung
LFT, xii u. 197 Seiten, 93 Bilder, 11 Tab.
2019. ISBN: 978-3-96147-270-3.

Band 337: Markus Brandmeier
Ganzheitliches ontologiebasiertes Wissensmanagement im Umfeld der industriellen Produktion
FAPS, xi u. 255 Seiten, 77 Bilder, 33 Tab.
2020. ISBN: 978-3-96147-275-8.

Band 338: Stephan Purr
Datenerfassung für die Anwendung lernender Algorithmen bei der Herstellung von Blechformteilen
LFT, ix u. 165 Seiten, 48 Bilder, 4 Tab.
2020. ISBN: 978-3-96147-281-9.

Band 339: Christoph Kiener
Kaltfließpressen von gerad- und schrägverzahnten Zahnrädern
LFT, viii u. 151 Seiten, 81 Bilder, 3 Tab.
2020. ISBN 978-3-96147-287-1.

Band 340: Simon Spreng
Numerische, analytische und empirische Modellierung des Heißcrimpprozesses
FAPS, xix u. 204 Seiten, 91 Bilder, 27 Tab.
2020. ISBN 978-3-96147-293-2.

Band 341: Patrik Schwingenschlögl
Erarbeitung eines Prozessverständnisses zur Verbesserung der tribologischen Bedingungen beim Presshärten
LFT, x u. 177 Seiten, 81 Bilder, 8 Tab.
2020. ISBN 978-3-96147-297-0.

Band 342: Emanuela Affronti
Evaluation of failure behaviour of sheet metals
LFT, ix u. 136 Seiten, 57 Bilder, 20 Tab.
2020. ISBN 978-3-96147-303-8.

Band 343: Julia Degner
Grundlegende Untersuchungen zur Herstellung hochfester Aluminiumblechbauteile in einem kombinierten Umform- und Abschreckprozess
LFT, x u. 172 Seiten, 61 Bilder, 9 Tab.
2020. ISBN 978-3-96147-307-6.

Band 344: Maximilian Wagner
Automatische Bahnplanung für die Aufteilung von Prozessbewegungen in synchrone Werkstück- und Werkzeugbewegungen mittels Multi-Roboter-Systemen
FAPS, xxi u. 181 Seiten, 111 Bilder, 15 Tab.
2020. ISBN 978-3-96147-309-0.

Band 345: Stefan Härter
Qualifizierung des Montageprozesses hochminiaturisierter elektronischer Bauelemente
FAPS, ix u. 194 Seiten, 97 Bilder, 28 Tab.
2020. ISBN 978-3-96147-314-4.

Band 346: Toni Donhauser
Ressourcenorientierte Auftragsregelung in einer hybriden Produktion mittels betriebsbegleitender Simulation
FAPS, xix u. 242 Seiten, 97 Bilder, 17 Tab.
2020. ISBN 978-3-96147-316-8.

Band 347: Philipp Amend
Laserbasiertes Schmelzkleben von Thermoplasten mit Metallen
LPT, xv u. 154 Seiten, 67 Bilder.
2020. ISBN 978-3-96147-326-7.

Band 348: Matthias Ehlert
Simulationsunterstützte funktionale Grenzlagenabsicherung
KTmfk, xvi u. 300 Seiten, 101 Bilder,
73 Tab. 2020. ISBN 978-3-96147-328-1.

Band 349: Thomas Sander
Ein Beitrag zur Charakterisierung und Auslegung des Verbundes von Kunststoffsubstraten mit harten Dünnschichten
KTmfk, xiv u. 178 Seiten, 88 Bilder, 21 Tab. 2020. ISBN 978-3-96147-330-4.

Band 350: Florian Pilz
Fließpressen von Verzahnungselementen an Blechen
LFT, x u. 170 Seiten, 103Bilder, 4 Tab.
2020. ISBN 978-3-96147-332-8.

Band 351: Sebastian Josef Katona
Evaluation und Aufbereitung von Produktsimulationen mittels abweichungsbehafteter Geometriemodelle
KTmfk, ix u. 147 Seiten, 73 Bilder, 11 Tab.
2020. ISBN 978-3-96147-336-6.

Band 352: Jürgen Herrmann
Kumulatives Walzplattieren. Bewertung der Umformeigenschaften mehrlagiger Blechwerkstoffe der ausscheidungshärtbaren Legierung AA6014
LFT, x u. 157 Seiten, 64 Bilder, 5 Tab.
2020. ISBN 978-3-96147-344-1.

Band 353: Christof Küstner
Assistenzsystem zur Unterstützung der datengetriebenen Produktentwicklung
KTmfk, xii u. 219 Seiten, 63 Bilder, 14 Tab.
2020. ISBN 978-3-96147-348-9.

Band 354: Tobias Gläßel
Prozessketten zum Laserstrahlschweißen von flachleiterbasierten Formspulenwicklungen für automobile Traktionsantriebe
FAPS, xiv u. 206 Seiten, 89 Bilder, 11 Tab.
2020. ISBN 978-3-96147-356-4.

Band 355: Andreas Meinel
Experimentelle Untersuchung der Auswirkungen von Axialschwingungen auf Reibung und Verschleiß in Zylinderrollenlagern
KTmfk, xii u. 162 Seiten, 56 Bilder, 7 Tab.
2020. ISBN 978-3-96147-358-8.

Band 356: Hannah Riedle
Haptische, generische Modelle weicher anatomischer Strukturen für die chirurgische Simulation
FAPS, xxx u. 179 Seiten, 82 Bilder, 35 Tab.
2020. ISBN 978-3-96147-367-0.

Band 357: Maximilian Landgraf
Leistungselektronik für den Einsatz dielektrischer Elastomere in aktorischen, sensorischen und integrierten sensomotorischen Systemen
FAPS, xxiii u. 166 Seiten, 71 Bilder, 10 Tab.
2020. ISBN 978-3-96147-380-9.

Band 358: Alireza Esfandyari
Multi-Objective Process Optimization for Overpressure Reflow Soldering in Electronics Production
FAPS, xviii u. 175 Seiten, 57 Bilder, 23 Tab.
2020. ISBN 978-3-96147-382-3.

Band 359: Christian Sand
Prozessübergreifende Analyse komplexer Montageprozessketten mittels Data Mining
FAPS, XV u. 168 Seiten, 61 Bilder, 12 Tab. 2021. ISBN 978-3-96147-398-4.

Band 360: Ralf Merkl
Closed-Loop Control of a Storage-Supported Hybrid Compensation System for Improving the Power Quality in Medium Voltage Networks
FAPS, xxvii u. 200 Seiten, 102 Bilder, 2 Tab. 2021. ISBN 978-3-96147-402-8.

Band 361: Thomas Reitberger
Additive Fertigung polymerer optischer Wellenleiter im Aerosol-Jet-Verfahren
FAPS, xix u. 141 Seiten, 65 Bilder, 11 Tab. 2021. ISBN 978-3-96147-400-4.

Band 362: Marius Christian Fechter
Modellierung von Vorentwürfen in der virtuellen Realität mit natürlicher Fingerinteraktion
KTmfk, x u. 188 Seiten, 67 Bilder, 19 Tab. 2021. ISBN 978-3-96147-404-2.

Band 363: Franziska Neubauer
Oberflächenmodifizierung und Entwicklung einer Auswertemethodik zur Verschleißcharakterisierung im Presshärteprozess
LFT, ix u. 177 Seiten, 42 Bilder, 6 Tab. 2021. ISBN 978-3-96147-406-6.

Band 364: Eike Wolfram Schäffer
Web- und wissensbasierter Engineering-Konfigurator für roboterzentrierte Automatisierungslösungen
FAPS, xxiv u. 195 Seiten, 108 Bilder, 25 Tab. 2021. ISBN 978-3-96147-410-3.

Band 365: Daniel Gross
Untersuchungen zur kohlenstoffdioxidbasierten kryogenen Minimalmengenschmierung
REP, xii u. 184 Seiten, 56 Bilder, 18 Tab. 2021. ISBN 978-3-96147-412-7.

Band 366: Daniel Junker
Qualifizierung laser-additiv gefertigter Komponenten für den Einsatz im Werkzeugbau der Massivumformung
LFT, vii u. 142 Seiten, 62 Bilder, 5 Tab. 2021. ISBN 978-3-96147-416-5.

Band 367: Tallal Javied
Totally Integrated Ecology Management for Resource Efficient and Eco-Friendly Production
FAPS, xv u. 160 Seiten, 60 Bilder, 13 Tab. 2021. ISBN 978-3-96147-418-9.

Band 368: David Marco Hochrein
Wälzlager im Beschleunigungsfeld – Eine Analysestrategie zur Bestimmung des Reibungs-, Axialschub- und Temperaturverhaltens von Nadelkränzen –
KTmfk, xiii u. 279 Seiten, 108 Bilder, 39 Tab. 2021. ISBN 978-3-96147-420-2.

Band 369: Daniel Gräf
Funktionalisierung technischer Oberflächen mittels prozessüberwachter aerosolbasierter Drucktechnologie
FAPS, xxii u. 175 Seiten, 97 Bilder, 6 Tab.
2021. ISBN 978-3-96147-433-2.

Band 370: Andreas Gröschl
Hochfrequent fokusabstandsmodulierte Konfokalsensoren für die Nanokoordinatenmesstechnik
FMT, x u. 144 Seiten, 98 Bilder, 6 Tab.
2021. ISBN 978-3-96147-435-6.

Band 371: Johann Tüchsen
Konzeption, Entwicklung und Einführung des Assistenzsystems D-DAS für die Produktentwicklung elektrischer Motoren
KTmfk, xii u. 178 Seiten, 92 Bilder, 12 Tab.
2021. ISBN 978-3-96147-437-0.

Band 372: Max Marian
Numerische Auslegung von Oberflächenmikrotexturen für geschmierte tribologische Kontakte
KTmfk, xviii u. 276 Seiten, 85 Bilder, 45 Tab.
2021. ISBN 978-3-96147-439-4.

Band 373: Johannes Strauß
Die akustooptische Strahlformung in der Lasermaterialbearbeitung
LPT, xvi u. 113 Seiten, 48 Bilder.
2021. ISBN 978-3-96147-441-7.

Band 374: Martin Hohmann
Machine learning and hyper spectral imaging: Multi Spectral Endoscopy in the Gastro Intestinal Tract towards Hyper Spectral Endoscopy
LPT, x u. 137 Seiten, 62 Bilder, 29 Tab.
2021. ISBN 978-3-96147-445-5.

Band 375: Timo Kordaß
Lasergestütztes Verfahren zur selektiven Metallisierung von epoxidharzbasierten Duromeren zur Steigerung der Integrationsdichte für dreidimensionale mechatronische Package-Baugruppen
FAPS, xviii u. 198 Seiten, 92 Bilder, 24 Tab. 2021. ISBN 978-3-96147-443-1.

Band 376: Philipp Kestel
Assistenzsystem für den wissensbasierten Aufbau konstruktionsbegleitender Finite-Elemente-Analysen
KTmfk, xviii u. 209 Seiten, 57 Bilder, 17 Tab. 2021. ISBN 978-3-96147-457-8.

Abstract

Finite element simulations are crucial in today's engineering design. They are increasingly applied to verify the strength of more and more complex products. The earliest possible use of finite element analyses saves high costs by avoiding engineering mistakes and by manufacturing less prototypes. However, extensive expert knowledge is required to set up efficient and reliable simulations and, due to capacity constraints, experienced simulation engineers cannot be consulted for every design step. Thus, the simulations are not applied early enough or have to be created by design engineers who often have less experience in simulations. The lower experience of the simulation users can therefore lead to inappropriate finite element models and wrong engineering decisions, which result in very costly and time-consuming iterations in product development.

In this thesis, a knowledge-based assistance system is developed to acquire the necessary simulation knowledge and to provide it to inexperienced simulation users. For the setup of the underlying knowledge base and the situational support of the simulation users, a novel ontology-based approach is presented. The innovation of this approach lies in the adaptation of Artificial Intelligence methods from the fields of Text Mining, Data Mining and Semantic Web. These methods are used to extract and purposefully query the required knowledge from existing simulation models and text-based documents created by experienced simulation users.